职业教育智能制造领域高素质技术技能人才培养系列教材

浙江省高等职业院校"十四五"职业教育重点教材

智能生产线数字化设计与仿真
——PLC 程序设计与 MCD 机电联调

羊荣金　蒋澄灿　杨国强　主　编

沈孟锋　张　丽　任　燕　符学龙　朱红娟　副主编

翟旭军　钱一宏　顾晟吉　罗怡沁　马　健　方书平　参　编

机 械 工 业 出 版 社

本书基于MCD机电一体化调试平台，根据真实智能生产线在NX软件中开发好的智能物流单元、智能仓储单元、智能加工单元、智能检测单元和智能装配单元仿真模型编写，通过各单元控制程序样例和调试方法的学习，设计智能生产线的控制程序，搭建调试平台，对仿真模型进行控制，验证工作逻辑。由于仿真模型具有数字孪生功能，与真实物理模型具有相同物理属性，可在没有真实物理设备的情况下，学习和掌握对智能生产线集成的能力。

本书可作为高等职业院校应用型本科机电设备类、自动化类等专业相关课程教材，也可作为社会培训及行业从业人员参考用书。

为方便教学，本书植入二维码视频，配有电子课件、电子教案、习题答案、工程文件、模拟试卷及答案等，凡选用本书作为授课教材的教师可登录机械工业出版社教育服务网（www.cmpedu.com），注册后下载配套资源。本书咨询电话：010-88379564。

图书在版编目（CIP）数据

智能生产线数字化设计与仿真：PLC程序设计与MCD机电联调/羊荣金，蒋澄灿，杨国强主编. —北京：机械工业出版社，2022.8（2025.1重印）
职业教育智能制造领域高素质技术技能人才培养系列教材
ISBN 978-7-111-71611-2

Ⅰ.①智… Ⅱ.①羊…②蒋…③杨… Ⅲ.①自动生产线-高等职业教育-教材 Ⅳ.①TP278

中国版本图书馆CIP数据核字（2022）第172961号

机械工业出版社（北京市百万庄大街22号 邮政编码100037）
策划编辑：冯睿娟　　　　责任编辑：冯睿娟　王　荣
责任校对：李　杉　李　婷　封面设计：鞠　杨
责任印制：单爱军
北京虎彩文化传播有限公司印刷
2025年1月第1版第5次印刷
184mm×260mm · 12.5印张 · 338千字
标准书号：ISBN 978-7-111-71611-2
定价：46.00元

电话服务　　　　　　　　网络服务
客服电话：010-88361066　机　工　官　网：www.cmpbook.com
　　　　　010-88379833　机　工　官　博：weibo.com/cmp1952
　　　　　010-68326294　金　书　网：www.golden-book.com
封底无防伪标均为盗版　机工教育服务网：www.cmpedu.com

序 / PREFACE

时代号角下的中国制造业处在一个风起云涌、不断变革的时代，消费者对品质、安全性、个性化、交付速度的要求日益提高，这为制造厂商及其供应链带来了全新机遇和挑战。

在技术与市场之间不断产生矛盾，同时又急速融合的进程中，企业从需求/投标，概念/细节设计，到样机调试，交付投产，再到升级改造，每个阶段都存在着不同形式的阻碍，如果可以利用模型快速低成本地将不断发生的技术突破、需求起伏、供应链波动、资源变动提炼为虚实结合、可执行、可预测的产品定义和生产过程，那么当实际生产发生在物理世界时，可以利用虚拟世界监控变动性，通过实时感知、模拟选优，实现敏捷响应，乃至持续改进。

西门子的单机虚拟调试，NX_MCD+PLCSIM Advanced 联调方案作为生产的数字孪生，可以从开发的早期阶段，将机械、电气、自动化进行并行协作式开发，通过尽早发现产品设计、控制程序、选型组态错误，减少现场的调试时间，降低风险；并且通过数字模型，将设计、控制等知识和经验参数化，可进行反复重用和优化迭代，提升企业的灵活性与竞争力；除了工程调试，基于实际控制策略的数字化模型，可以做到与实际生产高度一致的方案展示和人员培训，在项目投标、人才培养和市场推广等方面，提升企业核心竞争力。

目前，西门子虚拟调试技术已经广泛应用于电子、玻璃、物流、汽车、矿山与重工、医疗设备、冶金、食品饮料、培训教学、民生等行业。在生产制造领域，虚拟调试可以帮助客户提前发现产品设计中的潜在缺陷，缩短项目研发周期，实现降本增效；在培训教学领域，虚拟调试能够助力客户打造虚实结合的一体化培训平台，使得学生们真正“学以致用”。

在全球工业数字化浪潮下，无数企业正致力于创新系统和设备，迈向精益制造，让生产更安全、高效，也让生活更美好。基于数字孪生的虚拟调试技术助力用户驱动概念落地，加速推陈出新，这种“先知先觉”的智慧将帮助更多行业实现变革。

西门子中国有限公司
数字化业务团队

前言 / PREFACE

随着数字化技术的迅猛发展，数字孪生技术已经逐渐成熟。数字孪生技术是充分利用物理模型、传感器更新、运行历史等数据，集成多学科、多物理量、多尺度、多概率的仿真过程，在虚拟空间中完成映射，从而反映相对应实体装备的全生命周期过程。数字孪生技术是一种超越现实的概念，可以被视为一个或多个重要的、彼此依赖的装备系统的数字映射系统。数字孪生技术是个普遍适应的理论技术体系，在产品设计、产品制造、医学分析、工程建设等领域应用较多。在国内应用最深入的是工程建设领域，关注度最高、研究最热的是智能制造领域。

目前职业院校在建设智能制造实训室时，由于项目资金和实训场地原因，无法大批量建设综合性的智能制造生产线，导致大部分智能生产线采用单台（套）建设方案，项目建成后，存在工位数不足、教师教学技能跟不上和日常维护能力不足等问题。数字孪生技术的引入恰恰能弥补这些不足，这也正是其被迅速接受的重要原因之一，而且随着计算机技术的发展和普及，这项技术所应用的领域正在逐渐扩大。

构建数字孪生的前提是工程的数字化，西门子 NX 全模块包是一个重要的工程数字化工具，它隶属于产品生命周期管理（PLM）。在 NX CAD 平台的基础上，机电一体化概念设计（MCD）是进行机电联合设计的一种数字化解决方案。它提供了多学科、多部门的信息互联综合技术，可以被用来模拟机电一体化系统的复杂运动。

在学习本书之前，读者已经学习了“机械设计基础”“NX 三维数字化建模”“PLC 编程基础”“工业机器人技术基础”“电机与电气控制”等课程。本书受篇幅所限，对三维建模不进行讲解，在直接提供 IM9008 智能生产线三维模型的基础上，介绍了智能物流单元、智能仓储单元、智能加工单元、智能检测单元和智能装配单元共五个单元的机械结构原理、电气控制原理。在掌握各单元工作原理的基础上，通过给定的任务要求，设计程序控制流程图，然后进行控制程序设计和人机界面设计。通过对程序功能的解读，读者可掌握各单元的程序功能要求和功能调试方法；通过与西门子 NX MCD 展开机电联合仿真调试，可在没有真实设备的情况下，仅建立设备 3D 模型和搭配外部控制信号，轻易实现各单元的虚拟工艺调试。

由于编者水平有限，书中内容难免有不当之处，恳请各位读者不吝斧正。

编　者

目录 / CONTENTS

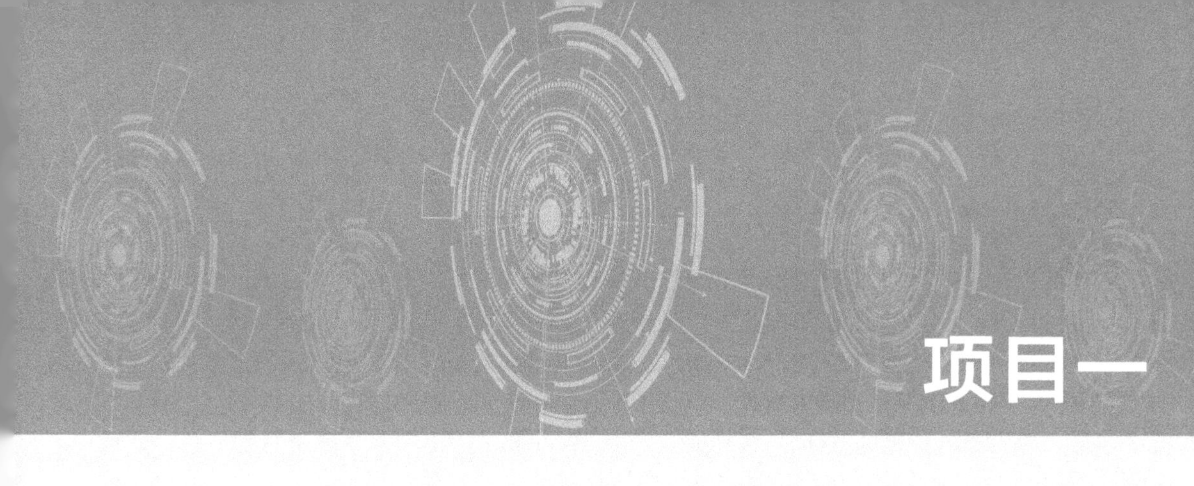

项目一

MCD 机电联合调试平台的介绍

项目目标

[知识目标]

■ 了解企业数字化概念。
■ 了解数字孪生概念。
■ 了解虚拟调试概念。
■ 了解 MCD 机电一体化设计和联合调试概念。

[职业能力目标]

■ 掌握 MCD 机电一体化设计方法。
■ 掌握虚拟调试软件在环调试方法。
■ 掌握虚拟调试硬件在环调试方法。
■ 掌握虚拟调试组成软件的应用。

[重点难点]

■ 企业数字化概念。
■ 虚拟调试的应用。

项目描述

MCD 机电联合调试可加快机械、电气和软件设计学科产品的开发速度，使这些学科产品能够同时工作，可实现创新性的设计技术，帮助机械设计人员满足日益提高的要求，不断提高机械的生产效率、缩短设计周期、降低成本。

本项目从什么是数字化工厂和数字孪生技术的介绍开始，深入介绍 MCD 机电联合设计的概念、虚拟调试的概念，以及全面介绍本书中用到的机电联合调试平台中的软件和智能生产线模型。

一、企业数字化之路

1. 未来制造业数字化的三大趋势

（1）生产网络（横向、纵向、端到端） 制造运营管理（MOM）系统将帮助生产价值链中的供应商获得并交换实时的生产信息。供应商所提供的全部零部件都将在正确的时间以正确的顺序到达生产线。

（2）虚拟与现实世界的完美融合 在未来，生产过程中的每一步都将在虚拟世界被设计、仿真以及优化，为真实的物理世界包括物料、产品、工厂等建立起一个高度仿真的数字化“孪生”。

（3）信息物理融合系统（CPS） 在未来的智能工厂中，产品信息都将被输入到产品零部件本身，它们会根据自身生产需求，直接与生产系统和设备沟通，发出下一道生产工序指令，指挥设备进行自组织生产。这种自主生产模式能够满足每个用户的“定制需求”。

2. 企业数字化转型

企业数字化转型是基于数字化技术提供业务所需要的支持，让业务和技术真正产生交互而诞生的，如图 1-1 所示。

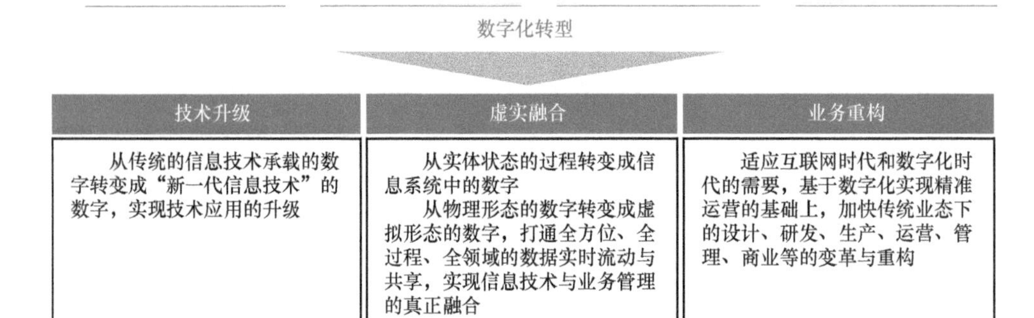

图 1-1 企业数字化转型

3. 数字化将会保持并提升企业的核心竞争力

数字化关注的关键价值点如图 1-2 所示，在有效安全的过程中缩短企业新产品上市时间、增强柔性、提升质量和提高效率，以保持强有力的竞争优势。

二、数字孪生

1. 数字孪生是数字化和智能制造的核心理念

数字化和智能制造主要体现在数字产品模型、虚拟世界与物理世界无缝映射和智能的自组织生产三个方面，而虚拟世界与物理世界无缝映射即数字孪生技术是数字化和智能制造的核心理念。运用数字孪生技术修改或模拟某一个工艺段，完成工艺验证，然后在整个生产流程中进行试生产，找到其中可能存在的问题。并且通过虚拟工厂收集、反馈真实工厂的运行情况，从而积累工厂的运行资料，直观展示，辅助进行决策，如图 1-3 所示。

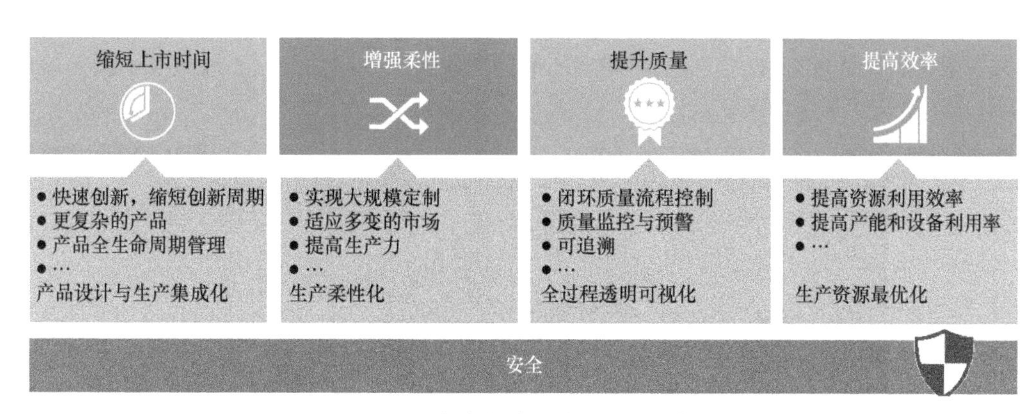

图 1-2　数字化关注的关键价值点

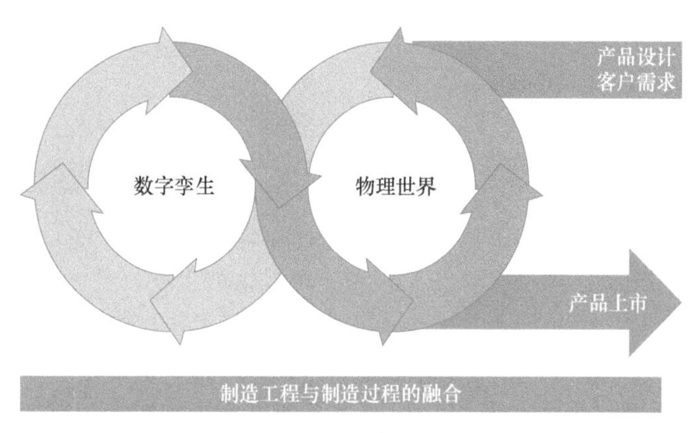

图 1-3　数字孪生技术

2. 数字孪生实现过程

数字孪生是一个充分利用物理模型、传感器更新、运行历史等数据，集成多学科、多物理量、多尺度、多概率的仿真过程，在虚拟空间中完成映射，从而反映相对应的实体装备的全生命周期过程，如图 1-4 所示。

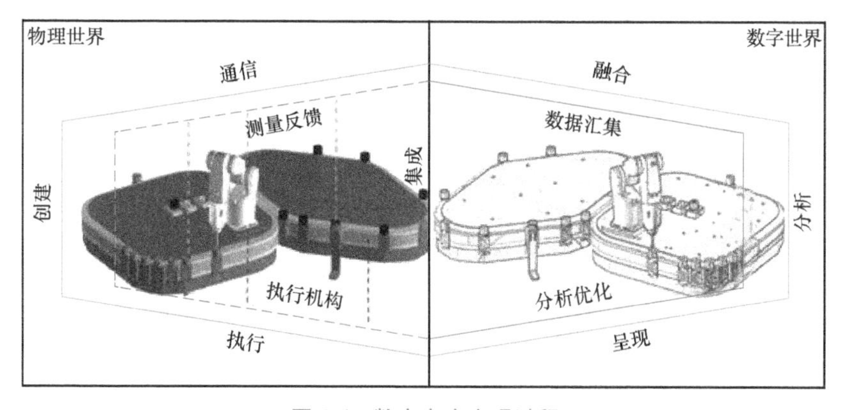

图 1-4　数字孪生实现过程

数字孪生技术贯穿了产品生命周期中的不同阶段，它同 PLM（Product Lifecycle Management，产品生命周期管理）的理念是不谋而合的。可以说，数字孪生技术的发展将 PLM 的理念从设计阶段真正扩展到了全生命周期。

数字孪生以产品为主线，并在生命周期的不同阶段引入不同的要素，形成了不同阶段的表现形态，图 1-5 为产品生命周期。

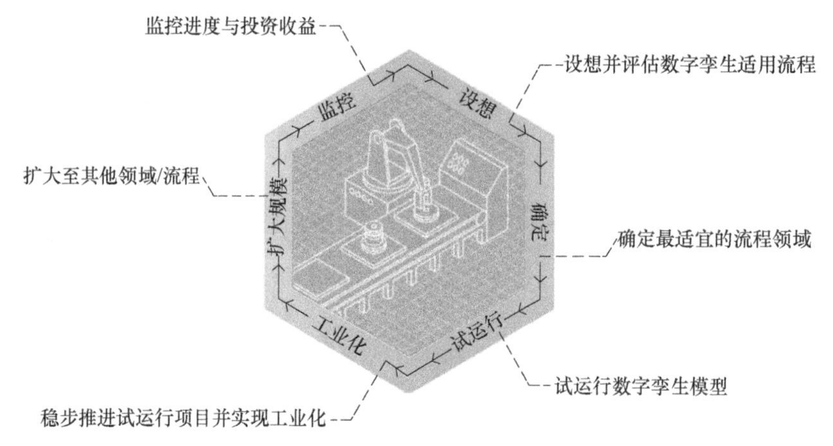

图 1-5　产品生命周期

3. 生产线的数字孪生

随着数字化技术的迅猛发展，虚拟仿真技术已经在各个领域被广泛应用，特别是在制造行业中极为重要的设计环节，已经被公认为是一种不可或缺的手段。数字孪生生产线如图 1-6 所示。传统模式运行过程中，产品的开发和系统的试运行，都会耗费大量的人力、物力，直接导致产品成本增加，缩减企业竞争力。虚拟仿真技术的引入恰恰能弥补这些不足，这也正是其被迅速接受的重要原因之一，而且随着计算机技术的发展和普及，这项技术所应用的领域正在逐渐扩大。

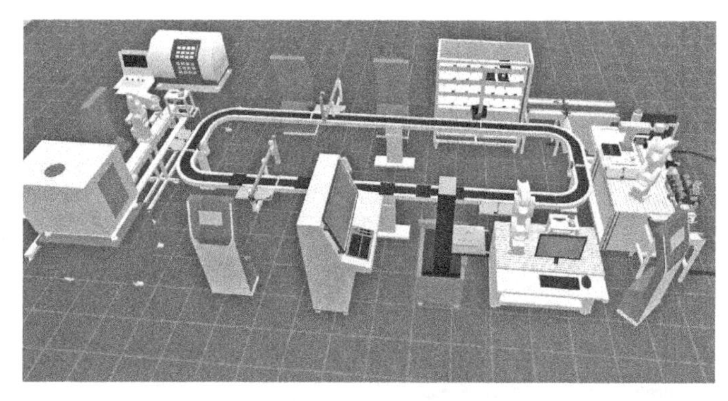

图 1-6　数字孪生生产线

一个完整的制造系统通常是离散的动态系统，这个系统中有些数据是可以在系统运行之前，便可获得的，例如生产计划中的物料、人员、计划产量等。但有些数据存在极大的随机性，例如物料到达时间、设备故障率、设备维修时间等，该类数据能反映系统实际状态，正是由于该类数据的存在，才导致了所有系统中共存的矛盾问题，即确定的生产任务和最终的实际完成产量间的矛盾。根据已知的生产数据，借助虚拟技术对生产线进行建模和仿真，在方法得当的前提下，可以降低系统的不确定性，从而为生产系统的分析和优化提供依据，使得设计方案更加科学、合理。

任务一　了解机电一体化设计概念

本任务是介绍 MCD 机电一体化设计的概念和优势，以及 MCD 机电联合调试（虚拟调试）的应用。

1. 现阶段的设计方法

现阶段的设计方法如图 1-7 所示，包括概念规划，机械设计，液压、气动、驱动设计，电气设计，程序设计和调试，它是一个串列设计与调试流程。

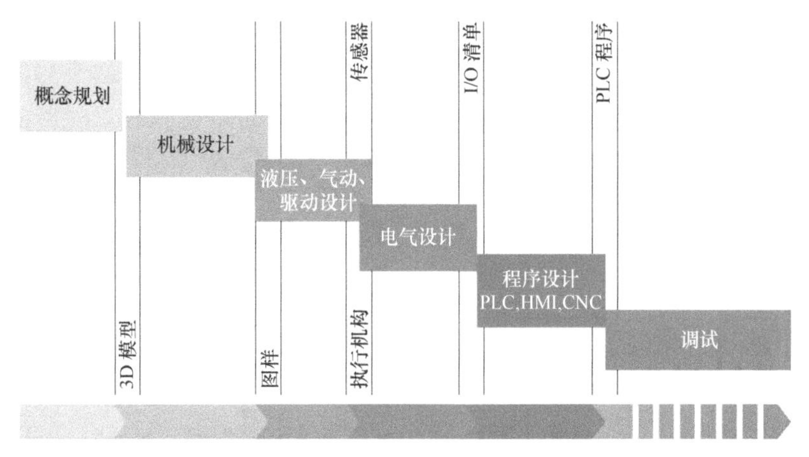

图 1-7　串列设计与调试流程

在图 1-8 所示的机电设备中，软、硬件多且复杂，并且集成度和智能程度越高的产品应用的设备和元器件越多，其工作逻辑和各种通信端口越复杂，在调试现场需要花大量时间去调试，耗时耗力。应用串列设计与调试方法效率低和成本高，更难以满足订单多样化、灵活快速的需求。

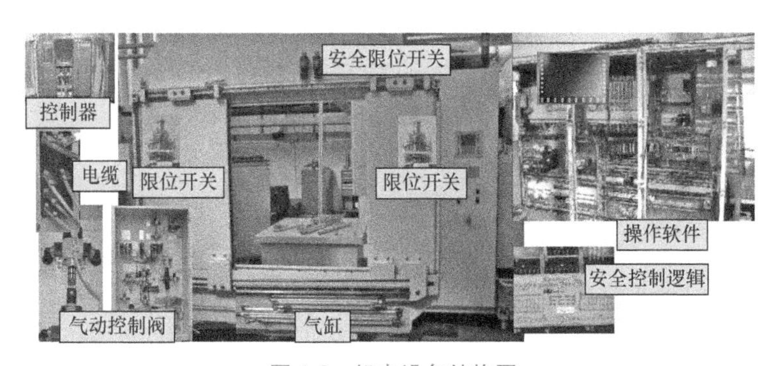

图 1-8　机电设备结构图

2. MCD 机电一体化设计和调试

机电一体化概念设计（Mechatronics Concept Designer，MCD）解决方案将机械自动化技术与电气技术和软件结合起来，包括机械、电气、传感器、驱动等多个领域的设计，可用于新产品集成管理、3D 建模和仿真，提供了机电设备设计过程中硬件在环仿真调试，通过虚拟设备与 PLC 连接，对产品可靠性进行虚拟调试。MCD 可加快机械、电气和软件设计等学科产品的开发速度，设计迭代产品产生的误差进一步降低，是一个综合各学科领域的应用，如图 1-9 所示。

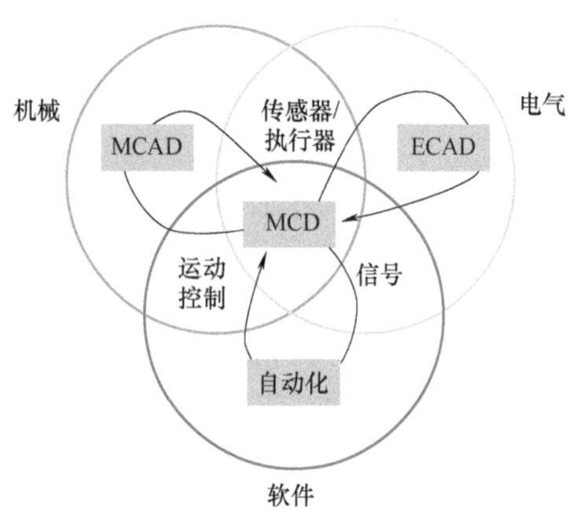

图 1-9　多学科应用

MCD 平台上机电联合设计及虚拟调试的流程如图 1-10 所示，支持从设计到调试验证的全过程。机械设计、液压与气动驱动设计、电气设计和程序设计可以同时在 MCD 上进行，虚拟调试成功后再进行实物和半实物调试，快速安全地完成产品设计开发和调试的过程，实现产品的交付。

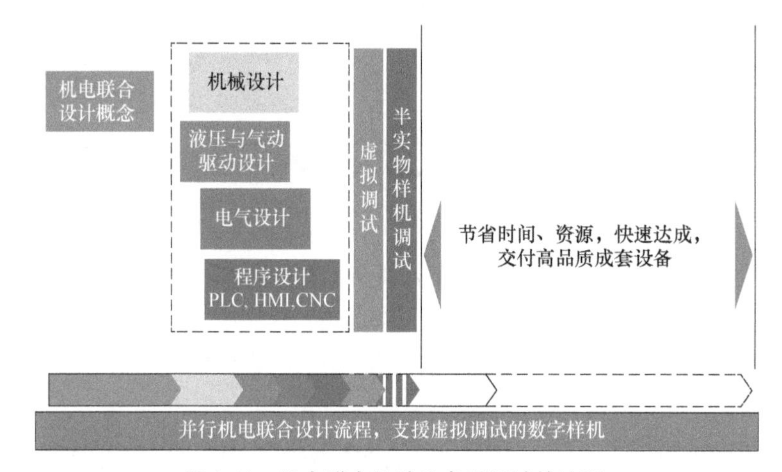

图 1-10　机电联合设计及虚拟调试的流程

3. 机电联合调试——虚拟调试

（1）传统实物调试　传统实物调试是在完成产品设计后通过真实的驱动控制器、设备和控制器去验证设计结果，安全和效率都得不到保证，如图 1-11 所示。

虚拟调试的基础是设备的数字孪生，创建设备物理和运行学模型、创建设备电气和行为模型、创建设备自动化模型和搭建调试环境。如图 1-12 所示，虚拟调试分为软件在环调试和硬件在环调试。

1）软件在环调试。在 NX 软件里创建好模型，应用 S7-PLCSIM Advanced 高级仿真器虚拟 PLC 控制器，通过博途（Totally Integrated Automation Portal，TIA Portal）软件在线模式下载程序到虚拟 PLC 控制器中，同 NX 软件的模型建立通信，实现无任何硬件参与的虚拟调试，如图 1-13 所示。

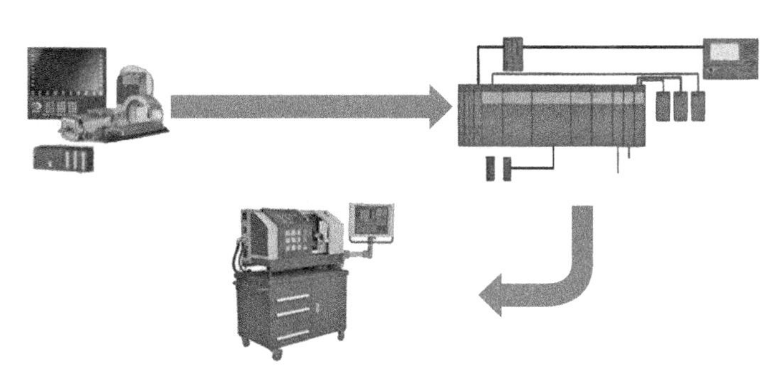

图 1-11 传统实物调试

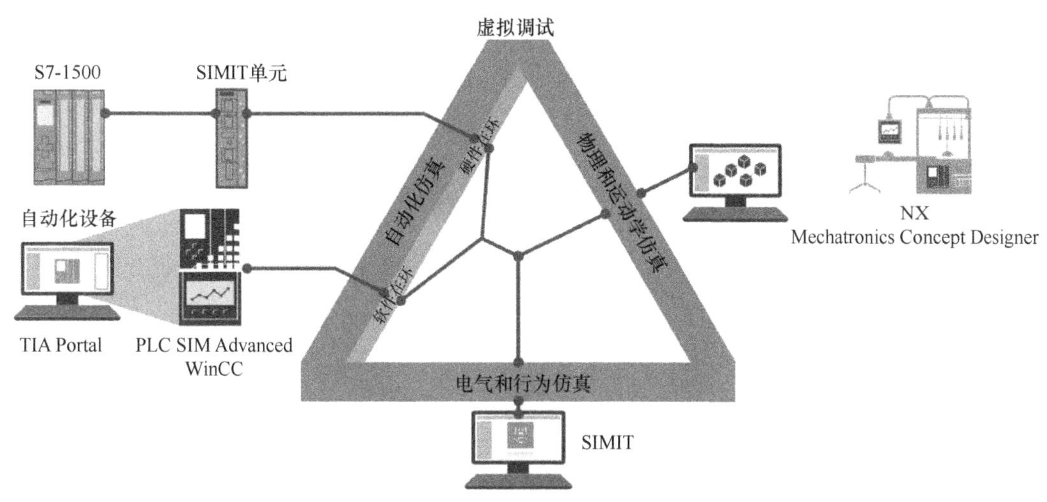

图 1-12 虚拟调试

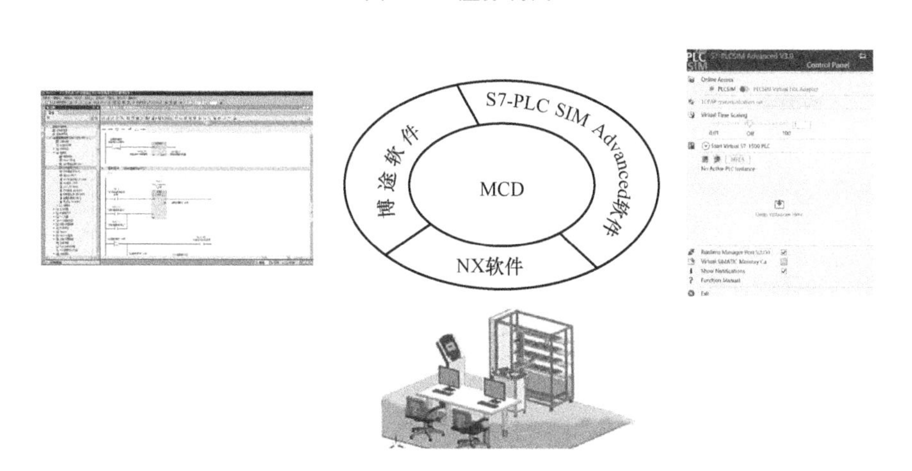

图 1-13 软件在环调试

2）硬件在环调试。同软件调试的区别是，在调试的过程中应用的是真实的 PLC 和 HMI，工程师们可以在 MCD 中验证程序之后，直接快速地通过切换通信连接上真实的设备进行程序确认，如图 1-14 所示。

（2）MCD 的优势 MCD 在设计和调试过程中的优势主要体现在以下 4 个方面，如图 1-15 所示。

1）提高质量。在虚拟的环境中不断优化控制程序和设备的结构与功能。

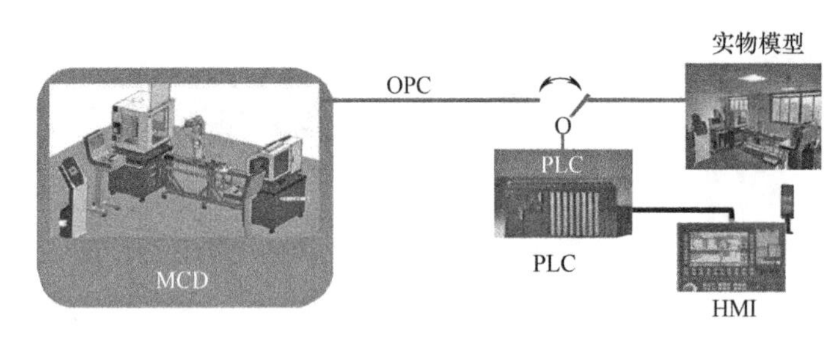

图 1-14　硬件在环调试

2）缩短周期。机械结构和自动化控制并行进行，缩短了产品设计和集成周期。

3）降低成本和风险。虚拟的机床和控制器，降低了生产原型的成本和可能的实验损坏成本。

4）支持多方案验证。虚拟调试"实验性"的调试方法使多方案的验证成为可能。

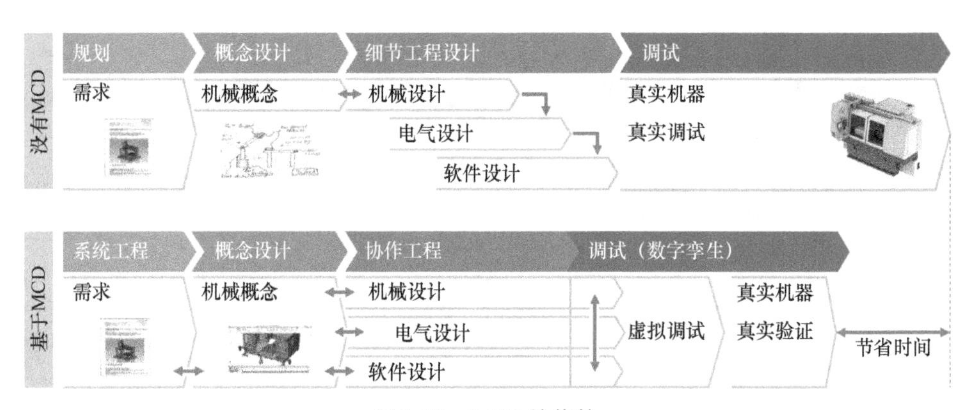

图 1-15　MCD 的优势

任务二　了解相关软件和仿真平台及其应用

本任务介绍 MCD 虚拟调试软件在环调试中 TIA Portal 软件、S7-PLCSIM Advanced 软件和 NX 软件的应用，及 IM9008 智能单元仿真平台。

1. TIA Portal 软件

TIA Portal 软件将西门子全部自动化组态设计工具整合在一个开发环境之中。作为西门子数字级企业软件套件的重要组成部分，TIA Portal 软件具有以下特点：

1）自动执行工程组态任务。TIA Portal 软件中生成标准程序单元，快速组态项目，自动生成画面程序，通过 TIA Portal 软件实现多层级数据交换。

2）连接产品生命周期管理与自动化工程组态。机械系统、电气系统和自动化系统的共享数据库，集中存储所有机器设备数据，实现作业状态的版本管理，实现全球团队协作。

3）基于云平台的高效组态。通过本地访问私有云中的 TIA Portal 软件，显著减少软件维护费用，无须编程设备进行现场项目维护，安全访问自动化系统部件。

4）虚拟调试。通过虚拟调试优化设备性能，"办公室调试"代替"客户现场调试"，采用虚拟模型的安全测试方案，避免对实际工厂生产线的损坏。

5）集成能源管理。涵盖从规划到运行、智能连接能源数据和生产数据、自动生成能源管理程序及无缝连接能源管理系统。

6）设备与信息安全。提高生产有效性，预防或减少由攻击或恶意软件造成的故障，保护系统和数据完整性，防止故障、生产错误和生产停工，保护机密数据、信息以及知识产权。

7）云服务数据采集。利用西门子工业云 MindSphere，实现全球数据分析，可实现西门子工业云 MindSphere 和控制器之间的安全数据交换，便于组态连接，可监控全球分布式机器设备性能。

8）通过通信网络处理物联网数据。通过生产和 IT 网络之间的结构化接口，处理日益增加的通信复杂性和海量的工业物联网数据，安全可靠地实现工厂和机器的远程服务，各个网络组件直接集成于 TIA Portal 软件。

2. S7-PLCSIM Advanced 软件

S7-PLCSIM Advanced 软件可模拟和验证控制器功能，而无须实际控制器，在模拟和测试的早期发现故障，因此，用户现场的实际调试速度更快，风险更小。这使用户产品能够缩短上市时间、降低成本，并提高灵活性和生产力，最终降低与实际调试相关的风险和工作量，可以在虚拟环境中模拟和优化整个生产线的各个组件之间的交互关系。模拟系统支持程序的开发和随后的生产部署。在自动化领域，模拟测试环境可缩短调试时间。在将程序加载到相应的真实控制器和工厂投入运行之前，可以在虚拟控制器中更改程序后对其进行测试。可以在 STEP 7 V14 中配置 CPU，对应用逻辑进行编程，然后将硬件配置和程序加载到虚拟控制器中。用户可以运行设计的程序，观察模拟输入和输出的效果并进行调整。除了通过 Softbus 进行通信之外，S7-PLCSIM Advanced 软件还提供完整的以太网连接，因此也可以进行分布式通信。其功能特色为：

1）模拟自动化逻辑和可视化。可以使用 S7-PLCSIM Advanced 软件（SIMATIC S7-1500 控制器的虚拟控制器）来模拟和验证 PLC 程序。模拟包括通信、知识保护功能块、安全和网络服务器；还可以模拟操作面板，以测试和优化已经处于工程阶段的操作概念或界面；还能为多个分布式案例提供支持，以便在 PC 或网络中模拟多个控制器；为数据交换提供了一个文档化的接口。

2）结合机电一体化的自动化逻辑仿真。在 NX MCD 中，为机器的现有 CAD 模型分配物理属性，以便虚拟映射机器的机电一体化。该虚拟机可以通过 S7-PLCSIM Advanced 软件虚拟控制器的集成接口进行控制，并通过模拟操作面板进行操作。SIMIT 仿真平台支持对自动化应用进行全面测试，并在实际调试之前为工厂操作员提供真实的培训环境。

3）模拟单元、生产线或工厂中的综合过程。机器人单元或整个生产线的虚拟调试使用 TECNOMATIX Process Simulate 软件和 S7-PLCSIM Advanced 软件进行。OPC UA 是标准化的通信协议，用于机器人、机器和工厂之间交换数据，以确保在实际调试之前可以模拟和优化所有流程、物料流和类似活动。

4）满足各种要求的虚拟调试。从控制器到单台机器，再到完整的生产线，虚拟调试解决方案允许机器制造商和工厂操作员借助模拟快速可靠地响应各种验证问题。

5）TIA Portal 软件中的虚拟调试。借助 STEP 7 和全集成自动化门户（TIA Portal），用户可以使用 S7-PLCSIM Advanced 软件来模拟和验证控制器功能，而无须实际控制器。SIMIT 软件包将仿真软件 SIMIT V10 与虚拟控制器 S7-PLCSIM Advanced V3.0 相结合。

6）更快地调试。新机器的数字孪生允许机械设计、电气设计和自动化工程并行化，因此无需再等待上游阶段的完成。它还可以在办公室的数字开发环境中执行虚拟调试，而不是在工厂操作员的位置使用真机进行现场调试。由于机器模拟可以运行综合测试来检测和纠正设计和功能错误，因此，真正的调试可在更短的时间内完成。

7）降低错误成本。六西格玛管理系统指出，每个开发步骤的错误会使成本增加 10 倍。由于虚拟调试可以与工程并行执行，因此来自模拟和测试的知识可以提高工程质量。使用虚拟控制器测试真实的 PLC 程序可提高控制器在实际调试期间按照客户期望运行的确定性，并有助于避免高昂的错误成本。

8）降低实际调试的风险。在实际调试过程中出现问题时，会浪费时间、人员和材料。在国际项目中，支出甚至更大。但在虚拟调试期间，一切都可以无风险地进行测试，而无需人员的参与，显著降低了真机中出现错误或缺陷的风险。

3. NX 软件

NX 软件是 MCD 虚拟调试概念中的重要组成部分。

（1）概念建模和基于物理场的仿真　NX 软件提供大多数三维建模软件提供的建模和仿真，从 Teamcenter 直接载入功能模型，可以快速进行机械概念设计，建立完备的机械特征。对于不同部件可以从指定不同的运动学和动力学方面，包含但是不限于运动副、运动、碰撞等。定义好电气和软件开发相关细节能为软件和电气工程师打好基础。作为功能强大的仿真技术平台可以定义各种不同物理模型工具，如时间、空间等。验证设计机械所有概念、运动学动力学等。NX 软件易于使用，基于现实，操作便捷。

（2）集成式多领域的工程涵盖方法　NX 软件作为机械设计方法的支持，可与 Siemens PLM Software 的 Teamcenter 软件结合使用，分工协作。工程师可以通过 Teamcenter 的实际管理需求构建工程模型，体现客户意图。

（3）通过智能对象封装机电系统　面向其他工具的开放式接口，NX 软件有强大的机电数据一体化模块，包括三维几何、动力学、机械、传感器等组合模块，可以借助 NX 软件更快速地解决设计效率，提高质量，消除和避免重新开发设计的情况，这使设计周期缩短。同时可以用数据库存储，供重复使用。

（4）NX 软件的输出结果可以直接与其他各个学科具体设计　基于 NXCAD 平台可以提供大部分 CAD 机械设计功能。可将输出结果模型直接导出到其他 CAD 平台，包括但不限于 CATIA、ProE、SolidWorks 等。电气选择传感器驱动器等，操作顺序和行为可导出 PLCopen XML 标准格式，可后续应用于编程控制器等。

4. IM9008 智能单元仿真平台

IM9008 智能单元仿真平台由传输设备、存储站、生产加工站、检测站、装配站等组成，如图 1-16 所示。

A 存储站
组成：PLC从站、立体仓库、RFID读写器
功能：毛坯及成品存储

B 生产加工站
组成：PLC从站,桁架机器人、CNC加工虚拟站、RFID读写器
功能：仿真CNC加工

C 生产加工站
组成：PLC从站、工业机器人、铣床中心、数控车床、在线检测、RFID读写器
功能：CNC加工

D 生产加工站
组成：PLC从站、工业机器人、3D打印机、RFID读写器
功能：塔材加工

E 检测站
组成：PLC从站、工业机器人、三坐标测量仪、RFID读写器
功能：质量检测

F 装配站
组成：PLC从站、工业机器人、激光雕刻机、视觉检测、RFID读写器
功能：鲁班锁装配

G 传输设备
组成：AGV小车、接驳站
功能：物料传送

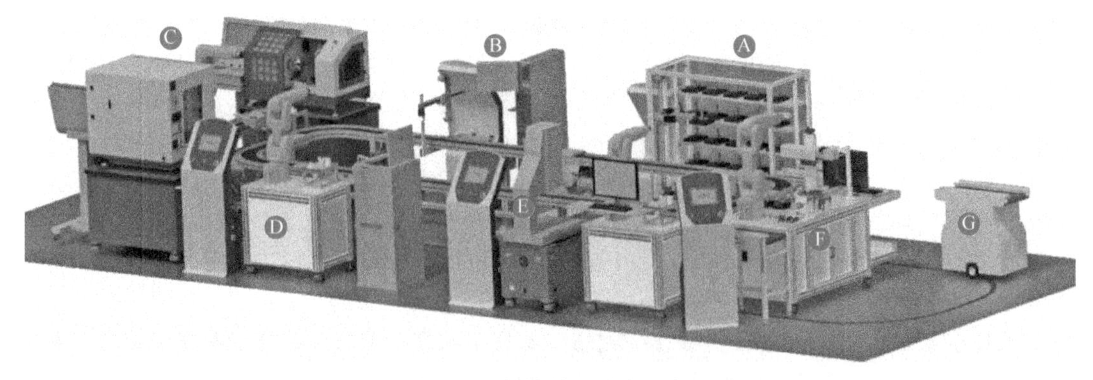

图 1-16　智能单元仿真平台

习题

1. 简述数字化工厂的概念及其核心理念。
2. 简述数字孪生技术的概念及其应用。
3. 简述 MCD 机电联合设计的概念。
4. 简述串行设计的过程及其弊端。
5. 简述虚拟调试的种类以及方法。

项目二

智能物流单元数字化设计与仿真

[知识目标]

■ 了解环形输送线结构组成和电气控制原理。
■ 了解 AGV 输送线运行工作原理。
■ 了解机电联合仿真调试的概念。

[职业能力目标]

■ 能根据电气原理图，设计输送线的控制程序。
■ 能根据功能要求，设计人机交互界面。
■ 能掌握虚拟 PLC 控制器的使用方法。
■ 能掌握机电联合仿真调试的方法。

[重点难点]

■ 智能物流单元的通信。
■ RFID 控制程序的设计。

智能物流单元在智能生产线中能够实现原料、半成品和成品在智能仓储单元、智能生产加工单元、智能检测单元和智能装配单元之间流转的功能。智能物流单元由环形输送线和 AGV 输送线两部分组成，在智能生产线全自动运行时，由 MES 系统根据生产工艺需要进行物流调度。

本项目基于 IM9008 智能制造生产线的智能物流单元，包含智能物流单元控制程序设计、智能物流单元机电联合仿真调试两个学习任务，主要学习智能物流单元的结构组成、电气电路的设计和连接、PLC 控制程序的设计和 HMI（人机交互界面）的设计，在完成设计连接后，搭建联合调试平台。学习者在对智能物流系统有一定的认知后，通过虚拟调试平台对智能物流单元的控制程序进行调试、功能验证和优化。

项目准备

一、智能物流单元机械结构

智能物流单元由环形输送线和 AGV 输送线两部分组成。环形输送线可实现原料、半成品和成品在智能仓储单元、智能生产加工单元、智能检测单元和智能装配单元之间流转的功能，AGV 输送线只能实现半成品和成品在智能仓库和智能装配站之间流转的功能，其设备组成如图 2-1 所示。

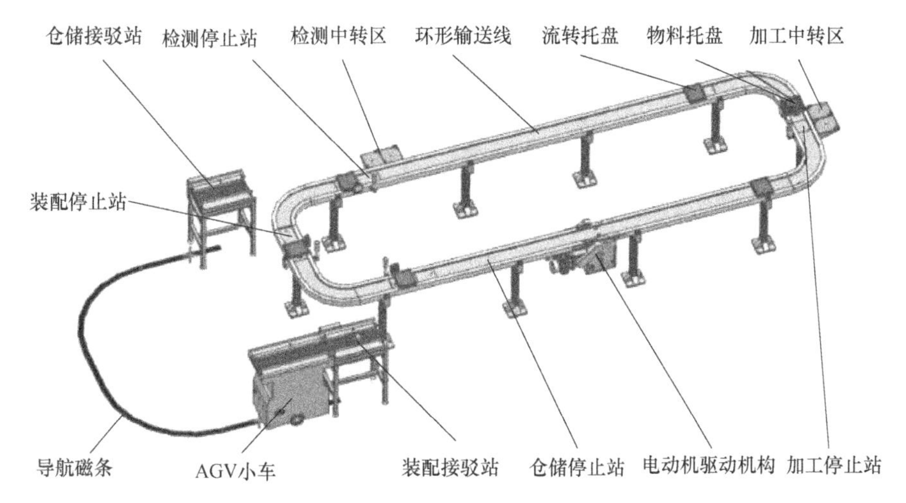

图 2-1　智能物流单元设备组成

二、智能物流单元电气控制

1. 电源控制

1）智能物流单元电气控制方案基于机械结构和功能需求而设计，能实现环形输送线的起停控制和速度控制，及各停止站到位信号检测、气缸升降控制、RFID 电子标签读写和停止站红绿灯状态显示控制，还能实现 AGV 输送线自动出库和自动入库流程。

主供电电路实现电源接入和分配的功能，如图 2-2 所示。交流 220V 电源经过主电路开关和低压断路器，给智能物流单元供电，包括交换机、DC 电源和控制柜风扇。

2）输送线动力供电电路实现对变频器、仓储接驳站和装配接驳站电源供电。急停开关 EMG 可在紧急情况下按下，断开交流接触器 KM1 线圈的供电，KM1 主触点断开，切断交流变频器电源，从而实现环形输送线急停。相线 L 上设计有熔体（俗称保险丝）FU1，当电流超过熔体额定电流时，熔体熔断，供电电路断电，如图 2-3 所示。

2. 输入/输出控制

（1）DC 24V 供电和 PLC 输入电路　DC 24V 供电电路为 PLC 系统中 CPU 模块、DI/DQ 输入/输出模块、AI/AQ 模拟量模块、触摸屏和到位检测传感器供电。到位检测开关、起停按钮以及急停按钮等组成了输入信号的控制电路，如图 2-4 所示。

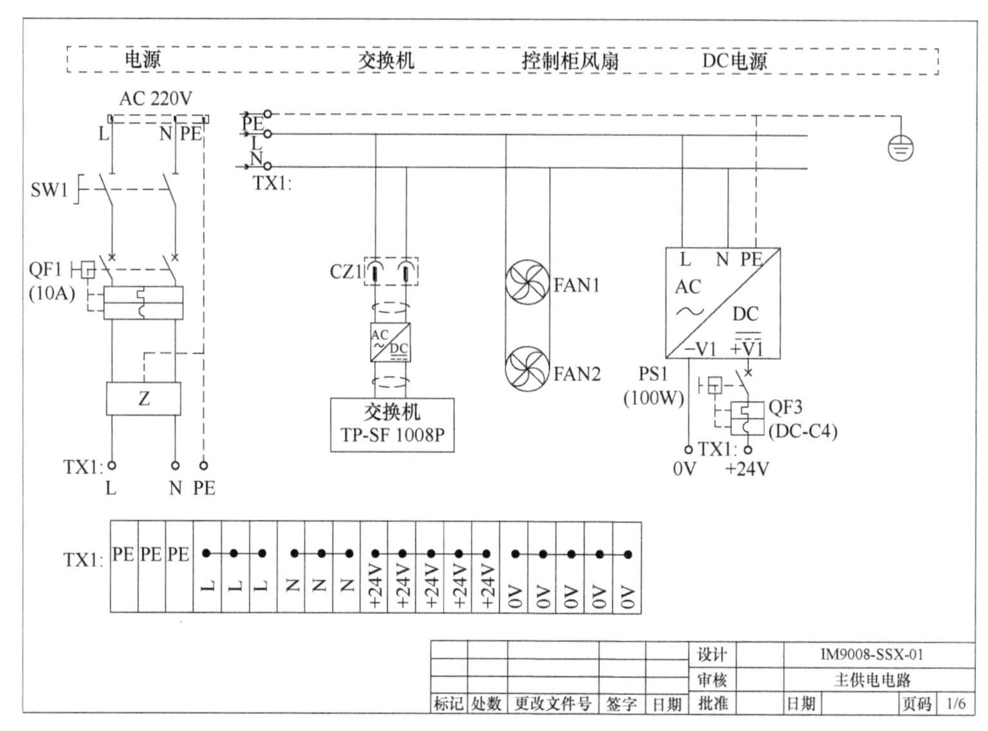

图 2-2 主供电电路控制电路图

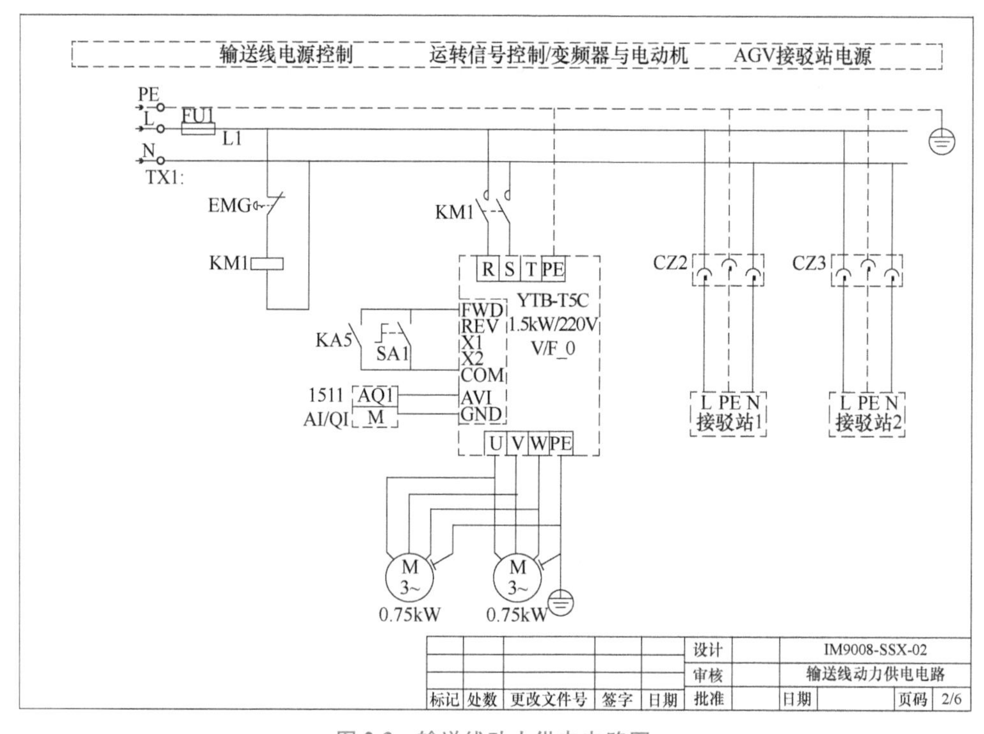

图 2-3 输送线动力供电电路图

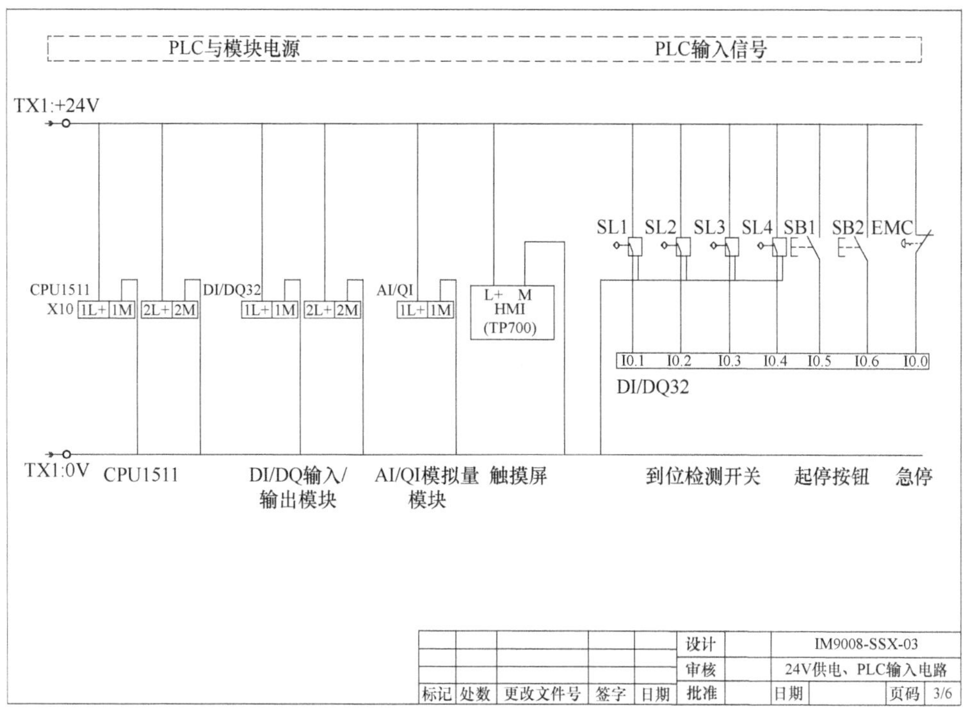

图 2-4　直流供电与 PLC 输入电路图

（2）PLC 输出控制电路　根据 PLC 控制程序输出结果，实现气缸的升降控制和输送线信号灯控制。PLC 输出信号控制继电器，继电器控制电磁阀，进而实现气缸升降。信号灯则由 PLC 输出信号直接控制，如图 2-5 所示。

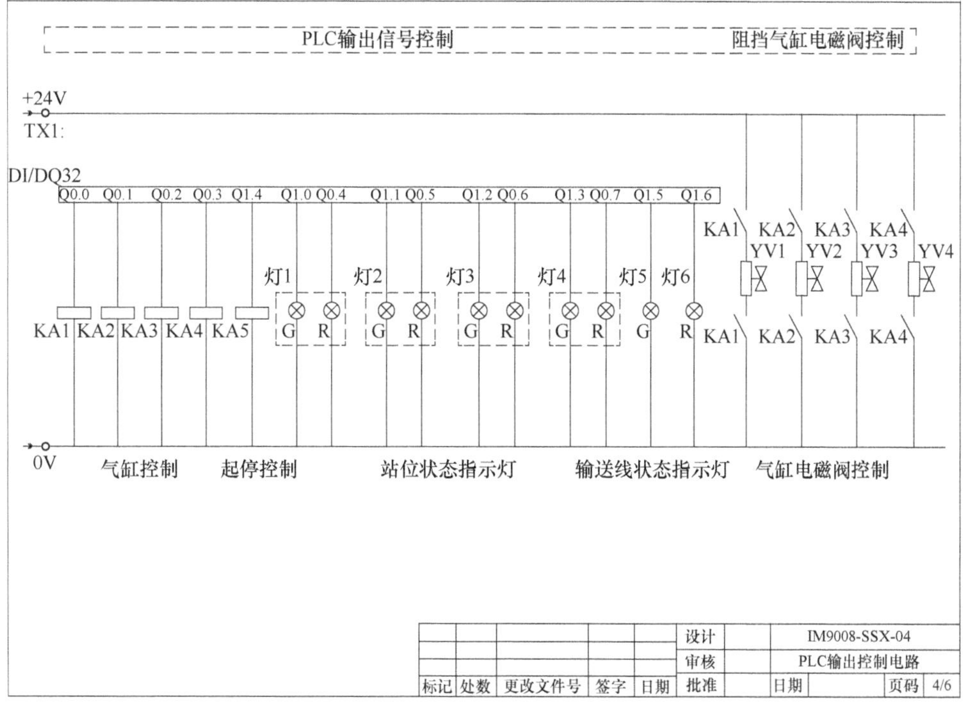

图 2-5　PLC 输出控制电路图

3. 气缸控制原理

气源经过油水分离器，压缩空气中的水和油被分离，通过调压阀将压力调整至 0.4~0.6MPa 标准气源压力，如图 2-6 所示。PLC 输出点控制电磁阀通断，改变阻挡气缸气体流向，实现气缸升降动作。气缸电磁阀工作时，电流已超过 PLC 最大输出电流，需要采用中间继电器 KA 来进行隔离驱动，从而实现小电流控制大电流的工作需要。

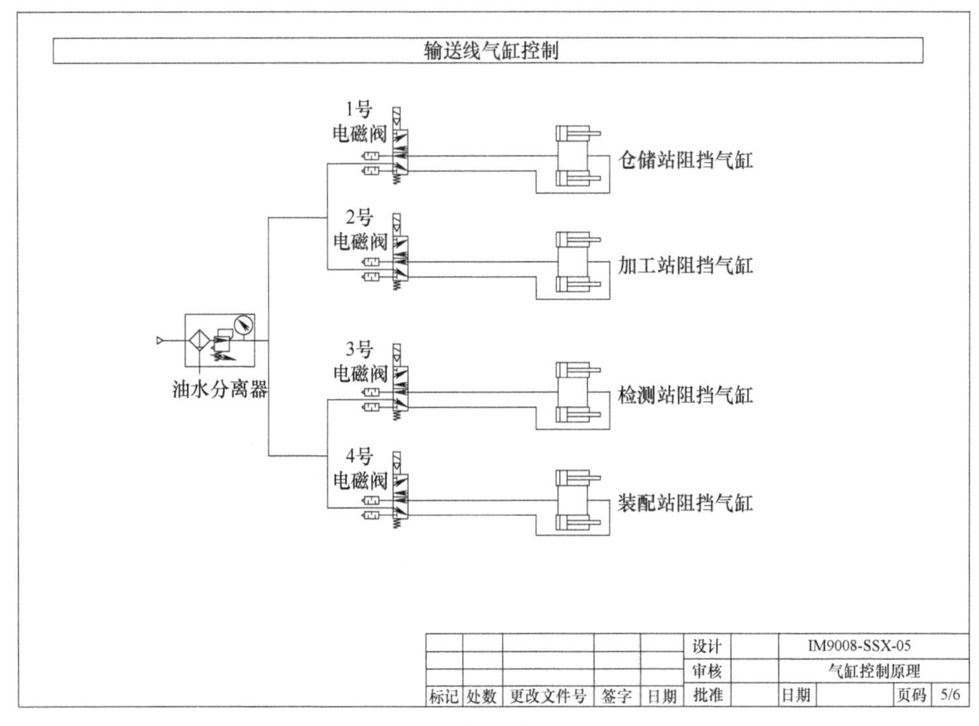

图 2-6　气缸控制原理

4. 通信端口分配

根据智能物流单元控制功能要求，对通信端口进行分配，见表 2-1。

表 2-1　通信端口分配

序号	端口地址	变量名称	功能描述
1	I0.0	急停	检测急停按钮状态
2	I0.1	仓储站到位检测	检测流转托盘是否到达仓储站
3	I0.2	加工站到位检测	检测流转托盘是否到达加工站
4	I0.3	检测站到位检测	检测流转托盘是否到达检测站
5	I0.4	装配站到位检测	检测流转托盘是否到达装配站
6	QW2	输送线速度	输出 4~20mA 电流信号给变频器，控制变频器速度
7	Q0.0	仓储站阻挡气缸	控制仓储站阻挡气缸升降动作
8	Q0.1	加工站阻挡气缸	控制加工站阻挡气缸升降动作

(续)

序号	端口地址	变量名称	功能描述
9	Q0.2	检测站阻挡气缸	控制检测站阻挡气缸升降动作
10	Q0.3	装配站阻挡气缸	控制装配站阻挡气缸升降动作
11	Q0.4	仓储站红灯	控制仓储站红灯亮/灭
12	Q0.5	加工站红灯	控制加工站红灯亮/灭
13	Q0.6	检测站红灯	控制检测站红灯亮/灭
14	Q0.7	装配站红灯	控制装配站红灯亮/灭
15	Q1.0	仓储站绿灯	控制仓储站绿灯亮/灭
16	Q1.1	加工站绿灯	控制加工站绿灯亮/灭
17	Q1.2	检测站绿灯	控制检测站绿灯亮/灭
18	Q1.3	装配站绿灯	控制装配站绿灯亮/灭
19	Q1.4	输送线起停	输送带起动和停止

任务一 智能物流单元控制程序设计

本任务根据智能物流单元的功能、各组成设备之间的交互逻辑，进行控制程序的设计，以及HMI的设计。本任务具体实现功能为当智能物流单元接收到起动运行指令后，各停止站指示灯以1Hz频率闪烁绿灯3次后，传送带开始起动；传送带上流转托盘每经过一个停止站，阻挡气缸升起挡住，3s后气缸缩回放行托盘；当接收到停止运行指令后，各停止站指示灯以1Hz频率闪烁红灯3次后传送带停止运行。

一、实施条件

零部件图样、计算机、NX 1980.0、TIA Portal V16。

二、实施内容

本任务在PLC程序设计过程中包含：①创建智能物流单元新项目；②添加智能物流单元硬件组态；③创建智能物流单元变量表；④创建智能物流单元“HMI显示”数据块；⑤编写“停止站”PLC程序；⑥编写“环形输送线”PLC程序；⑦编写“RFID读写”PLC程序；⑧编写“AGV手动”控制程序；⑨HMI的设计。

1. 流程图

本任务的程序设计流程图如图2-7所示。

2. 变量表

智能物流单元的输入/输出变量表见表2-2。

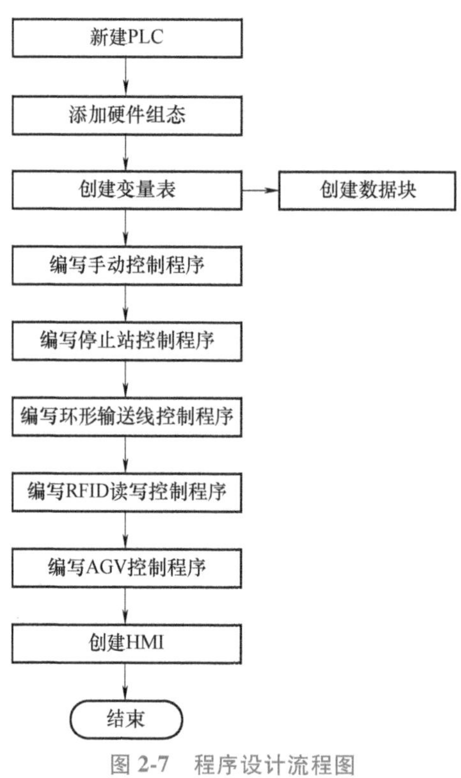

图 2-7 程序设计流程图

表 2-2 输入/输出变量表

名称	数据类型	地址	名称	数据类型	地址
急停	BOOL	I0.0	加工站指示灯红色	BOOL	Q0.5
仓储站到位检测开关	BOOL	I0.1	检测站指示灯红色	BOOL	Q0.6
加工站到位检测开关	BOOL	I0.2	装配站指示灯红色	BOOL	Q0.7
检测站到位检测开关	BOOL	I0.3	仓储站指示灯绿色	BOOL	Q1.0
装配站到位检测开关	BOOL	I0.4	加工站指示灯绿色	BOOL	Q1.1
仓储站阻挡气缸	BOOL	Q0.0	检测站指示灯绿色	BOOL	Q1.2
加工站阻挡气缸	BOOL	Q0.1	装配站指示灯绿色	BOOL	Q1.3
检测站阻挡气缸	BOOL	Q0.2	输送线起停	BOOL	Q1.4
装配站阻挡气缸	BOOL	Q0.3	环线输送线速度控制	Word	QW2
仓储站指示灯红色	BOOL	Q0.4			

3. 数据块的创建

（1）硬件组态

1）创建 PLC。在“项目树”中双击“添加新设备”，单击选择“控制器”→“SIMATIC S7-1500”→“CPU”→“CPU 1511-1 PN”→“6ES7 511-1AK02-0AB0”。版本选择“V2.8”选项，单击“确认”按钮完成创建，如图 2-8 所示。

智能物流单元_设备组态

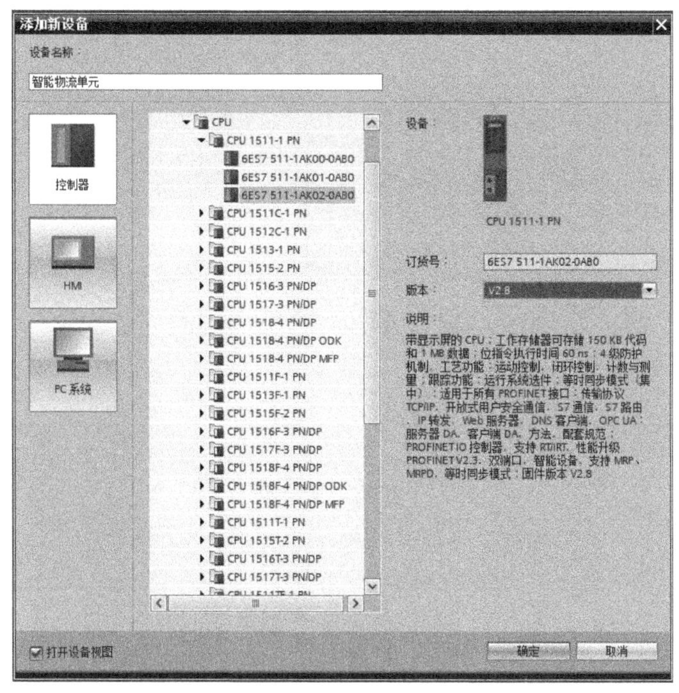

图 2-8　创建 PLC

2）添加 I/O 模块。在“硬件目录”下单击选择“AI/AQ”→“AI/AQ4xU/I/RID/TC/2xU/I ST”→“6ES7 534-7QE00-0AB0”模拟量输入/输出模块，直接拖拽至组态界面 PLC 控制器位置进行组态；在“硬件目录”下单击选择“DI/DQ”→“DI 16/DQ 16x24VDC/0.5A BA”→“6ES7 523-1BL00-0AA0”模块选项，如图 2-9 所示。

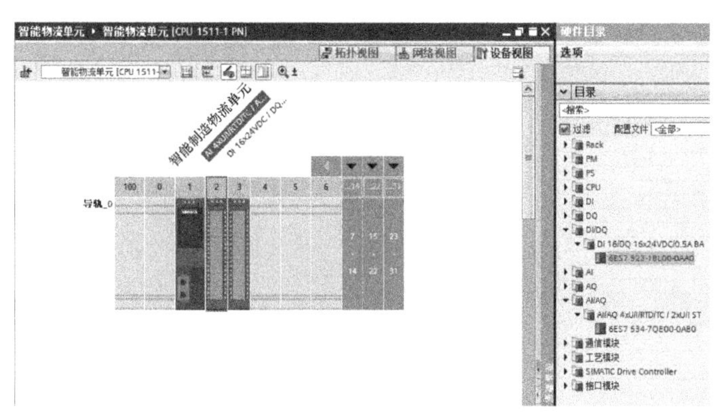

图 2-9　添加 I/O 模块

3）设置 IP 地址。双击 PLC 上的“PROFINET 接口”，单击选择“以太网地址”选项，在“IP 协议”下设置 IP 地址为“192.168.100.1”，子网掩码为“255.255.255.0”，如图 2-10 所示。

4）创建 HMI。在“项目树”中双击“添加新设备”，单击选择“HMI”→“SIMATIC 精简系列面板”→“7″显示屏”→“KTP700 Basic”→“6AV2 123-2GB03-0AX0”选项，版本设置为“16.0.0.0”，如图 2-11 所示。

5）设置 HMI IP 地址。双击 HMI 上的“智能物流单元 HMI.IE_CP_1”模块，单击选择“以太网网址”选项，在“IP 协议”下设置 IP 地址为“192.168.100.11”，子网掩码为“255.255.255.0”，如图 2-12 所示。

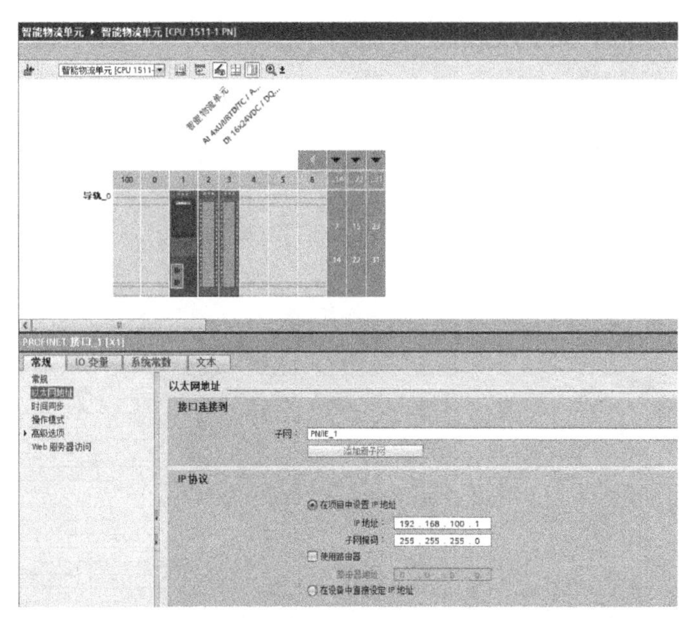

图 2-10　设置 IP 地址

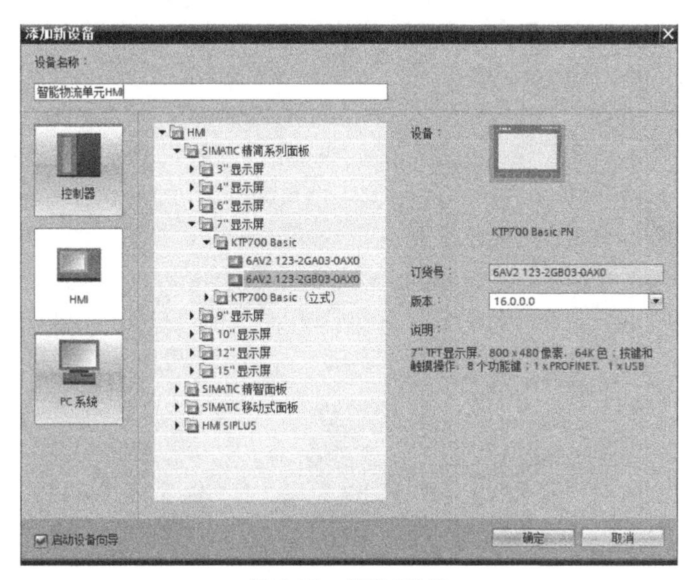

图 2-11　创建 HMI

6）建立网络连接。在“网络视图”下设置 HMI 连接，首先单击“网络视图”→“连接”选项，再选择“HMI 连接”选项，最后单击 HMI 网口按住鼠标左键直接拖动至 PLC 网口上，松开鼠标左键，完成网络连接，如图 2-13 所示。

（2）创建变量表　根据需要添加变量。输入变量为急停、仓储站到位检测开关、加工站到位检测开关、检测站到位检测开关、装配站到位检测开关；输出变量为仓储站阻挡气缸、加工站阻挡气缸、检测站阻挡气缸、装配站阻挡气缸、仓储站指示灯红色、加工站指示灯红色、检测站指示灯红色、装配站指示灯红色、仓储站指示灯绿色、加工站指示灯绿色、检测站指示灯绿色、装配站指示灯绿色、环形输送线起停、环形输送线速度控制等，如图 2-14 所示。

智能物流单元_IO 创建

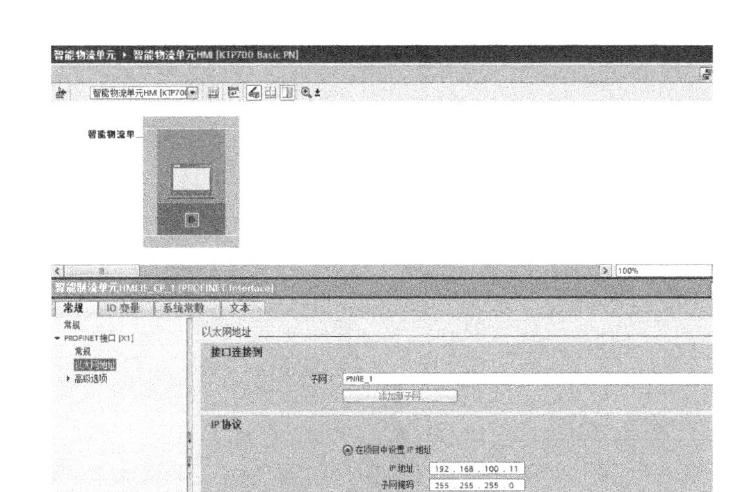

图 2-12　设置 HMI IP 地址

图 2-13　建立网络连接

MCD智能物流单元_V16 ▸ 智能物流单元PLC [CPU 1511-1 PN] ▸ PLC变量 ▸ 环线控制 [21]

环线控制

	名称	数据类型	地址
1	急停	Bool	%I0.0
2	仓储站到位检测开关	Bool	%I0.1
3	加工站到位检测开关	Bool	%I0.2
4	检测站到位检测开关	Bool	%I0.3
5	装配站到位检测开关	Bool	%I0.4
6	加工站阻挡气缸	Bool	%Q0.1
7	检测站阻挡气缸	Bool	%Q0.2
8	装配站阻挡气缸	Bool	%Q0.3
9	仓储站指示灯红色	Bool	%Q0.4
10	仓储站指示灯绿色	Bool	%Q1.0
11	加工站指示灯红色	Bool	%Q0.5
12	加工站指示灯绿色	Bool	%Q1.1
13	检测站指示灯红色	Bool	%Q0.6
14	检测站指示灯绿色	Bool	%Q1.2
15	装配站指示灯红色	Bool	%Q0.7
16	装配站指示灯绿色	Bool	%Q1.3
17	环形输送线起停	Bool	%Q1.4
18	环形输送线速度控制	Word	%QW2
19	环形输送线起动	Bool	%M10.5
20	环形输送线停止	Bool	%M10.6
21	仓储站阻挡气缸	Bool	%Q0.0
22	<新增>		

图 2-14　变量表

（3）“全局数据块”内容　根据需要添加变量。数据类型为“String”的变量：仓储站转换值、加工站转换值、检测站转换值、装配站转换值、仓储站字符提取、加工站字符提取、检测站字符提取、装配站字符提取；数据类型为“Int”的变量：计数；数据类型为“Real”的变量：标准化结果，如图 2-15 所示。

智能物流单元_数据块

MCD智能物流单元_V16 ▸ 智能物流单元PLC [CPU 1511-1 PN] ▸ 程序块 ▸ 环线控制 ▸ 全局数据块 [DB3]

保持实际值　快照　将快照值复制到起始值中　将起始值加载为实际值

全局数据块

	名称	数据类型	偏移量	起始值	保持	从 HMI/OPC...	从 H...	在 HMI ...	设定值	监控
1	▼ Static				☐	☐	☐	☐	☐	
2	仓储站转换值	String	0.0	''	☐	☑	☑	☑	☐	
3	加工站转换值	String	256.0	''	☐	☑	☑	☑	☐	
4	检测站转换值	String	512.0	''	☐	☑	☑	☑	☐	
5	装配站转换值	String	768.0	''	☐	☑	☑	☑	☐	
6	仓储站字符提取	String	1024.0	''	☐	☑	☑	☑	☐	
7	加工站字符提取	String	1280.0	''	☐	☑	☑	☑	☐	
8	检测站字符提取	String	1536.0	''	☐	☑	☑	☑	☐	
9	装配站字符提取	String	1792.0	''	☐	☑	☑	☑	☐	
10	计数	Int	2048.0	0	☐	☑	☑	☑	☐	
11	标准化结果	Real	2050.0	0.0	☐	☑	☑	☑	☐	

图 2-15　全局数据块

（4）“HMI 显示”数据块内容　根据需要添加变量。数据类型为“Bool”的变量：仓储站阻挡气缸、加工站阻挡气缸、检测站阻挡气缸、装配站阻挡气缸、单机/联机、RFID 写、RFID 读、AGV 至仓库取料、AGV 至装配台取料、AGV 到达；数据类型为“Int”的变量：仓储站物料托盘、加工站物料托盘、检测站物料托盘、装配站物料托盘、仓储站流转托盘、加工站流转托盘、检测站流转托盘、装配站流转托盘、RFID 写入数据、RFID 读取数据，如图 2-16 所示。

MCD智能物流单元_V16 ▸ 智能物流单元PLC [CPU 1511-1 PN] ▸ 程序块 ▸ 环线控制 ▸ HMI显示 [DB13]

保持实际值　快照　将快照值复制到起始值中　将起始值加载为实际值

HMI显示

	名称	数据类型	偏移量	起始值	保持	从 HMI/OPC...	从 H...	在 HMI ...	设定值	监控
1	▼ Static				☐	☐	☐	☐	☐	
2	仓储站阻挡气缸	Bool	0.0	false	☐	☑	☑	☑	☐	
3	加工站阻挡气缸	Bool	0.1	false	☐	☑	☑	☑	☐	
4	检测站阻挡气缸	Bool	0.2	false	☐	☑	☑	☑	☐	
5	装配站阻挡气缸	Bool	0.3	false	☐	☑	☑	☑	☐	
6	单机/联机	Bool	0.4	false	☐	☑	☑	☑	☐	
7	RFID写	Bool	0.5	false	☐	☑	☑	☑	☐	
8	RFID读	Bool	0.6	false	☐	☑	☑	☑	☐	
9	仓储站物料托盘	Int	2.0	0	☐	☑	☑	☑	☐	
10	仓储站流转托盘	Int	4.0	0	☐	☑	☑	☑	☐	
11	加工站物料托盘	Int	6.0	0	☐	☑	☑	☑	☐	
12	加工站流转托盘	Int	8.0	0	☐	☑	☑	☑	☐	
13	检测站物料托盘	Int	10.0	0	☐	☑	☑	☑	☐	
14	检测站流转托盘	Int	12.0	0	☐	☑	☑	☑	☐	
15	装配站物料托盘	Int	14.0	0	☐	☑	☑	☑	☐	
16	装配站流转托盘	Int	16.0	0	☐	☑	☑	☑	☐	
17	RFID写入数据	Int	18.0	0	☐	☑	☑	☑	☐	
18	RFID读取数据	Int	20.0	0	☐	☑	☑	☑	☐	
19	环形输送线速度输入	Int	22.0	0	☐	☑	☑	☑	☐	
20	AGV至仓库取料	Bool	24.0	false	☐	☑	☑	☑	☐	
21	AGV至装配台取料	Bool	24.1	false	☐	☑	☑	☑	☐	
22	AGV到达	Bool	24.2	false	☐	☑	☑	☑	☐	

图 2-16　“HMI 显示”数据块

（5）“MCD_DB”数据块内容　根据需要添加变量。数据类型为“Int”的变量：仓储站 RFID 写信号、仓储站 RFID 读信号、加工站 RFID 读信号、检测站 RFID 读信号、装配站 RFID 读信号；数据类型为“Real”的变量：环形输送带速度控制；数据类型为“Bool”的变量：AGV 至仓库接驳站取料、AGV 至装配接驳站取料、AGV 运行中、AGV 已到仓库接驳站、AGV 已到装配接驳站、仓储站 RFID 写起停等，如图 2-17 所示。

4. 停止站控制程序设计

1）创建 FB 块。停止站功能为到位信号接通，控制各站阻挡气缸的升降，控制各站红灯和绿灯。首先创建 FB 块，其背景数据定义，如图 2-18 所示。

2）工作站停止和放行控制程序设计如图 2-19 所示。该程序段使用模块化程序设计，功能为当到位信号接通时，阻挡气缸抬起，红灯亮起，绿灯熄灭；4s 后阻挡气缸落下，绿灯亮起，红灯熄灭。

智能物流单元_停止站

MCD智能物流单元_V16 ▸ 智能物流单元PLC [CPU 1511-1 PN] ▸ 程序块 ▸ MCD_DB [DB2]

保持实际值　快照　将快照值复制到起始值中　将起始值加载为实际值

MCD_DB

	名称	数据类型	起始值	保持	从 HMI/OPC...	从 H...	在 HMI...	设定值	监控	注释
1	▼ Static			☐	☐	☐	☐	☐		
2	仓储站RFID写信号	Int	0	☐	☑	☑	☑	☐		
3	仓储站RFID读信号	Int	0	☐	☑	☑	☑	☐		
4	加工站RFID读信号	Int	0	☐	☑	☑	☑	☐		
5	检测站RFID读信号	Int	0	☐	☑	☑	☑	☐		
6	装配站RFID读信号	Int	0	☐	☑	☑	☑	☐		
7	环形输送带速度控制	Real	0.0	☐	☑	☑	☑	☐		
8	AGV至仓库接驳站取料	Bool	false	☐	☑	☑	☑	☐		
9	AGV至装配接驳站取料	Bool	false	☐	☑	☑	☑	☐		
10	AGV运行中	Bool	false	☐	☑	☑	☑	☐		
11	AGV已到仓库接驳站	Bool	false	☐	☑	☑	☑	☐		
12	AGV已到装配接驳站	Bool	false	☐	☑	☑	☑	☐		
13	仓储站RFID写起停	Bool	false	☐	☑	☑	☑	☐		

图 2-17　“MCD_DB”数据块

MCD智能物流单元_V16 ▸ 智能物流单元PLC [CPU 1511-1 PN] ▸ 程序块 ▸ 环线控制 ▸ 停止站 [FB3]

停止站

	名称	数据类型	默认值	保持	从 HMI/OPC...	从 H...	在 HMI...	设定值	监控	注释
1	▼ Input				☐	☐	☐	☐		
2	到位信号	Bool	false	非保持	☑	☑	☑	☐		
3	▼ Output				☐	☐	☐	☐		
4	阻挡气缸	Bool	false	非保持	☑	☑	☑	☐		
5	▼ InOut				☐	☐	☐	☐		
6	红灯	Bool	false	非保持	☑	☑	☑	☐		
7	绿灯	Bool	false	非保持	☑	☑	☑	☐		
8	▼ Static				☐	☐	☐	☐		
9	P_TRIG	Bool	false	非保持	☑	☑	☑	☑		
10	N_TRIG	Bool	false	非保持	☑	☑	☑	☐		
11	开始检测	Bool	false	非保持	☑	☑	☑	☐		
12	临时变量	Bool	false	非保持	☐	☐	☐	☐		
13	▸ TON	TON_TIME		非保持	☑	☑	☑	☑		
14	▼ Temp				☐	☐	☐	☐		
15	<新增>				☐	☐	☐	☐		
16	▼ Constant				☐	☐	☐	☐		
17	<新增>				☐	☐	☐	☐		

图 2-18　背景数据定义

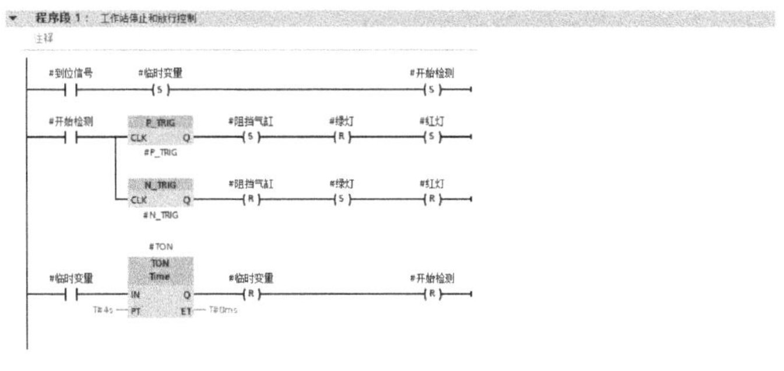

图 2-19　工作站停止和放行控制程序

5. 环形输送线控制程序设计

1）创建环形输送线 FB 块。该程序块的功能为：按下“环形输送线起动”，各站阻挡气缸复位，各站红灯以 1Hz 的频率闪烁 3 次，各站红灯灭，绿灯常亮；按下“环形输送线停止”，各站阻挡气缸复位，各站绿灯以 1Hz 的频率闪烁 3 次，各站绿灯灭，红灯常亮。停止站的停止和放行控制、环形输送线速度控制、环线的起停控制，其环形输送线背景数据定义，如图 2-20 所示。

智能物流单元_环形输送线

2）工作站起动复位程序设计，如图 2-21 所示。该程序段功能为按下“环形输送线起动”，仓储站、加工站、检测站、装配站阻挡气缸复位。

“环形输送线起动”接通，扫描 RLO 的信号上升沿 P_TRIG［1］接通一次，“环线控制［1］”置位，“仓储站阻挡气缸”“加工站阻挡气缸”“检测站阻挡气缸”和“装配站阻挡气缸”复位。

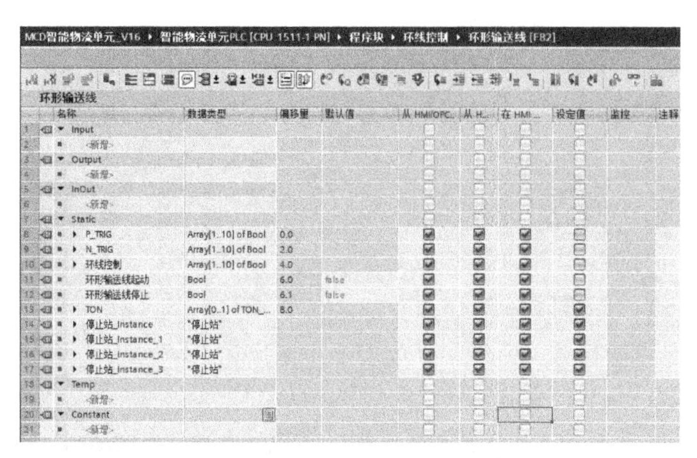

图 2-20　环形输送线背景数据定义

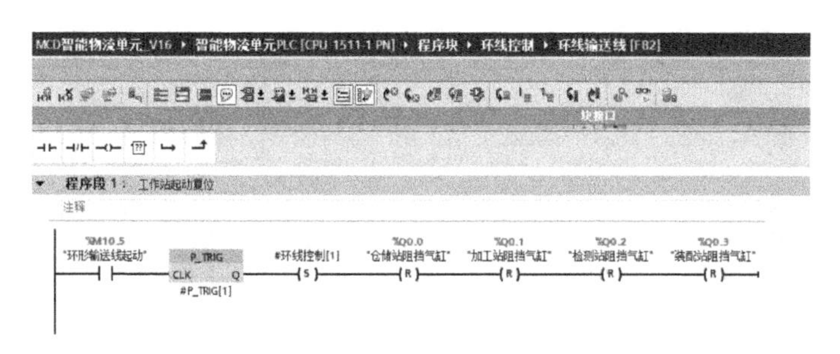

图 2-21　工作站起动复位

3）环线的起动控制程序设计，如图 2-22 所示。该程序段功能为环线控制［1］接通，仓储站、加工站、检测站、装配站红色指示灯以 1Hz 的频率闪烁 3s，3s 后红灯熄灭，绿灯亮起，将 15Hz 赋值至“"HMI 显示". 环形输送线速度输入”。

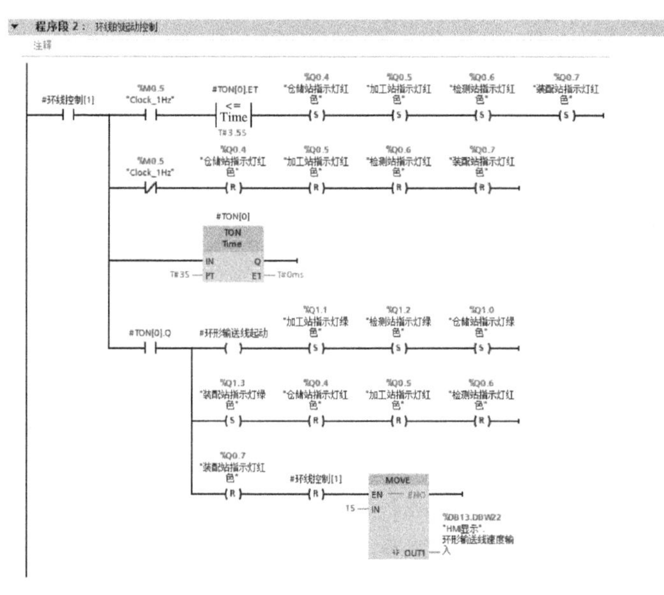

图 2-22　环线的起动控制程序

4）工作站停止复位程序设计，如图 2-23 所示。该程序段功能为按下“环形输送线停止”，仓储站、加工站、检测站、装配站阻挡气缸复位。

“环形输送线停止”接通，扫描 RLO 的信号上升沿 P_TRIG[2] 接通一次，“环线控制［2]”置位，“仓储站阻挡气缸”“加工站阻挡气缸”“检测站阻挡气缸”和“装配站阻挡气缸”复位。

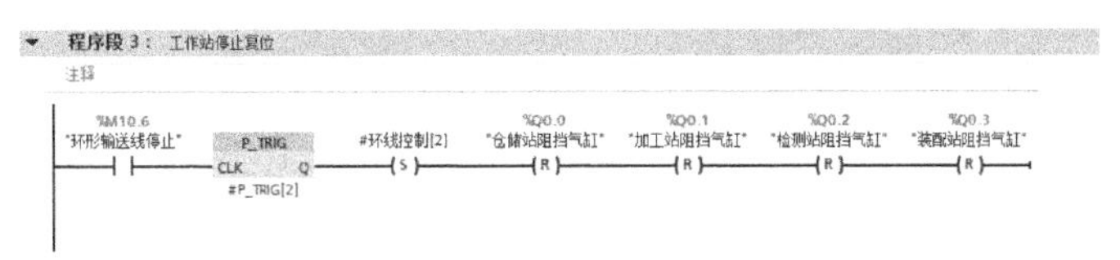

图 2-23　工作站停止复位程序

5）环线停止控制程序设计，如图 2-24 所示。该程序段功能为环线控制［2］接通，那么仓储站、加工站、检测站、装配站绿色指示灯以 1Hz 的频率闪烁 3s，3s 后绿灯熄灭，红灯亮起，将 0 赋值至“"HMI 显示". 环形输送线速度输入”。

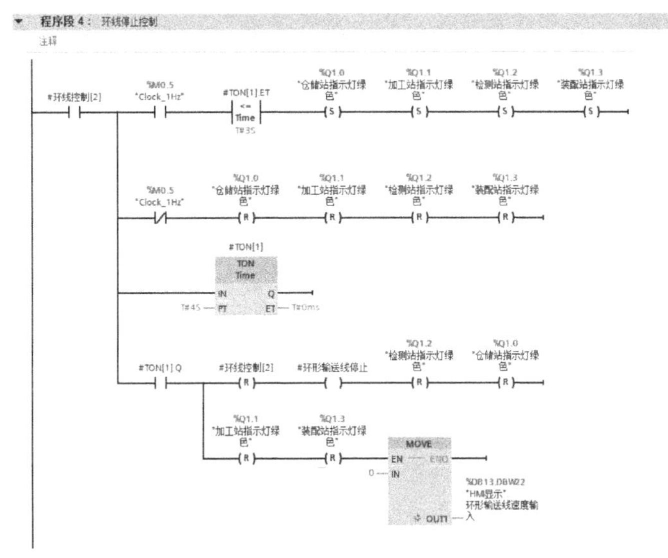

图 2-24　环线停止控制程序

6）停止站的停止和放行控制程序设计，如图 2-25 所示。该程序段功能为通过调用停止站，设置不同块的调用环境，实现不同站的停止功能。

调用仓储站阻挡块，将“仓储站到位检测开关”连接至“到位信号”，将“仓储站指示灯红色”连接至“红灯”，将“仓储站指示灯绿色”连接至“绿灯”，将“仓储站阻挡气缸”连接至“阻挡气缸”。加工站、检测站和装配站连接方式相同。

7）停止站手动控制程序设计，如图 2-26 所示。该程序段功能为按下 HMI 上“仓储站阻挡气缸”，仓储站阻挡气缸抬起，松开 HMI 上“仓储站阻挡气缸”，仓储站阻挡气缸收回；按下 HMI 上“加工站阻挡气缸”，加工站阻挡气缸抬起，松开 HMI 上“加工站阻挡气缸”，加工站阻挡气缸收回；按下 HMI 上“检测站阻挡气缸”，检测站阻挡气缸抬起，松开 HMI 上“检测站阻挡气缸”，检测站阻挡气缸收回；按下 HMI 上“装配站阻挡气缸”，装配站阻挡气缸抬起，松开 HMI 上“装配站阻挡气缸”，装配站阻挡气缸收回。

8）环形输送线速度控制程序设计，如图 2-27 所示。该程序段功能为判断“环形输送线速度输入”框中的数值，设置数值上限为 0~50，而后将经过转换后的数值输入至“"MCD_DB". 环形输送线速度控制”。

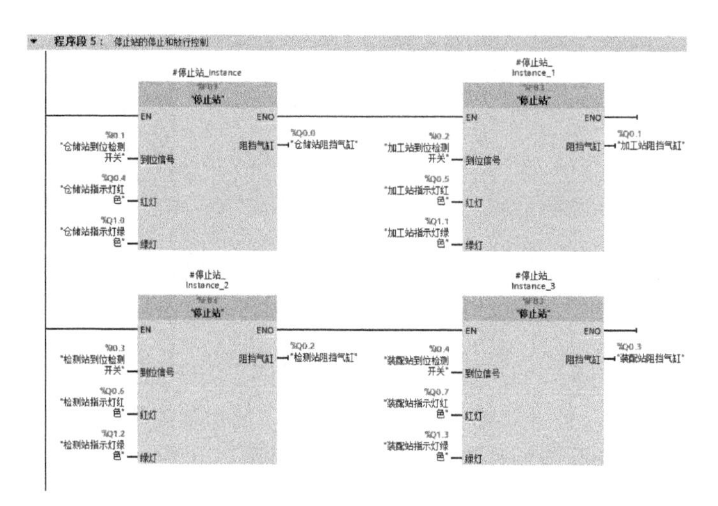

图 2-25　停止站的停止和放行控制程序

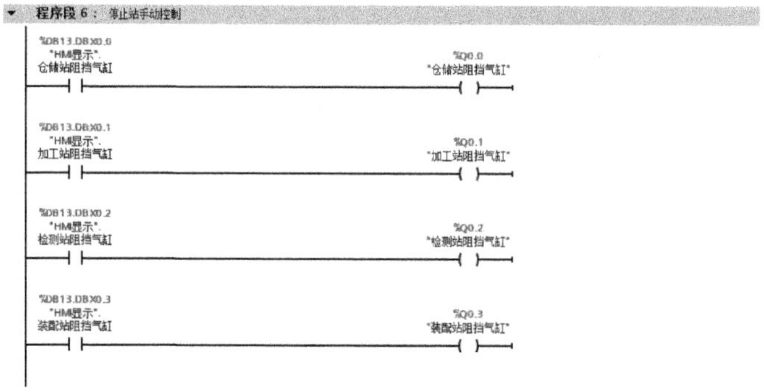

程序段 6：停止站手动控制

%DB13.DBX0.0 "HMI显示".仓储站阻挡气缸 —— %Q0.0 "仓储站阻挡气缸"

%DB13.DBX0.1 "HMI显示".加工站阻挡气缸 —— %Q0.1 "加工站阻挡气缸"

%DB13.DBX0.2 "HMI显示".检测站阻挡气缸 —— %Q0.2 "检测站阻挡气缸"

%DB13.DBX0.3 "HMI显示".装配站阻挡气缸 —— %Q0.3 "装配站阻挡气缸"

图 2-26　停止站手动控制程序

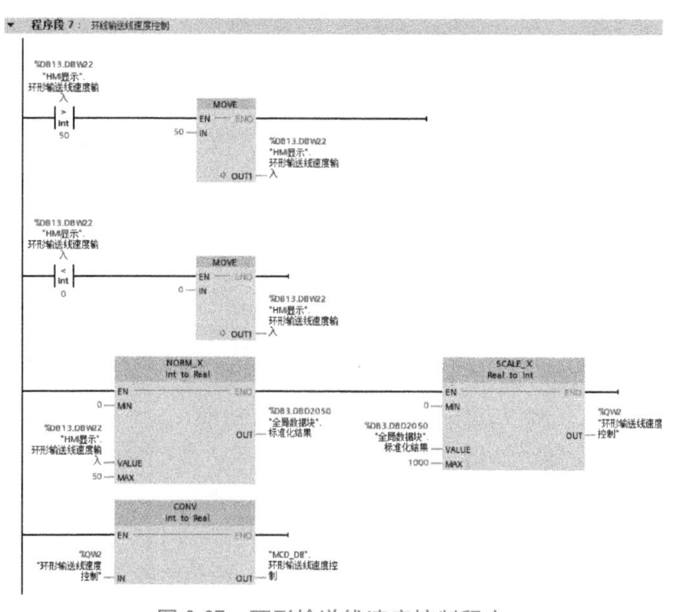

图 2-27　环形输送线速度控制程序

9）环线的手动控制程序设计，如图 2-28 所示。该程序段功能为进行环形输送线的单机与联机的切换，以及起动与停止的控制。

“单机”和“联机”控制“环形输送线起停”，同时将速度赋值至“"HMI 显示". 环形输送线速度输入”。

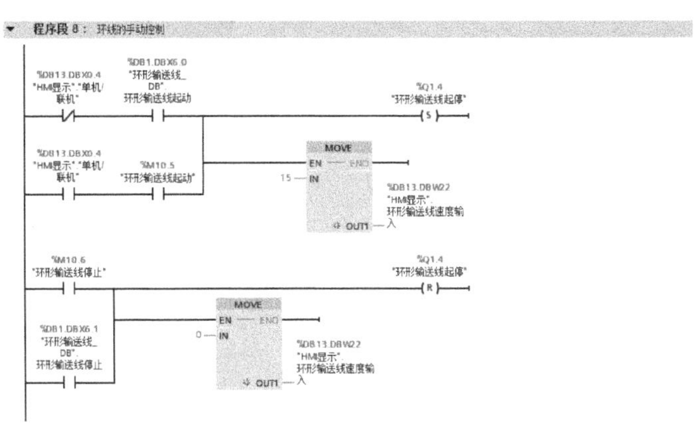

图 2-28　环线的手动控制程序

6. RFID 读写控制程序设计

智能物流单元_RFID 读写

1）创建 FB 块。该站功能为实现 RFID 编码的写入与读取，将读取到的 RFID 编码进行解析，分别显示在流转托盘显示区或物料托盘显示区，以及手动写入 RFID 编码。

2）RFID 编码读取和转换程序设计，如图 2-29 所示。该程序段功能为提取采集到的 RFID 信号的第一个字符（如“2001”提取“2”）。

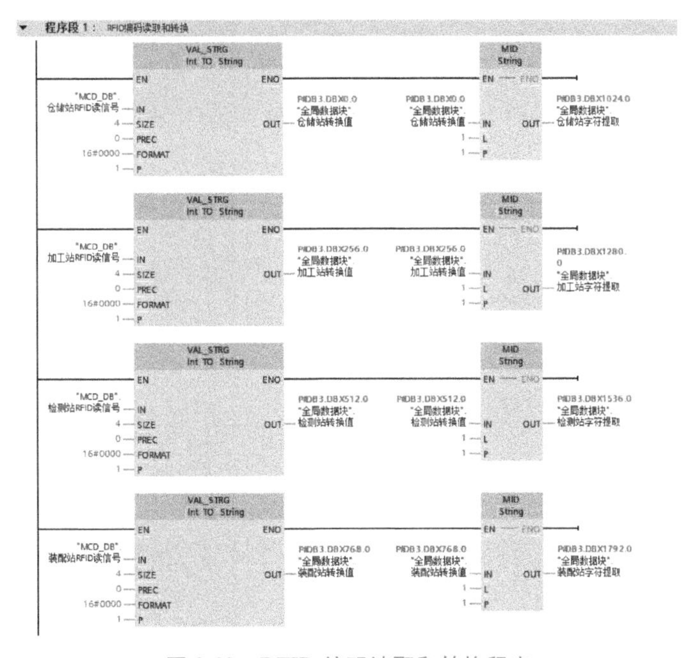

图 2-29　RFID 编码读取和转换程序

“VAL_STRG”的功能为将整型转换为字符串型，“MID”的功能是提取出字符串的第几位数。将“"MCD_DB". 仓储站 RFID 读信号”转换为字符串型输出至“"全局数据块". 仓储站转换值”，提取转换完成的字符串“"全局数据块". 仓储站转换值”的第一个字符并输出至“"全局数据块". 仓储站字符提取”，加工站、检测站和装配站方式相同。

3）流转托盘的识别程序设计，如图 2-30 所示。该程序段功能为将提取到的字符进行对比，判断是否为流转托盘。

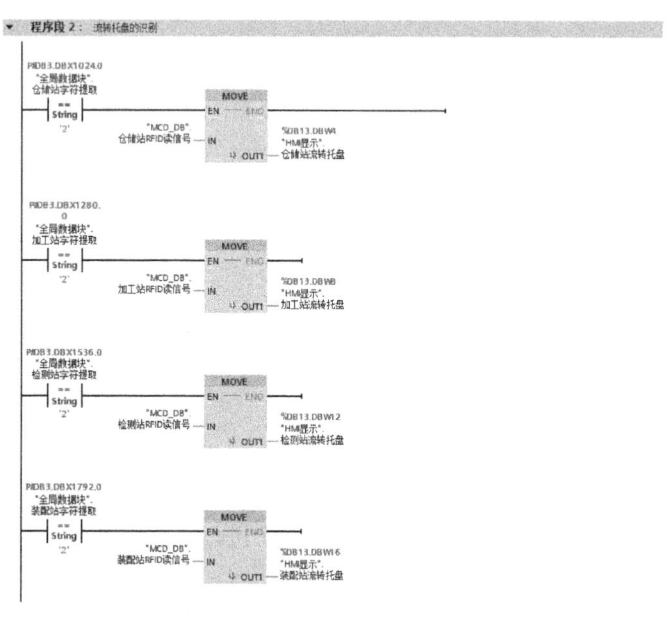

图 2-30　流转托盘的识别程序

4）物料托盘的识别程序设计，如图 2-31 所示。该程序段功能为将提取到的字符进行对比，判断是否为物料托盘。

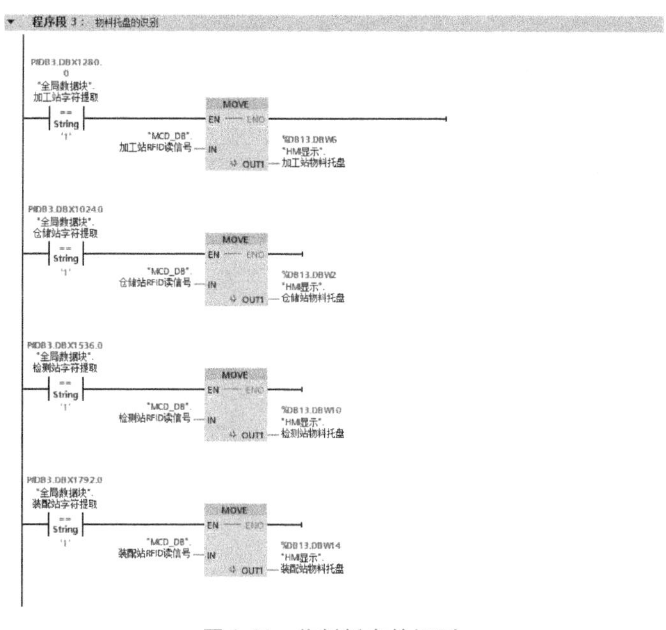

图 2-31　物料托盘的识别

5）流转托盘编码自动写入程序设计，如图 2-32 所示。该程序段功能为流转托盘第一次经过仓储站时，进行数据写入，写入 4 次后停止写入。

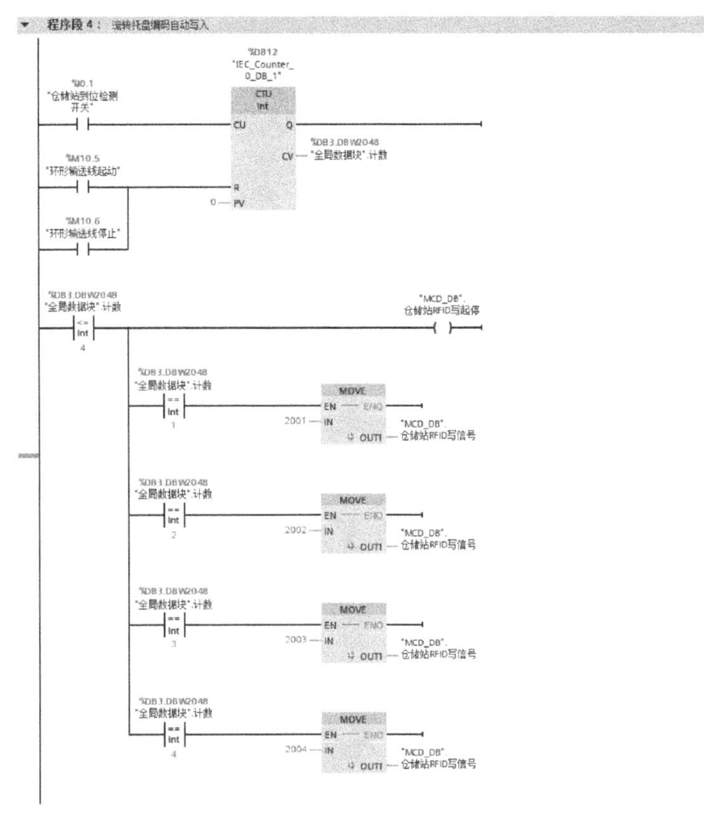

图 2-32　流转托盘编码自动写入程序

6）流转托盘编码手动读写程序设计，如图 2-33 所示。该程序段功能为按下“RFID 写”，将 RFID 数值写入；按下“RFID 读”，读取 RFID 数据。

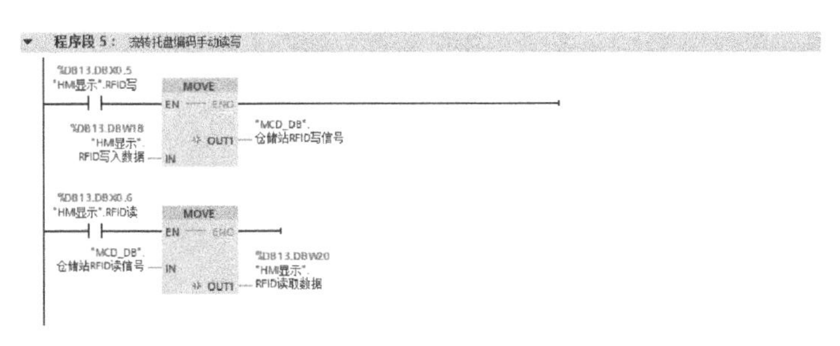

图 2-33　流转托盘编码手动读写程序

7. AGV 控制程序设计

该站功能为控制 AGV 小车运行，以及到位显示。

1）AGV 的手动控制程序设计，如图 2-34 所示。该程序段功能为按下“AGV 至仓库取料”，AGV 小车从仓库取料放置到装配台；按下“AGV 至装配台取料”，AGV 小车从装配台取料放置到仓库。

2）主程序调用，如图 2-35 所示。

智能物流单元_AGV

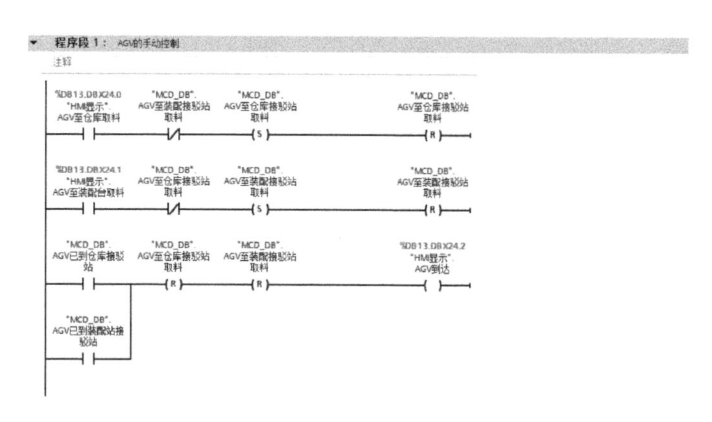

图 2-34　AGV 的手动控制程序

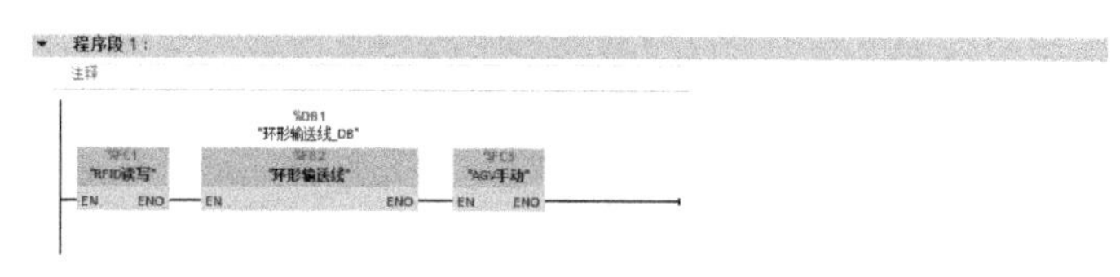

图 2-35　主程序调用

8. 人机交互界面的设计

智能物流单元_HMI 画面

1）新建模板，其作用是使添加的每个新界面都和模板相同，如图 2-36 所示。模板界面按钮包括：添加主页、监控界面、RFID 界面、AGV 界面、单机/联机。

2）主页设计，如图 2-37 所示。主页包括：速度设置输入框、起动按钮和停止按钮。

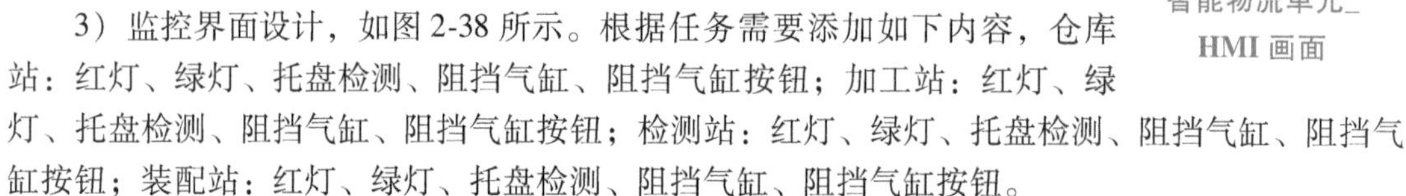

3）监控界面设计，如图 2-38 所示。根据任务需要添加如下内容，仓库站：红灯、绿灯、托盘检测、阻挡气缸、阻挡气缸按钮；加工站：红灯、绿灯、托盘检测、阻挡气缸、阻挡气缸按钮；检测站：红灯、绿灯、托盘检测、阻挡气缸、阻挡气缸按钮；装配站：红灯、绿灯、托盘检测、阻挡气缸、阻挡气缸按钮。

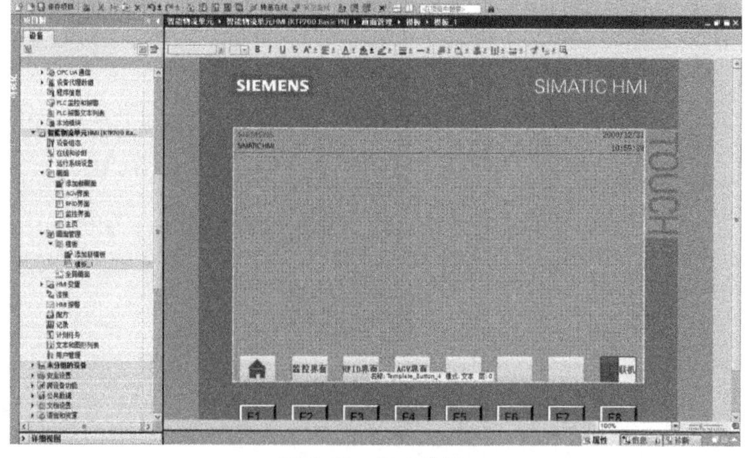

图 2-36　新建模板

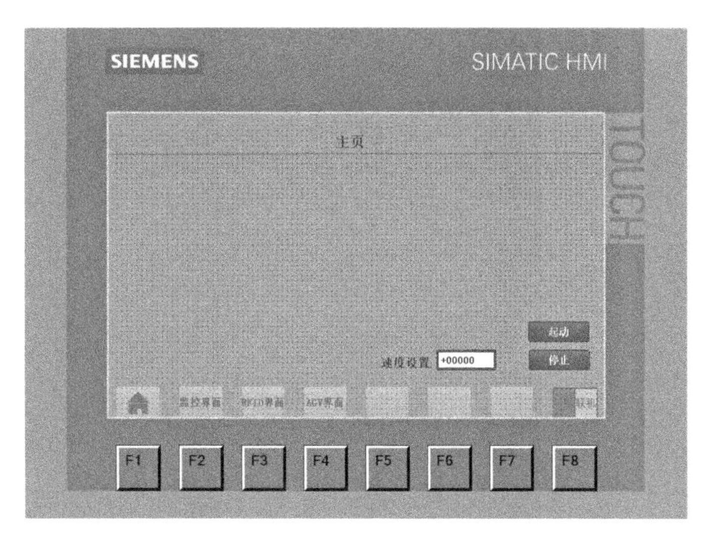

图 2-37　主页

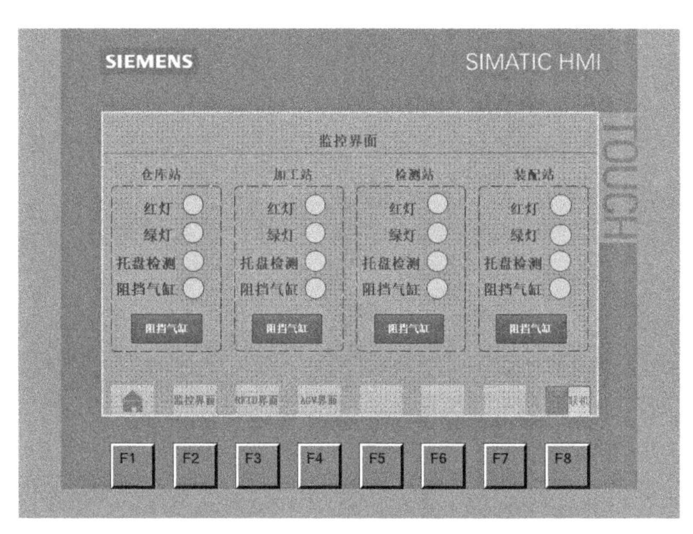

图 2-38　监控界面

4）RFID 界面设计，如图 2-39 所示。根据任务需要添加如下内容，仓库站：物料托盘输入框、流转托盘输入框、RFID 写输入框、RFID 读输入框；加工站：物料托盘输入框、流转托盘输入框；检测站：物料托盘输入框、流转托盘输入框；装配站：物料托盘输入框、流转托盘输入框。

5）AGV 界面设计，如图 2-40 所示。根据任务需要添加如下内容，AGV 至仓库取料按钮、AGV 至接驳台取料按钮、AGV 运行中指示灯、AGV 停止指示灯。

6）变量关联，如图 2-41 所示。仓储站“红灯”关联相关变量，首先双击仓储站“红灯”后面的圆圈，依次单击“动画”→“显示”→“添加新动画”→“外观”选项，单击变量名称输入框后的“…”下拉菜单，选择“智能物流单元 PLC”→“PLC 变量”→“环线控制”→“仓储站指示灯红色”选项后，单击下面的绿色对勾按钮。

智能物流单元_HMI 变量连接

7）关联变量“仓储站指示灯红色”为 BOOL 量，如图 2-42 所示。设置

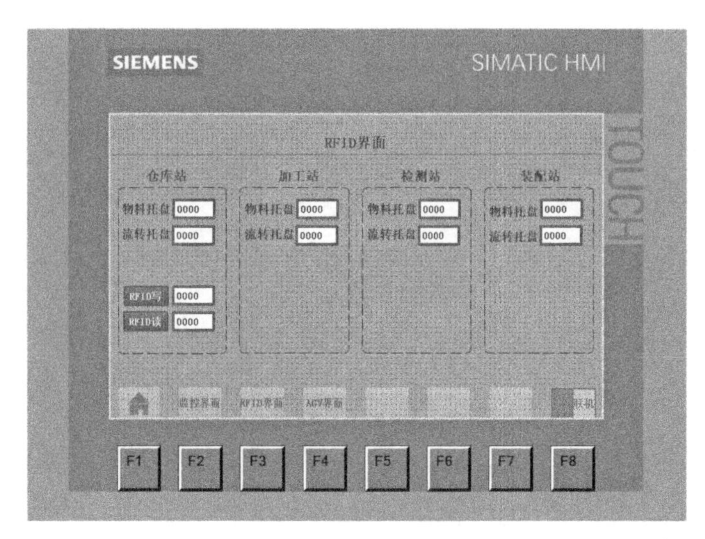

图 2-39　RFID 界面

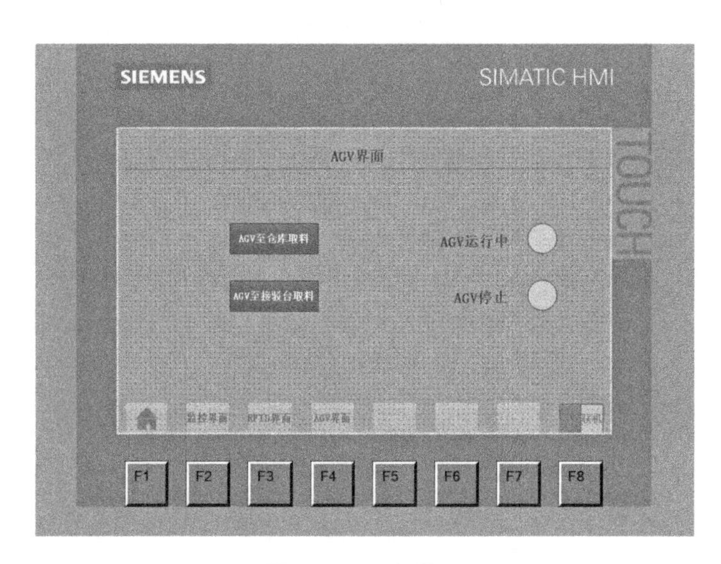

图 2-40　AGV 界面

范围为 0 和 1，范围 0 的背景色选择灰色“222. 219. 222”，闪烁选择“是”；范围 1 的背景色选择红色“255. 0. 0”，闪烁选择“是”。

8）按钮的相关变量关联，如图 2-43 所示。双击“仓储站”下的“阻挡气缸”按钮，依次单击“事件”→“按下”选项，双击“<添加函数>”文本，单击“编辑位”→“按下按键时置位位”→“变量（输入/输出）”的下拉菜单，选择“智能物流单元 PLC”→“程序块”→“环线控制”→“HMI 显示”→“仓储站阻挡气缸”选项，单击绿色对勾按钮。

9）输入框的相关变量关联，如图 2-44 所示。双击“速度设置”后面的“输入框”按钮，单击“属性”→“常规”选项，选择“过程”下面的“变量”输入框后面的“…”下拉菜单，单击选择“智能物流单元 PLC”→“程序块”→“环线控制”→“HMI 显示”→“输送线速度输入”选项，单击“绿色对勾”按钮。

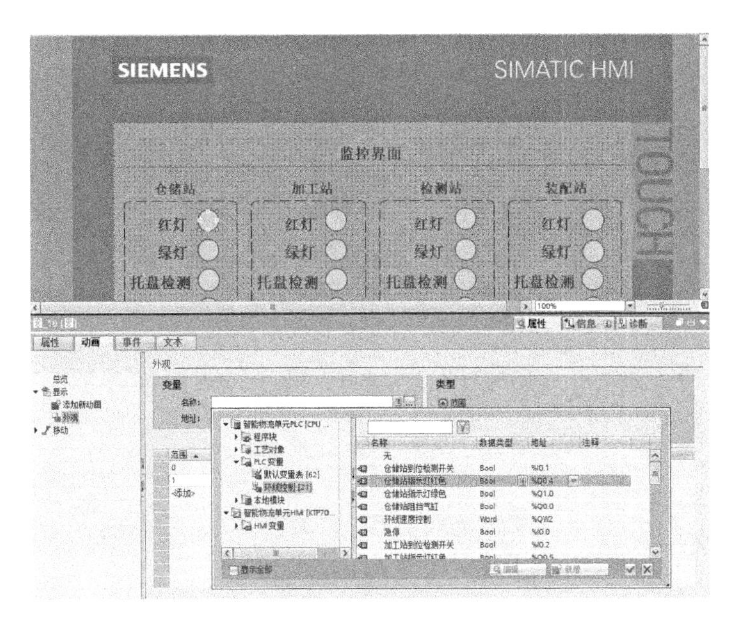

图 2-41　变量关联

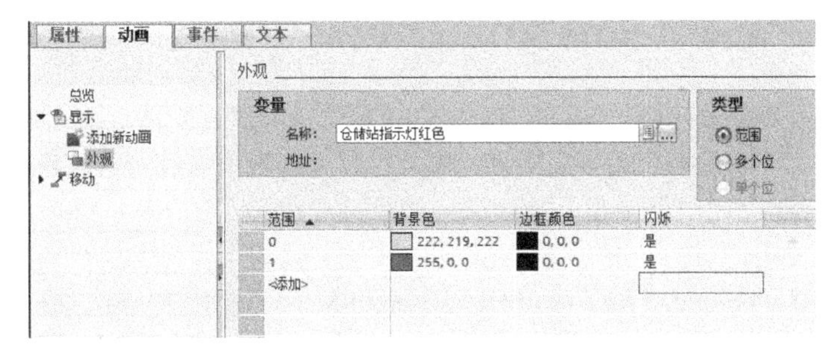

图 2-42　关联 BOOL 量

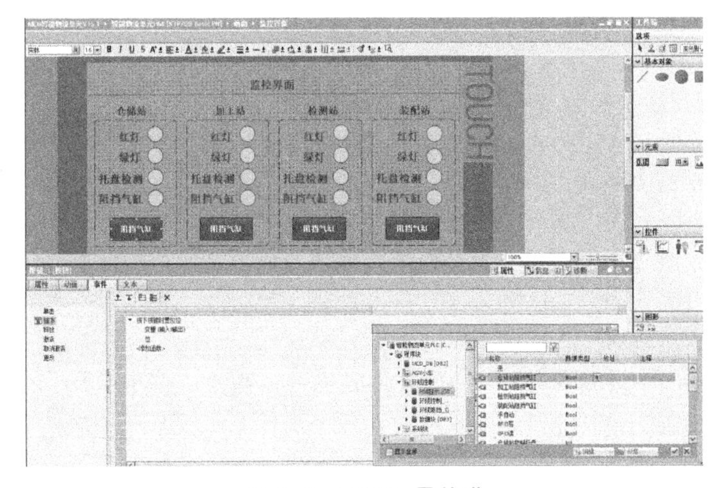

图 2-43　BOOL 量关联

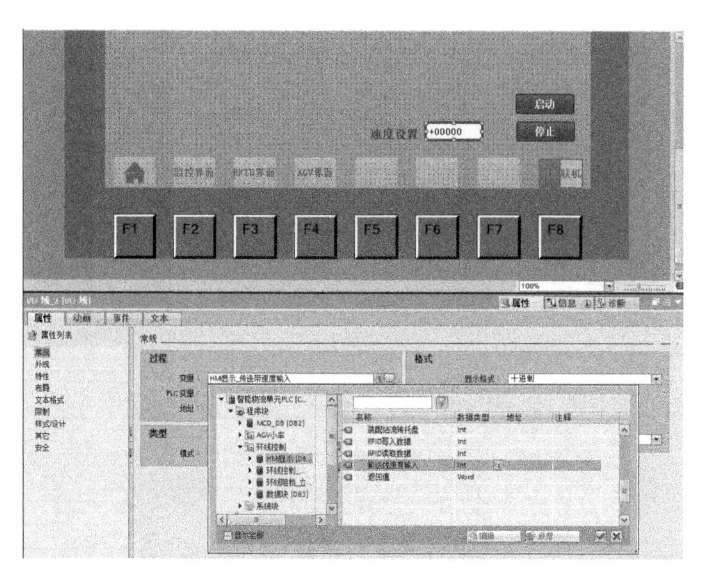

图 2-44　输入框的相关变量关联

任务二　智能物流单元机电联合仿真调试

输送线的控制程序设计好后，本任务将把程序下载到虚拟控制器里面，通过信号映射控制完成输送线运行，实现在虚拟状态下的联合调试，在虚拟环境中完成对控制程序的验证。

一、实施条件

NX 1980.0、TIA Portal V16、S7-PLCSIM Advanced V3.0、计算机、环形模型 3D 文件。

二、实施内容

本任务的主要步骤有：①建立信号连接；②下载 PLC 程序；③下载 HMI；④加载模型文件；⑤信号映射；⑥环线仿真调试。

1. 建立信号连接

建立虚拟调试环境，安装 NX 软件、S7-PLCSIM Advanced 软件和 TIA Portal 软件。其中 Siemens PLCSIM Virtual Ethernet Adapter 网络适配器 IP 地址设置为 100 网段，例如(192.168.100.×××；×××为不相同的任意整数)。

创建虚拟 PLC，如图 2-45 所示。

① 双击打开桌面 S7-PLCSIM Advanced V3.0 软件，等待软件启动完成。

② “Instance name” 设置为 “PLC-1” （此名称可以随意设置）。

③ “PLC type” 选择为 “Unspecified CPU 1500”。

④ 单击 “Start” 按钮等待虚拟 PLC 建立完成。

⑤ 此时 “1 Active PLC instance （s）” 显示为黄色。

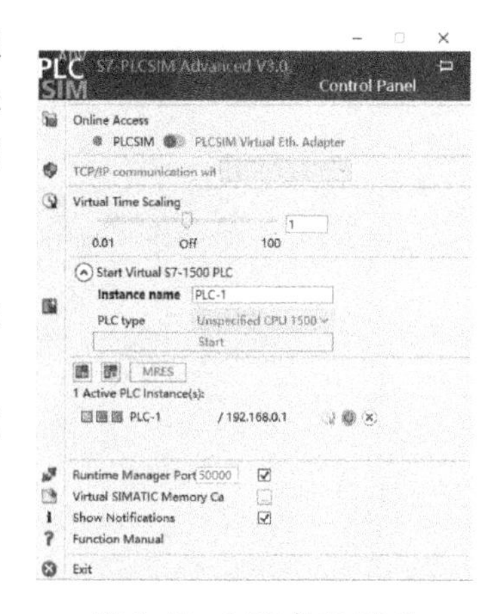

图 2-45　创建虚拟 PLC

2. 下载 PLC 程序

1）在 TIA Portal 软件中下载 PLC 程序到 S7-PLCSIM Advanced 中，如图 2-46 所示。

2）选择“智能物流单元 PLC”，单击菜单栏中下载图标。

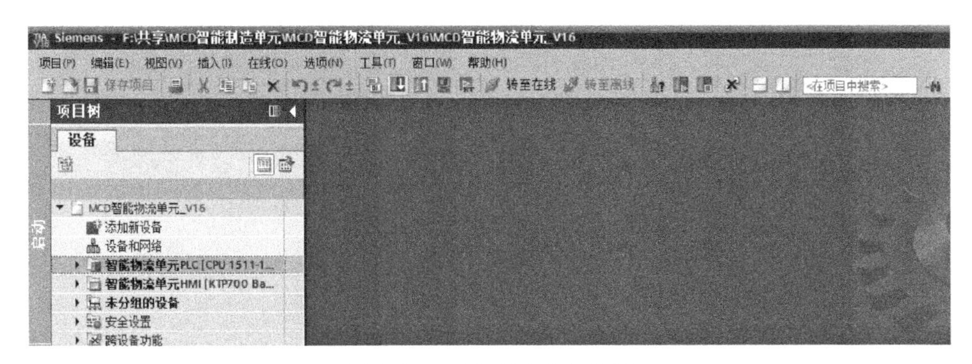

图 2-46　PLC 程序完整界面

① 按图 2-47 进行程序下载参数设置。

②“PG/PC 接口的类型”选择“PN/IE”。

③“PG/PC 接口”选择“PLCSIM”选项。

④“接口/子网的连接”选择“插槽"1×1"处的方向”。

⑤ 单击“开始搜索(S)”按钮。

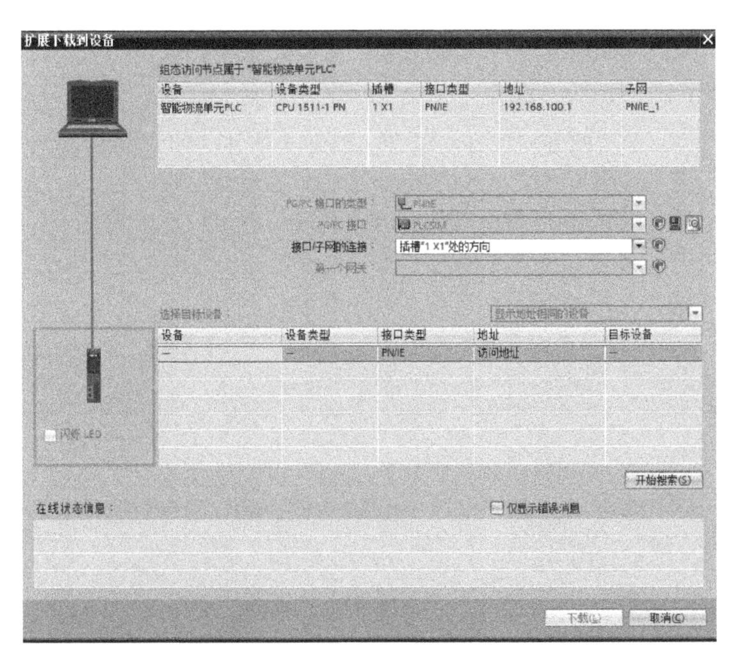

图 2-47　下载 PLC 界面

⑥ 在“选择目标设备”中，选择搜到的 PLC，单击“下载(L)”按钮，如图 2-48 所示。

⑦ 单击“装载”按钮，如图 2-49 所示。

⑧ 选择“启动模块”选项，单击“完成”按钮，启动 PLC，如图 2-50 所示。

⑨ 下载完成后，“1 Active PLC Instance(s)”显示为绿色，如图 2-51 所示。

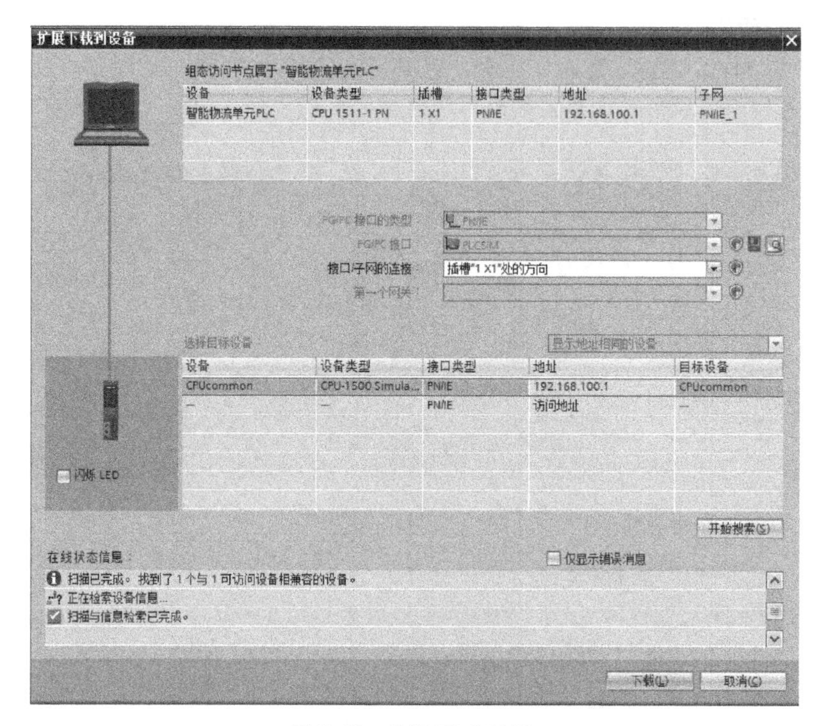

图 2-48　外部 PLC 地址

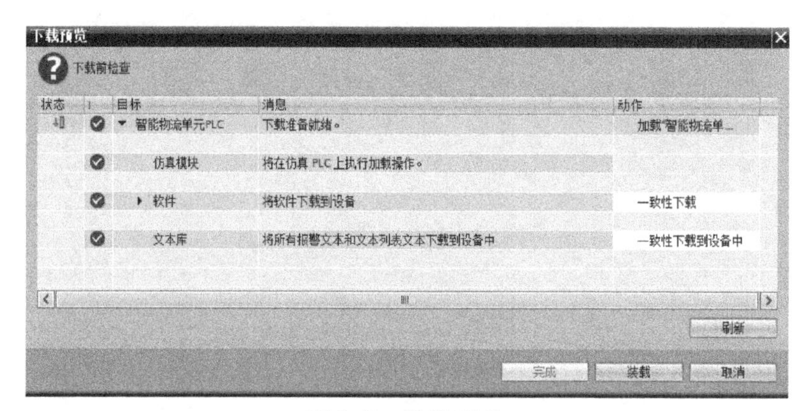

图 2-49　装载 PLC

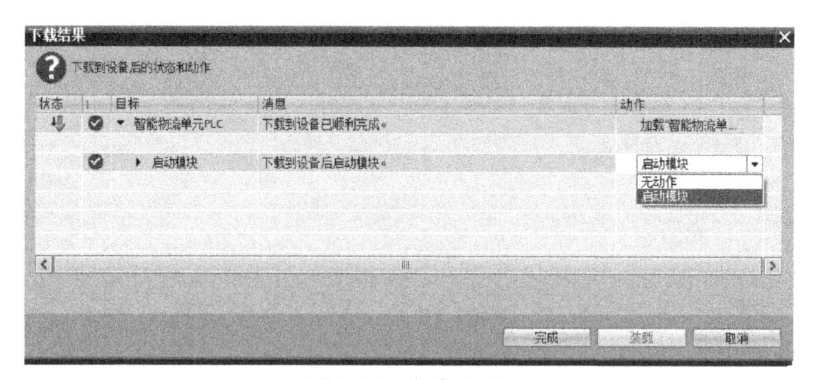

图 2-50　启动 PLC

图 2-51　下载完成的虚拟 PLC

3. 下载 HMI

1）选择“智能物流单元 HMI”，单击菜单栏的仿真图标等待启动完成，如图 2-52 所示。

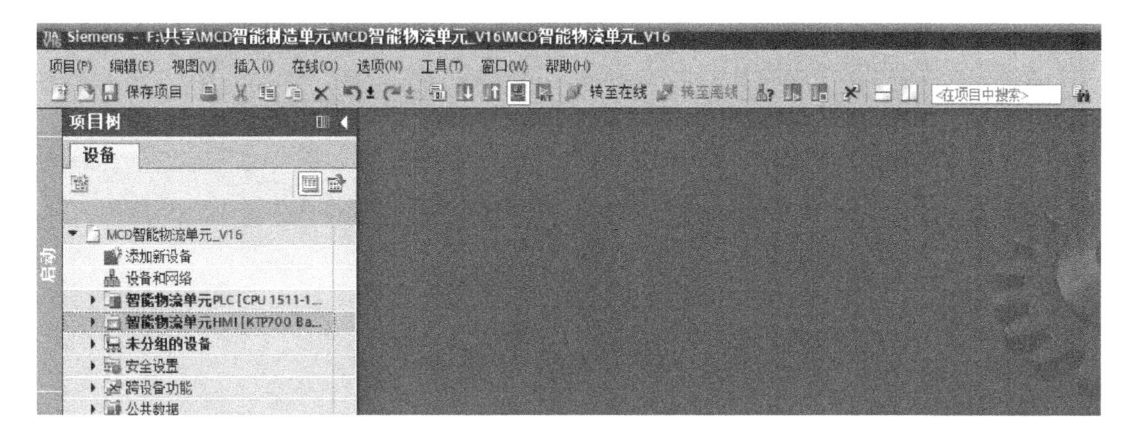

图 2-52　下载 HMI 界面

2）HMI 操作界面如图 2-53 所示。

3）监控界面如图 2-54 所示。

4）RFID 界面如图 2-55 所示。

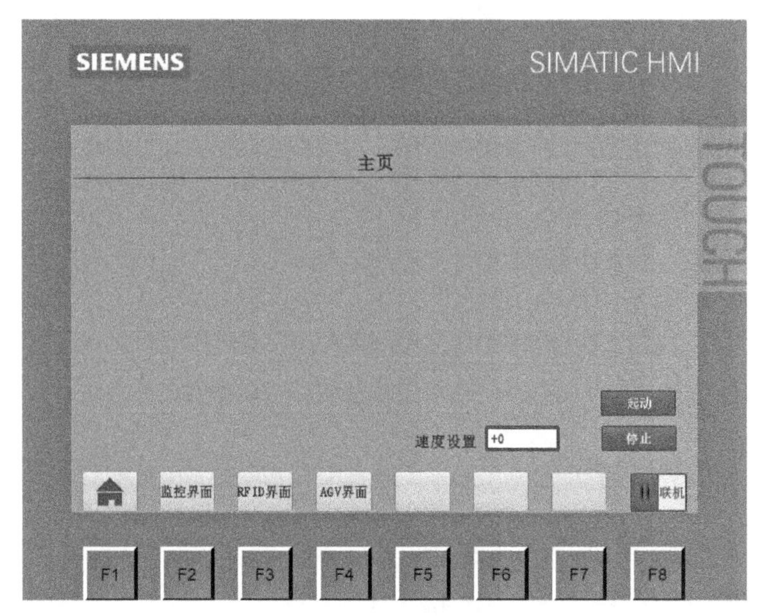

图 2-53　HMI 操作界面

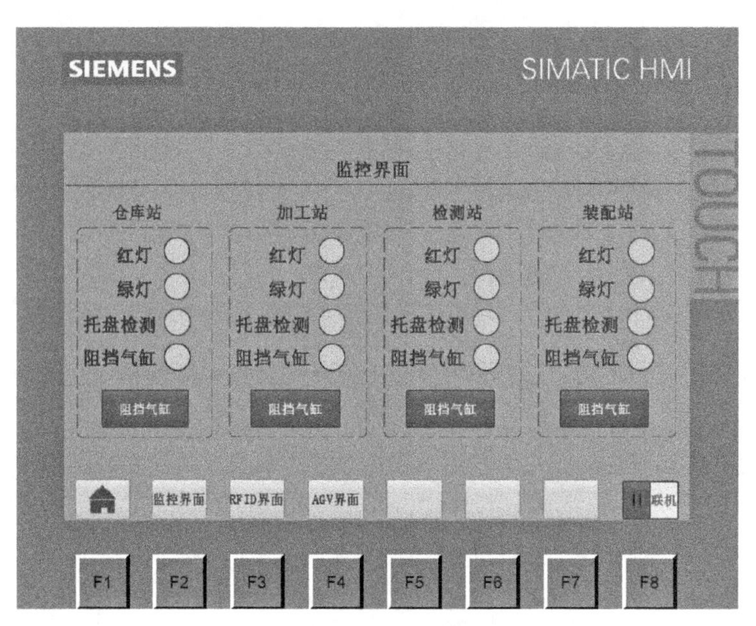

图 2-54　监控界面

5）AGV 界面如图 2-56 所示。

4. 加载模型文件

1）打开 NX 软件，等待软件加载完成。

2）在 NX 软件工具栏中单击“打开”命令，在弹出的窗口中找到存放“1 智能物流单元 . prt”模型文件，单击“确定”按钮，等待模型加载完成，如图 2-57 所示。

3）配置外部信号。说明：智能物流单元是环线输送单元和 AGV 输送单元组成的，在配置信号时需要分别设置。下面以环形输送单元为例，介绍外部信号的配置。

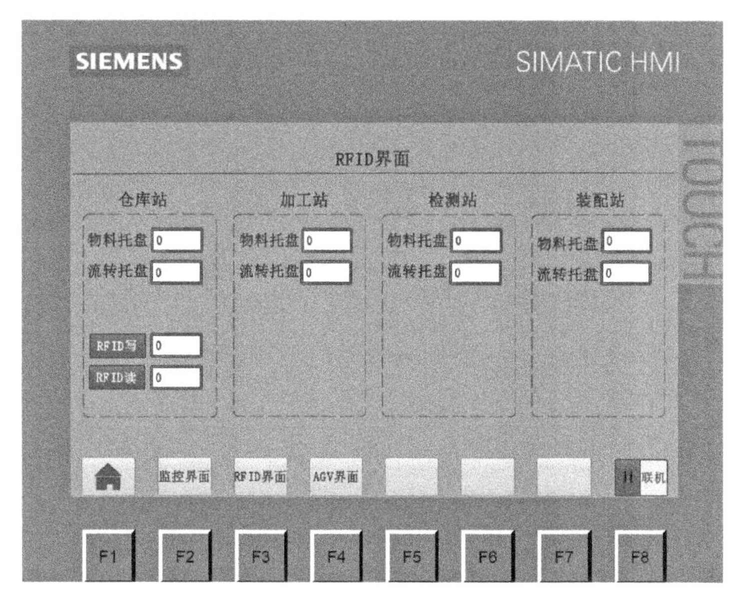

图 2-55　RFID 界面

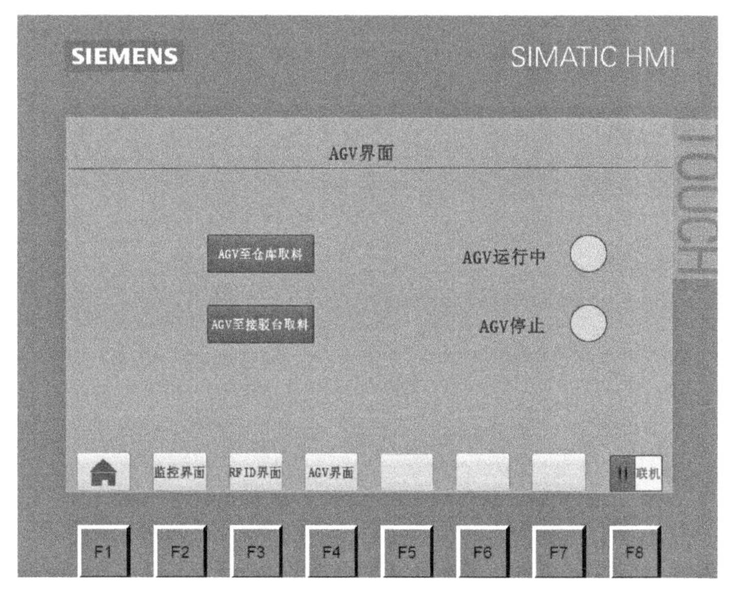

图 2-56　AGV 界面

① 在“装配导航器”中找到“环形输送单元”选项，右击“在窗口中打开”命令，如图 2-58 所示。

② 在 NX 软件的工具栏中找到“外部信号配置”命令，单击进入设置界面，如图 2-59 所示。

③ 选择“PLCSIM Adv”标签，然后新建实例。在“外部信号配置”中找“实例”列表框，在右侧“+”中添加实例，如图 2-60 所示。

④ 在“实例”中选中实例名称“PLC_1”，单击“确定”按钮，实例添加完成，如图 2-61 所示。

⑤ 在“实例信息”列表框下的“更新选项”中，选择“区域”下拉列表中的“IOMDB”选项，单击“更新标识”按钮，如图 2-62 所示。

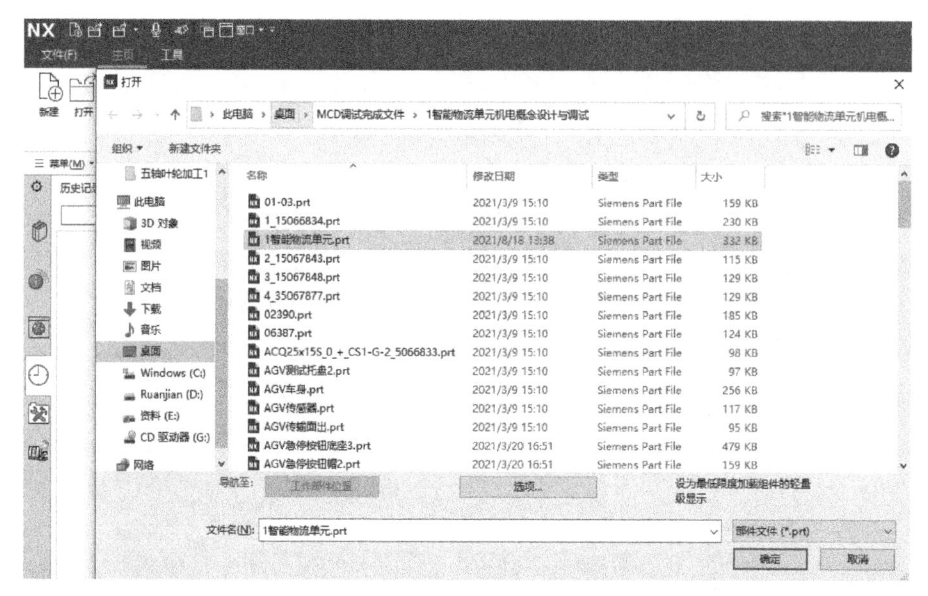

图 2-57　加载物流单元模型

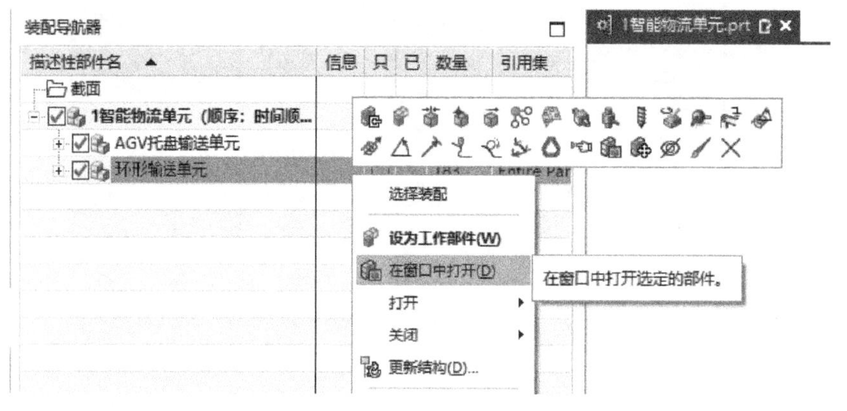

图 2-58　打开环形输送单元

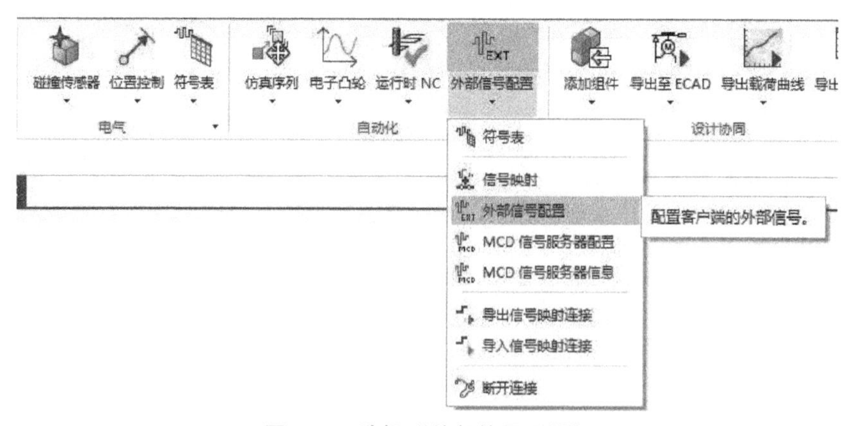

图 2-59　选择“外部信号配置”

图 2-60　新建实例

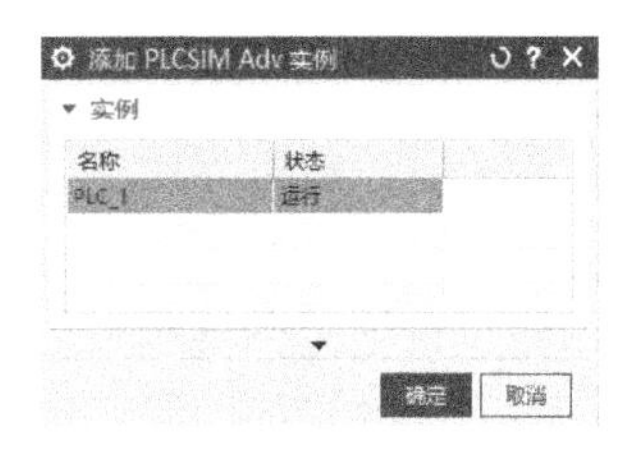

图 2-61　添加实例

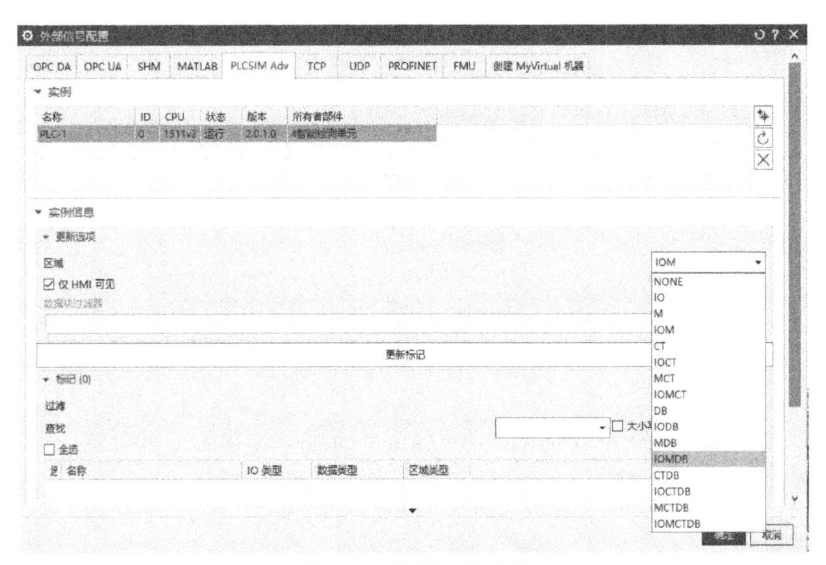

图 2-62　选择变量类型

⑥ 在标记栏中显示全部 PLC 变量，即选中“全选”选项。单击“确定”按钮，将变量导入，如图 2-63 所示。

5. 信号映射

1）在 NX 软件的工具栏中找到“外部信号配置”→“信号映射”命令，如图 2-64 所示，单击进入设置界面。

图 2-63　外部信号变量导入

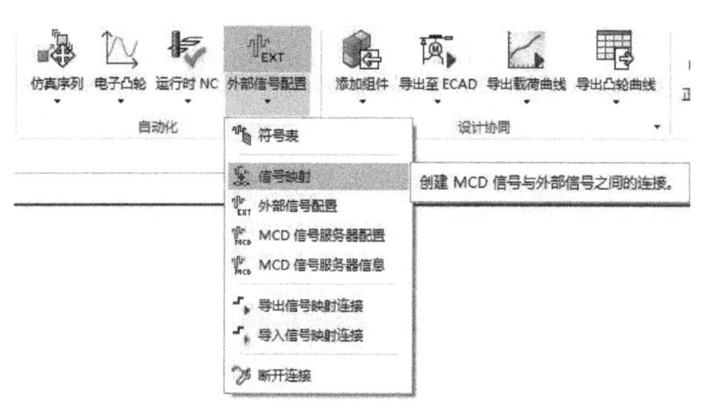

图 2-64　选择“信号映射”

2）在“信号映射”设置界面中，将“外部信号类型”设置为“PLCSIM Adv”，“PLCSIM Adv”实例选择“PLC-1”，如图 2-65 所示。

3）单击“执行自动映射”，软件会根据信号执行信号映射，如图 2-66 所示。

4）在 NX 软件的机电导航器中能看见信号连接的列表，如图 2-67 所示。

5）环形输送单元的信号配置完成后用同样的方式配置 AGV 托盘输送单元信号。

6. 环线仿真调试

（1）主页面功能调试　主页面如图 2-68 所示。

1）将模式切换为“单机”。按下“起动”按钮，环形输送线起动运行；按下“停止”按钮，环形输送线停止运行。说明：需先在“速度设置”文本框输入 0~50 的任意数值，然后按下“起动”按钮，输入数值越大，速度越快。

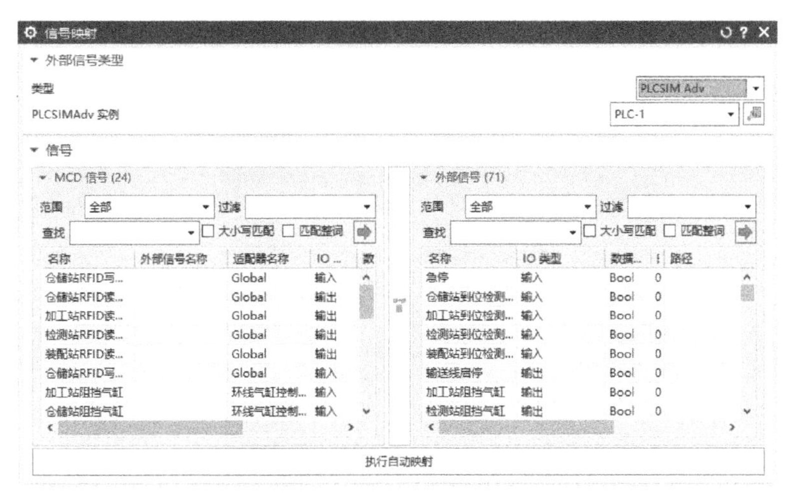

图 2-65　设置“信号映射”

图 2-66　信号映射完成

2）将模式切换为“联机”。

① 按下“起动”按钮，绿灯以 1Hz 的频率闪烁 3 次后，环形输送线以匀速运行，绿灯常亮。

② 按下“停止”按钮，红灯以 1Hz 的频率闪烁 3 次后，环形输送线停止运行，绿灯常亮。

（2）监控界面功能调试　监控界面如图 2-69 所示。

1）将模式切换为“单机”。按下“阻挡气缸”按钮，阻挡气缸抬起，松开“阻挡气缸”按钮，阻挡气缸收回。

2）将模式切换为“联机”。

在“联机”模式下，按下“起动”按钮后，在“监控界面”查看状态，如果有托盘流经至“托盘检测开关”，如流经仓库站，仓库站“阻挡气缸”抬起，仓库站“红灯”亮起，3s 后仓库

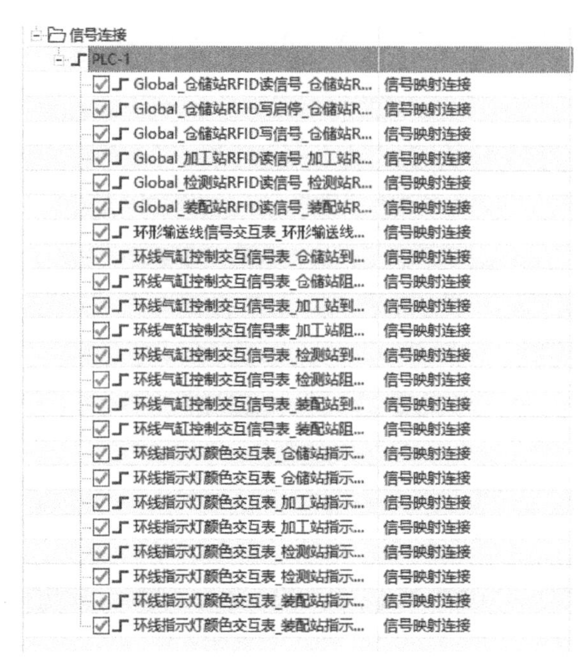

图 2-67　信号连接列表

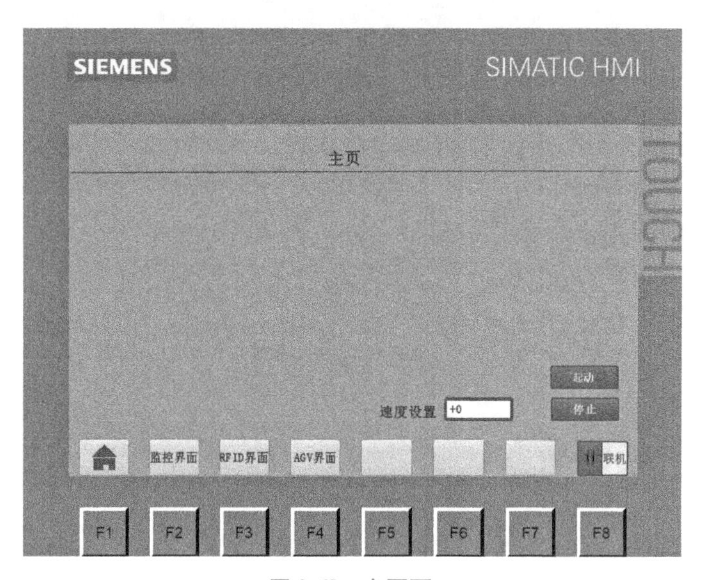

图 2-68　主页面

站气缸自动落下，仓库站“红灯”熄灭，仓库站“绿灯”亮起。

（3）RFID 界面调试

1）将模式切换为“单机”。

① 首先在仓库站 RFID 处，放一个流转托盘，如图 2-70 所示。

② 在 HMI“RFID 界面”的“仓库站”中的“RFID 写”文本框输入“2001”后，按下“RFID 写”按钮，写入输入的信息，写入完成以后，再按下“RFID 读”按钮查看读取到的数值是否和写入的数值相同。

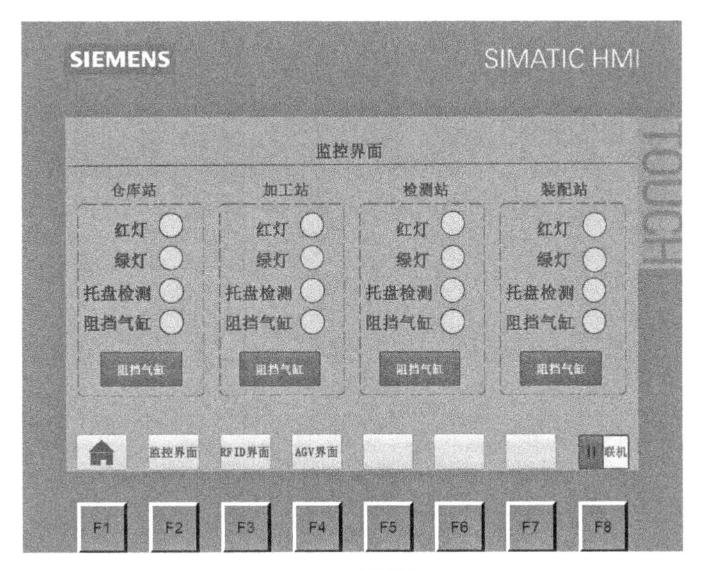

图 2-69 监控界面

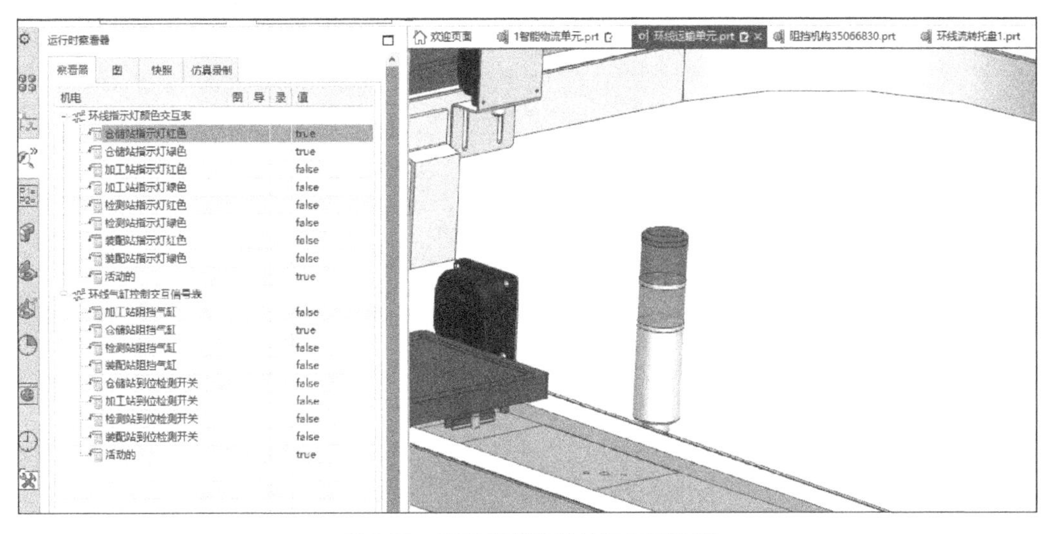

图 2-70 流转托盘手动放置读写位置

2）将模式切换为“联机”。在“联机”模式下，按下“起动”按钮，环形输送线起动后，RFID 会将读取到的信息自动显示在对应的显示框，如图 2-71 所示。

（4）AGV 界面调试 AGV 界面如图 2-72 所示。

将模式切换为“单机”。

① 按下“AGV 至仓库取料”按钮，AGV 接驳台运行，将接驳台物料托盘送至 AGV 小车，“AGV 运行中”灯变为绿灯，AGV 小车运行至接驳台，“AGV 停止”灯变为红灯，“AGV 运行中”灯熄灭，物料托盘由 AGV 小车送至接驳台。

② 按下“AGV 至接驳台取料”按钮，AGV 接驳台运行，将接驳台物料托盘送至 AGV 小车，“AGV 运行中”灯变为绿灯，AGV 小车运行至仓库接驳台，“AGV 停止”灯变为红灯，“AGV 运行中”灯熄灭，物料托盘由 AGV 小车送至仓库接驳台。

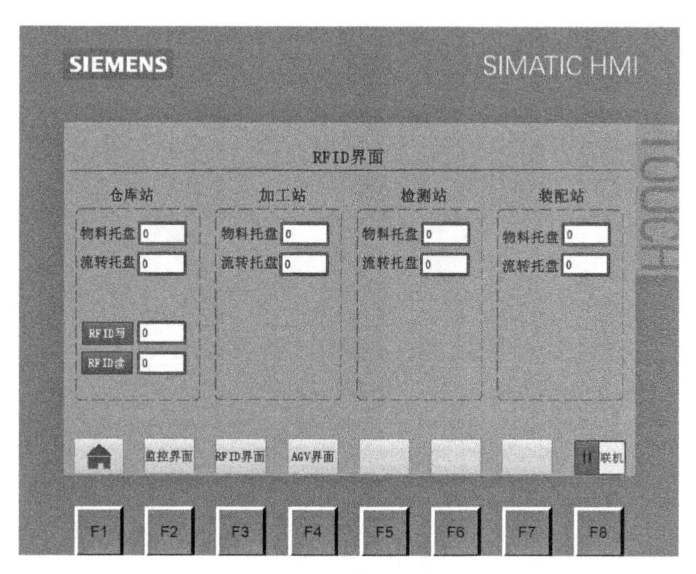

图 2-71　RFID 界面

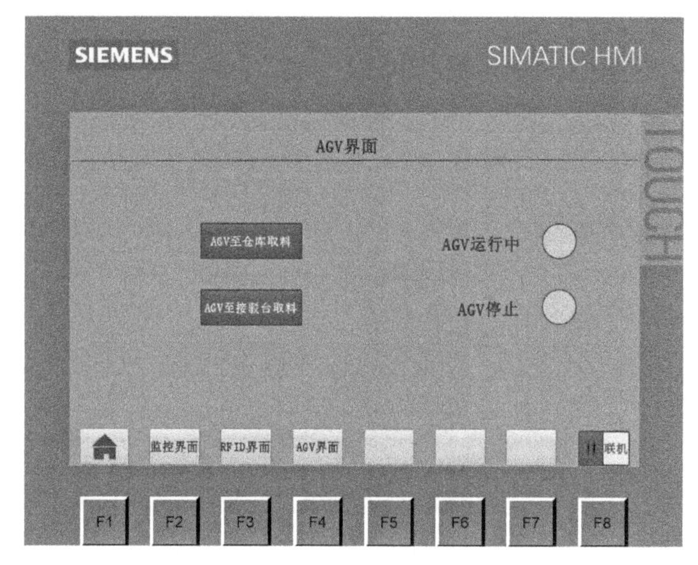

图 2-72　AGV 界面

习题

1. 在 TIA Portal 软件中，MID 指令的作用是什么？
2. 变频器在环线输送线上的作用是什么？
3. 简述停止站的组成和各组件的作用。
4. 简述输送线中阻挡气缸的控制方式。
5. 描述一下如何用 S7-PLCSIM Advanced 建立一个 PLC 控制器。

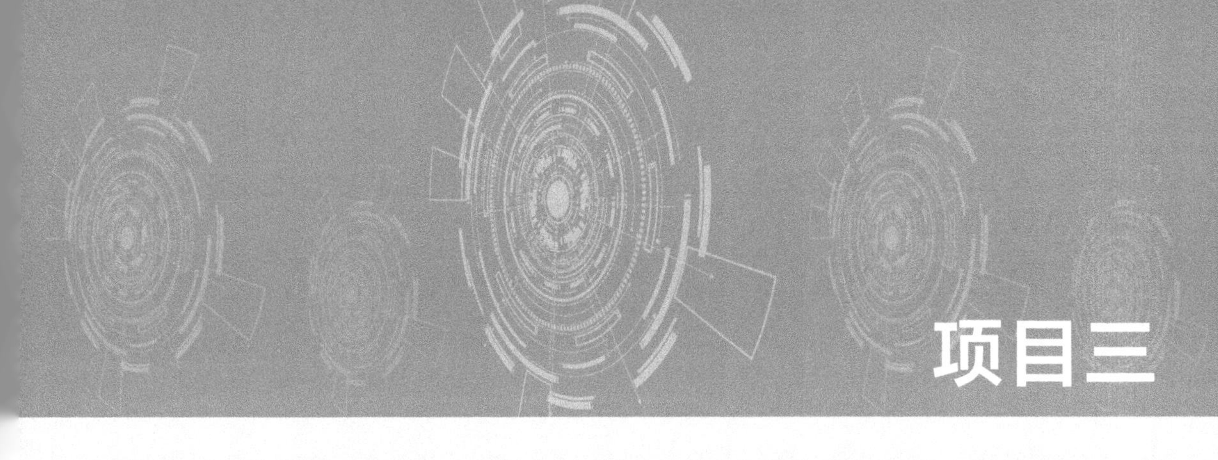

项目三

智能仓储单元数字化设计与仿真

项目目标

［知识目标］

■ 了解智能仓储单元的功能。
■ 了解库位管理功能。
■ 了解智能仓储单元 MCD 机电联合调试平台的组成。
■ 了解 TIA+PLC1500+(OPC) 硬件在环虚拟调试方法。

［职业能力目标］

■ 能进行工艺轴组态与虚拟调试。
■ 能进行库位管理程序设计。
■ 能进行仓储单元通信程序的设计。
■ 能根据技术要求，对仓库各轴伺服驱动器进行参数设置。

［重点难点］

■ 库位管理程序设计。
■ 智能仓储单元的通信程序设计。

项目描述

在智能制造生产线中，智能仓储单元起着物料存储、出入库管理以及对物料状态进行跟踪记录的作用，是整条生产线运行的起点，同时也是智能生产线上运行完成的终点。

本项目基于 IM9008 智能制造生产线的智能仓储单元，包含两个学习任务：智能仓储单元控制程序设计、智能仓储单元机电联合仿真调试，主要学习智能仓储单元的结构组成、电气电路的设计和连接、PLC 控制程序的设计和 HMI 人机交互界面的设计，在完成设计连接后，搭建联合调试平台，学者在对智能仓储系统有一定的认知后，通过虚拟调试平台对智能仓储单元的控制程序进行调试、功能验证和优化。

项目准备

一、智能仓储单元机械结构

智能仓储单元由仓库本体、出/入库平台、RFID 读写器，以及库位里面的带有 RFID 标签的物料托盘组成。单元主要组成如图 3-1 所示，仓库配置的四轴笛卡儿机器人对仓库中的物料进行上下料的自动化操作，内部结构分为 4 层，每层设有 5 个工位，总计 20 个工位可供放置物料托盘。从上到下每层编号依次为 D、C、B、A，每层从左到右编号为 01 到 05。智能仓储单元设备组成如图 3-1 所示。

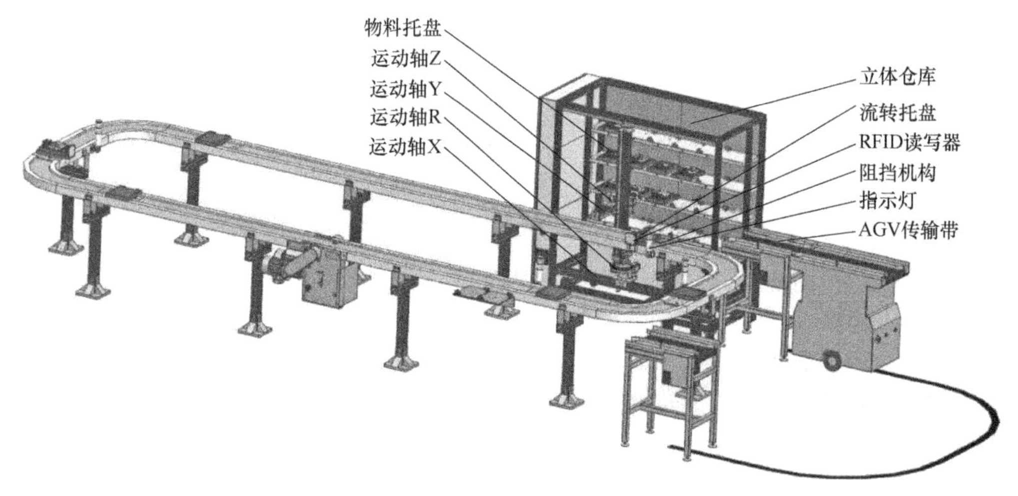

图 3-1　智能仓储单元设备组成

二、智能仓储单元电气控制

1. 电源控制

1）主电源供电电路。其主要实现电源接入和分配的功能。交流 220V 电源经过主电路开关和断路器，给智能仓储单元供电。主要供电元器件为交换机、DC 电源、控制柜风扇，如图 3-2 所示。

2）伺服驱动与电动机供电电路。仓储站有 4 组轴运动控制，由伺服驱动器控制伺服电动机实现轴运动。伺服供电电源为单相 AC 220V，用断路器保护供电电路，如图 3-3 所示。

2. 输入/输出控制

1）DC 24V 直流供电电路为 PLC 系统中 CPU 模块、DI/DQ 输入/输出模块、触摸屏、库位指示灯和库位检测传感器供电，如图 3-4 所示。

2）PLC 的输入信号主要是各轴的正负限位和回零信号以及库位信号。限位和回零信号由 U 形槽光电开关提供；PNP 型光电漫反射开关作为库位信号开关，如图 3-5 与图 3-6 所示。

3）PLC 输出信号主要是每个库位的指示灯信号以及伺服轴的脉冲与方向信号，电路图如图 3-7 与图 3-8 所示。

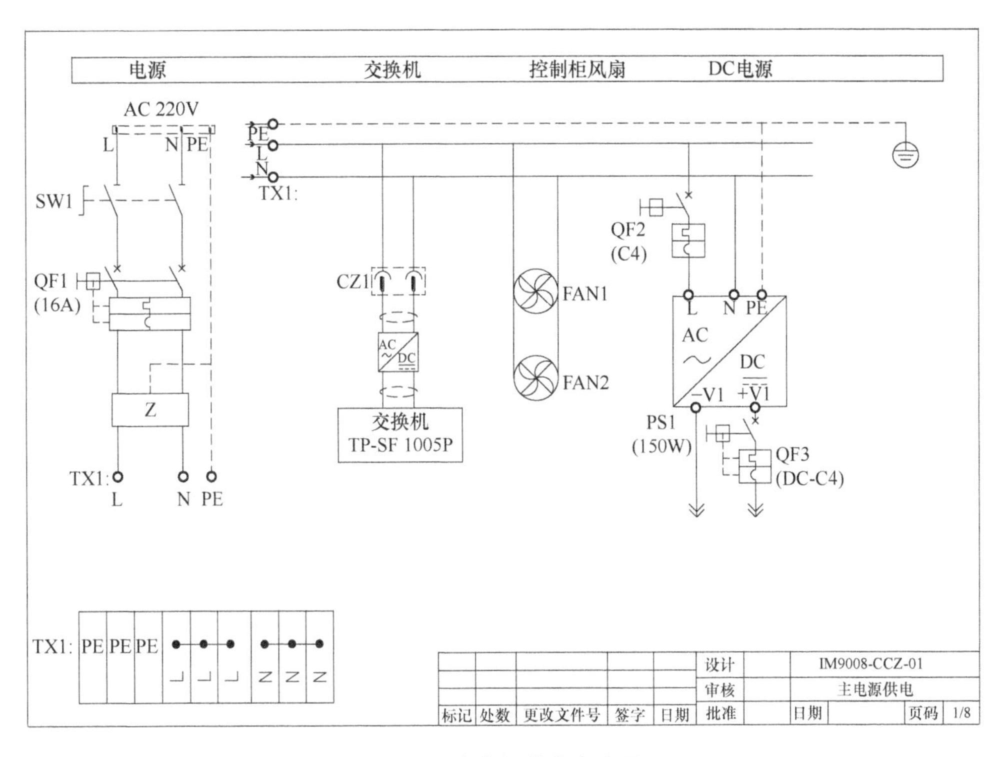

图 3-2　主电源供电电路图

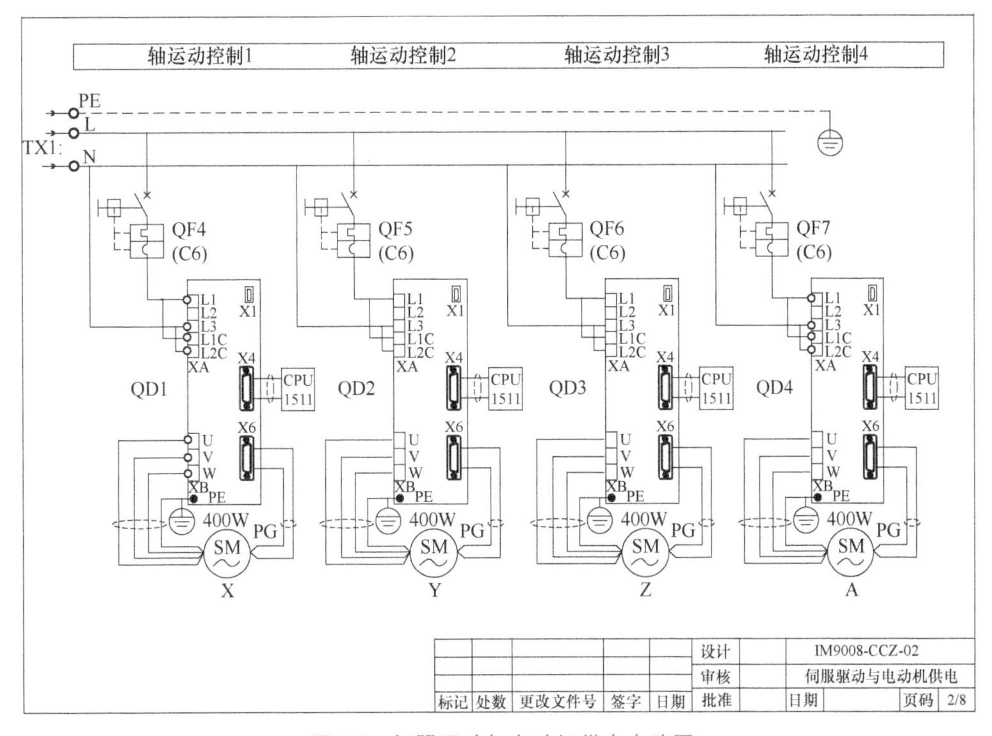

图 3-3　伺服驱动与电动机供电电路图

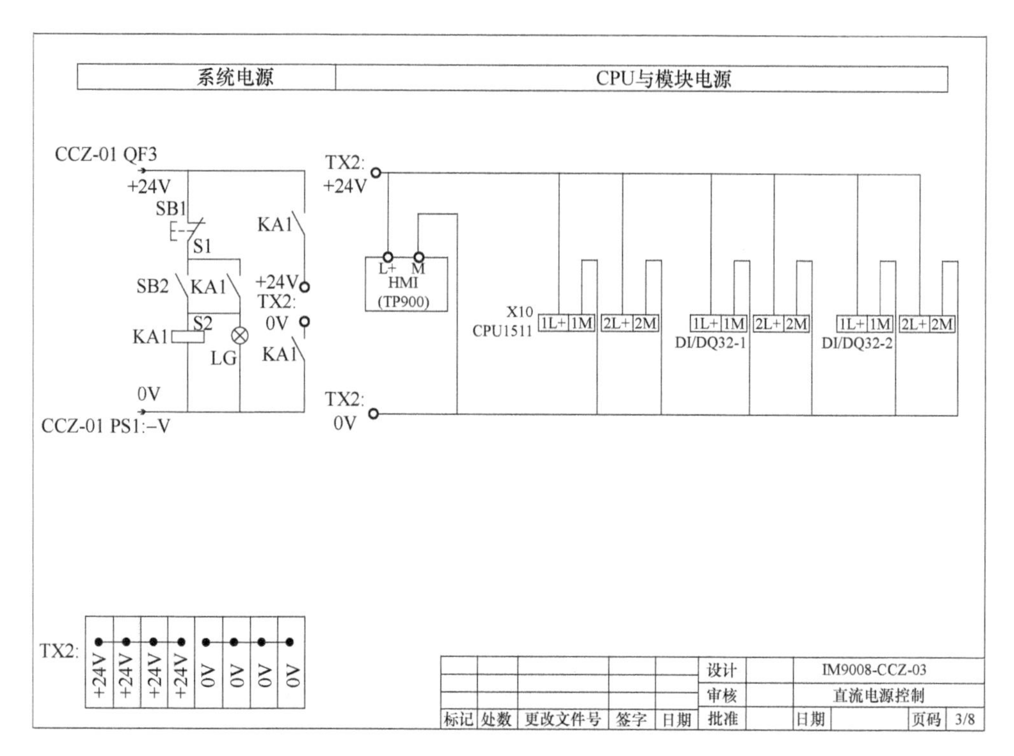

图 3-4　直流供电电路图

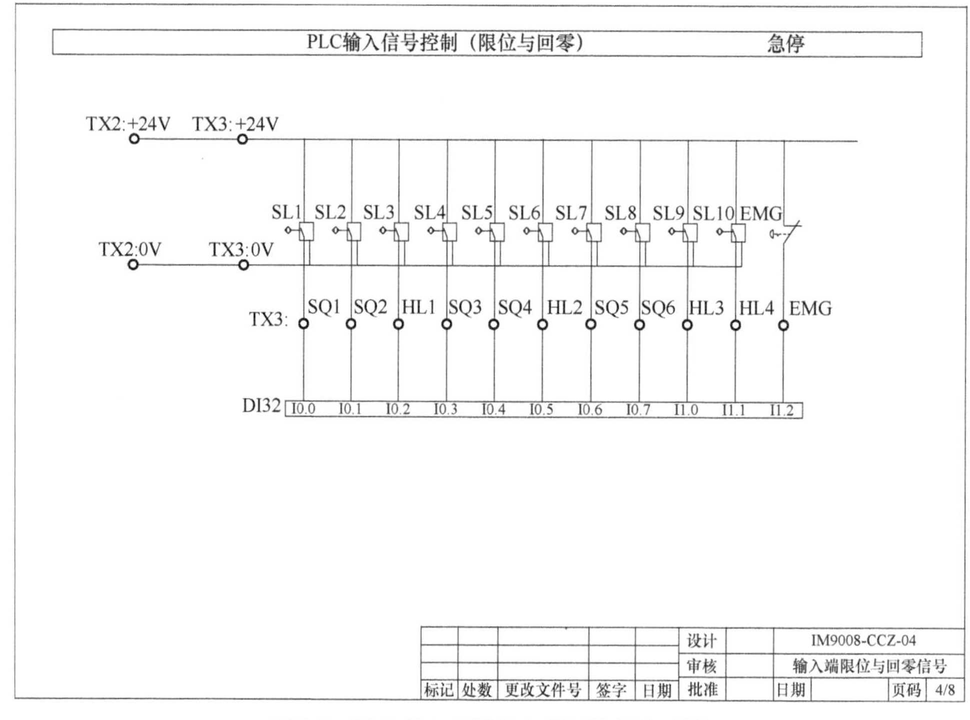

图 3-5　PLC 输入端限位与回零信号电路图

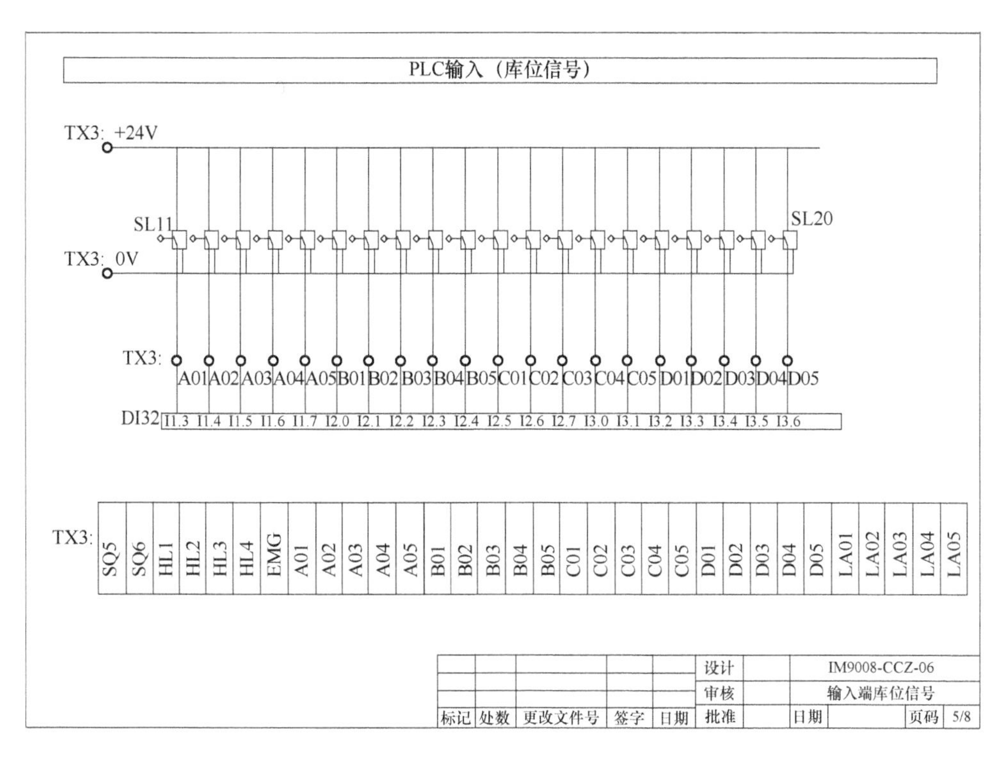

图 3-6　PLC 输入端库位信号电路图

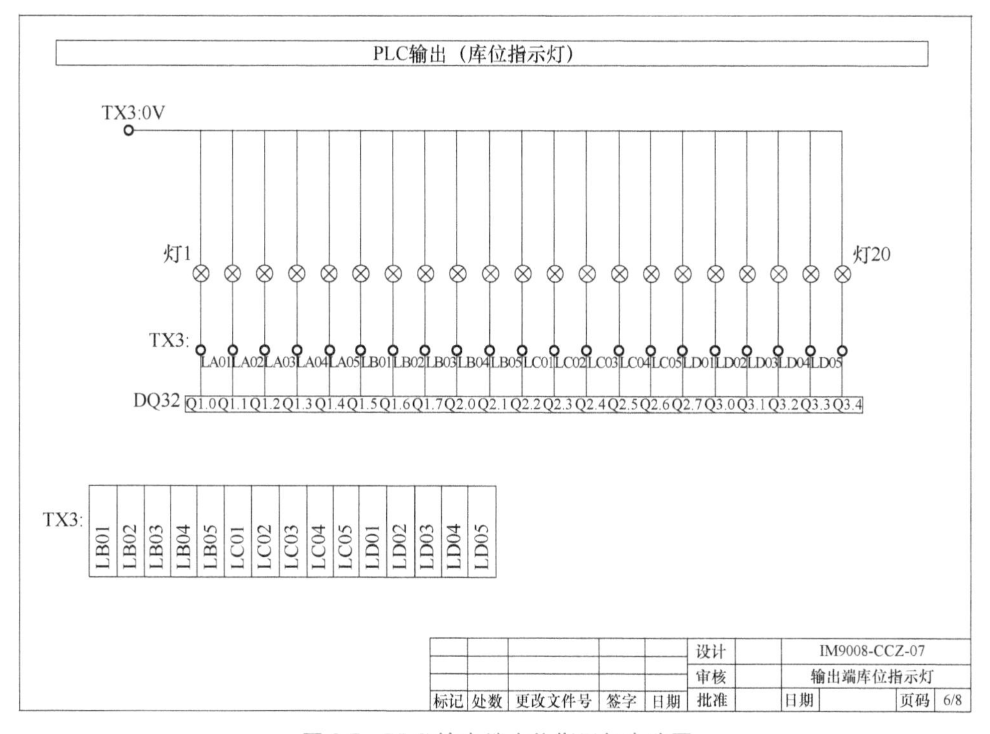

图 3-7　PLC 输出端库位指示灯电路图

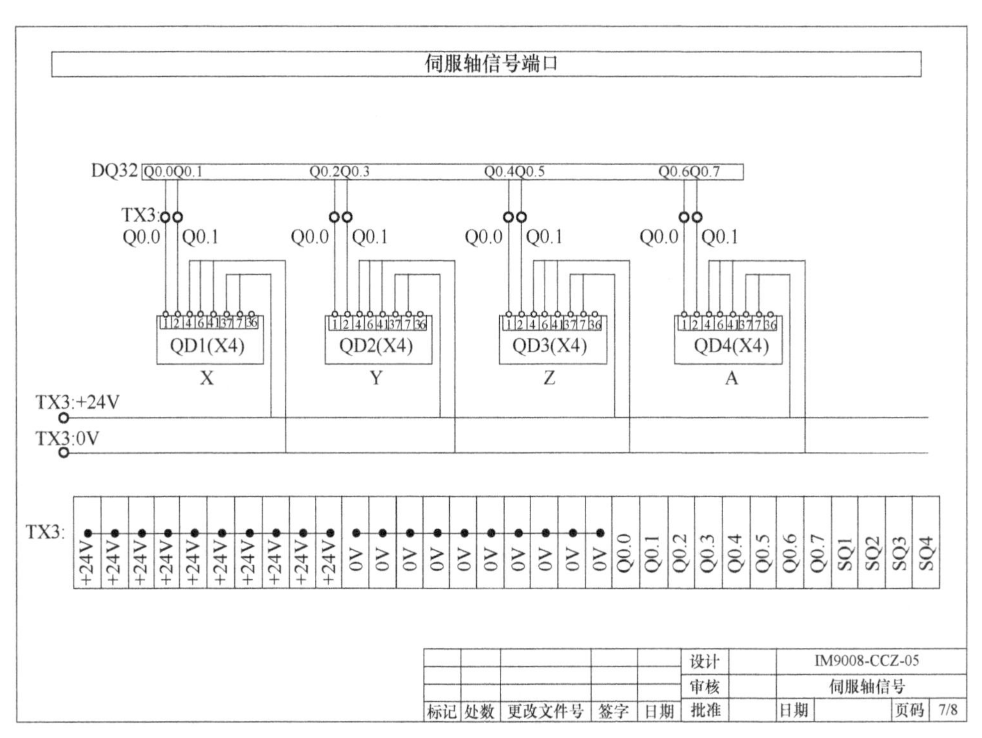

图 3-8 PLC 输出端伺服轴信号电路图

3. 通信端口分配

1）通信端口分配见表 3-1。

表 3-1 通信端口分配

端口	定义	端口	定义
I0. 0	X 轴负限位	I1. 4	A02 传感器
I0. 1	X 轴正限位	I1. 5	A03 传感器
I0. 2	X 轴回零	I1. 6	A04 传感器
I0. 3	Y 轴负限位	I1. 7	A05 传感器
I0. 4	Y 轴正限位	I2. 0	B01 传感器
I0. 5	Y 轴回零	I2. 1	B02 传感器
I0. 6	Z 轴负限位	I2. 2	B03 传感器
I0. 7	Z 轴正限位	I2. 3	B04 传感器
I1. 0	Z 轴回零	I2. 4	B05 传感器
I1. 1	C 轴回零	I2. 5	C01 传感器
I1. 2	急停	I2. 6	C02 传感器
I1. 3	A01 传感器	I2. 7	C03 传感器

（续）

端口	定义	端口	定义
I3. 0	C04 传感器	Q1. 3	A04 指示灯
I3. 1	C05 传感器	Q1. 4	A05 指示灯
I3. 2	D01 传感器	Q1. 5	B01 指示灯
I3. 3	D02 传感器	Q1. 6	B02 指示灯
I3. 4	D03 传感器	Q1. 7	B03 指示灯
I3. 5	D04 传感器	Q2. 0	B04 指示灯
I3. 6	D05 传感器	Q2. 1	B05 指示灯
Q0. 0	X 轴脉冲	Q2. 2	C01 指示灯
Q0. 1	X 轴方向	Q2. 3	C02 指示灯
Q0. 2	Y 轴脉冲	Q2. 4	C03 指示灯
Q0. 3	Y 轴方向	Q2. 5	C04 指示灯
Q0. 4	Z 轴脉冲	Q2. 6	C05 指示灯
Q0. 5	Z 轴方向	Q2. 7	D01 指示灯
Q0. 6	C 轴脉冲	Q3. 0	D02 指示灯
Q0. 7	C 轴方向	Q3. 1	D03 指示灯
Q1. 0	A01 指示灯	Q3. 2	D04 指示灯
Q1. 1	A02 指示灯	Q3. 3	D05 指示灯
Q1. 2	A03 指示灯		

2）网络连接如图 3-9 所示，将各设备用网线连接至本站的交换机，进而实现组网。

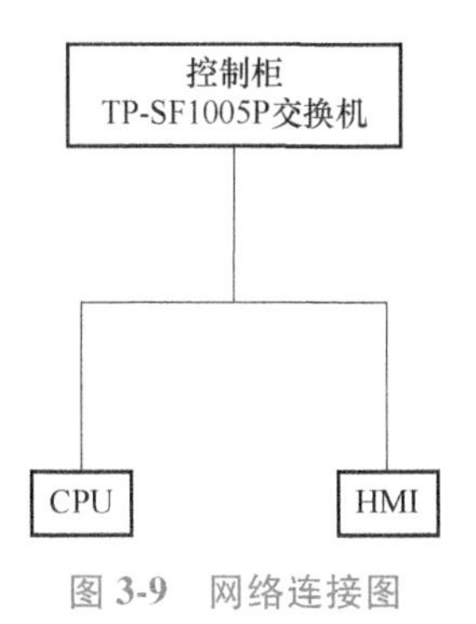

图 3-9　网络连接图

任务一　智能仓储单元控制程序设计

本任务根据智能仓储单元的工作原理和功能，对智能仓储单元控制程序、库位管理程序，以及人机交互界面进行设计。让学生在了解智能仓储单元的工作逻辑的基础上，掌握智能仓储单元控制程序的设计方法。本任务具体实现功能为：在实现对立体库 4 个轴进行编程控制后，智能仓储单元接收到库位编号和指定的出库位置指令后，立体库能够把相应库位的托盘取出，放到指定出库位置；同时也能实现接收到库位编号和指定的入库位置指令后，立体库能够从入库位置把托盘取回放入相应编号的库位。

一、实施条件

零部件图样、计算机、NX 1980.0、TIA Portal V16。

二、实施内容

本任务在 PLC 程序设计过程中共包括 14 步：①创建新项目；②硬件组态；③创建变量表；④创建轴工艺对象；⑤智能仓储单元数据块的创建；⑥编写重复块_轴控制程序；⑦编写轴控制程序；⑧编写库位监测程序；⑨编写仓库至环线程序；⑩编写环线至仓库程序；⑪编写仓库至 AGV 程序；⑫编写 AGV 至仓库程序；⑬编写出入库动作调用程序；⑭人机交互界面的设计。

1. 流程图

本任务的流程图如图 3-10 所示。

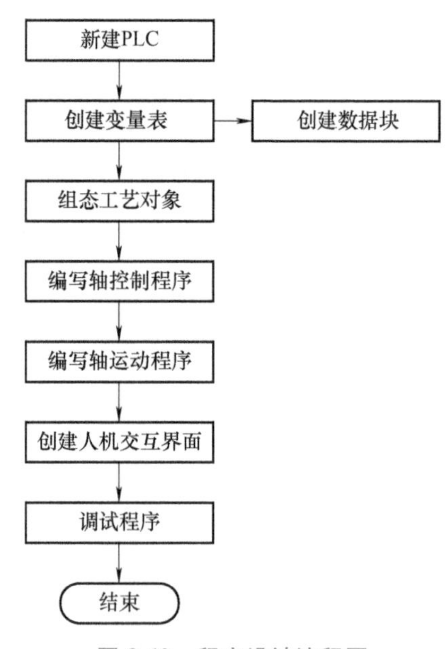

图 3-10　程序设计流程图

2. PLC 控制变量表

智能仓储单元的输入/输出变量表见表 3-2。

表 3-2　输入/输出变量表

名称	数据类型	地址	名称	数据类型	地址
X 轴负限位	BOOL	I0. 0	X 轴脉冲	BOOL	Q0. 0
X 轴正限位	BOOL	I0. 1	X 轴方向	BOOL	Q0. 1
X 轴回零	BOOL	I0. 2	Y 轴脉冲	BOOL	Q0. 2
Y 轴负限位	BOOL	I0. 3	Y 轴方向	BOOL	Q0. 3
Y 轴正限位	BOOL	I0. 4	Z 轴脉冲	BOOL	Q0. 4
Y 轴回零	BOOL	I0. 5	Z 轴方向	BOOL	Q0. 5
Z 轴负限位	BOOL	I0. 6	C 轴脉冲	BOOL	Q0. 6
Z 轴正限位	BOOL	I0. 7	C 轴方向	BOOL	Q0. 7
Z 轴回零	BOOL	I1. 0	A01 指示灯	BOOL	Q1. 0
C 轴回零	BOOL	I1. 1	A02 指示灯	BOOL	Q1. 1
急停	BOOL	I1. 2	A03 指示灯	BOOL	Q1. 2
A01 传感器信号	BOOL	I1. 3	A04 指示灯	BOOL	Q1. 3
A02 传感器信号	BOOL	I1. 4	A05 指示灯	BOOL	Q1. 4
A03 传感器信号	BOOL	I1. 5	B01 指示灯	BOOL	Q1. 5
A04 传感器信号	BOOL	I1. 6	B02 指示灯	BOOL	Q1. 6
A05 传感器信号	BOOL	I1. 7	B03 指示灯	BOOL	Q1. 7
B01 传感器信号	BOOL	I2. 0	B04 指示灯	BOOL	Q2. 0
B02 传感器信号	BOOL	I2. 1	B05 指示灯	BOOL	Q2. 1
B03 传感器信号	BOOL	I2. 2	C01 指示灯	BOOL	Q2. 2
B04 传感器信号	BOOL	I2. 3	C02 指示灯	BOOL	Q2. 3
B05 传感器信号	BOOL	I2. 4	C03 指示灯	BOOL	Q2. 4
C01 传感器信号	BOOL	I2. 5	C04 指示灯	BOOL	Q2. 5
C02 传感器信号	BOOL	I2. 6	C05 指示灯	BOOL	Q2. 6
C03 传感器信号	BOOL	I2. 7	D01 指示灯	BOOL	Q2. 7
C04 传感器信号	BOOL	I3. 0	D02 指示灯	BOOL	Q3. 0
C05 传感器信号	BOOL	I3. 1	D03 指示灯	BOOL	Q3. 1
D01 传感器信号	BOOL	I3. 2	D04 指示灯	BOOL	Q3. 2
D02 传感器信号	BOOL	I3. 3	D05 指示灯	BOOL	Q3. 3
D03 传感器信号	BOOL	I3. 4			
D04 传感器信号	BOOL	I3. 5			
D05 传感器信号	BOOL	I3. 6			

3. 创建轴工艺对象

（1）硬件组态

1）创建 PLC。在“项目树”中双击“添加新设备”选项，单击选择“控制器”→“SIMATIC S7-1500”→“CPU”→“CPU 1511-1 PN”，订货号为“6ES7511-1AK02-0AB0”，版本选择 V2.8，单击“确认”按钮完成创建。图 3-11 为创建完成界面。

智能仓储单元_创建 PLC

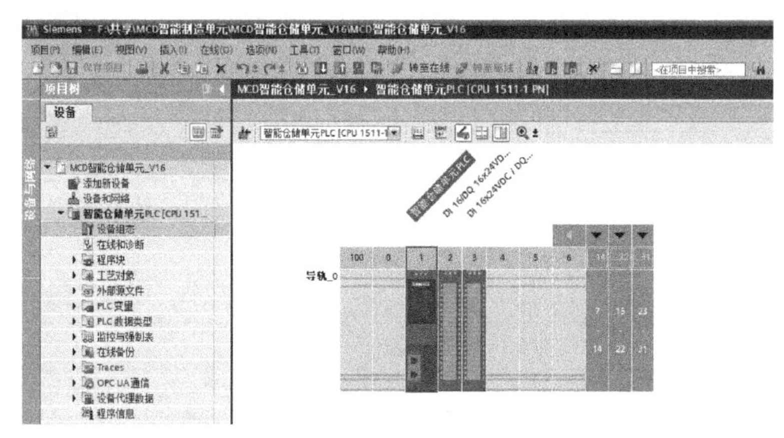

图 3-11　创建 PLC 组态

2）添加 I/O 模块。在硬件目录下选择“DI/DQ”选项，单击 DI/DQ 输入/输出模块“DI 16x24VDC/DQ 16x24VDC/0.5A BA”，订货号为“6ES7 523-1BL00-0AA0”。

在硬件目录下选择“DI/DQ”选项，单击 DI/DQ 输入/输出模块“DI 16x24VDC/DQ 16x24VDC/0.5A BA”，订货号为“6ES7 523-1BL00-0AA0”。

3）设置 IP 地址。双击 PLC 上的网口，选择“以太网地址”选项，在“IP 协议”选项下设置 IP 地址为 192.168.100.2，子网掩码为 255.255.255.0。

4）创建 HMI。在“项目树”中双击“添加新设备”选项，单击选择“HMI”→“SIMATIC 精简系列面板”→“7″显示屏”→“KTP700 Basic”→“6AV2 123-2GB03-0AX0”，版本为“16.0.0.0”，图 3-12 为创建完成界面。双击 HMI 上的网口，选择“以太网网络”选项，在 IP 协议下设置 IP 地址为 192.168.100.12，子网掩码为 255.255.255.0。

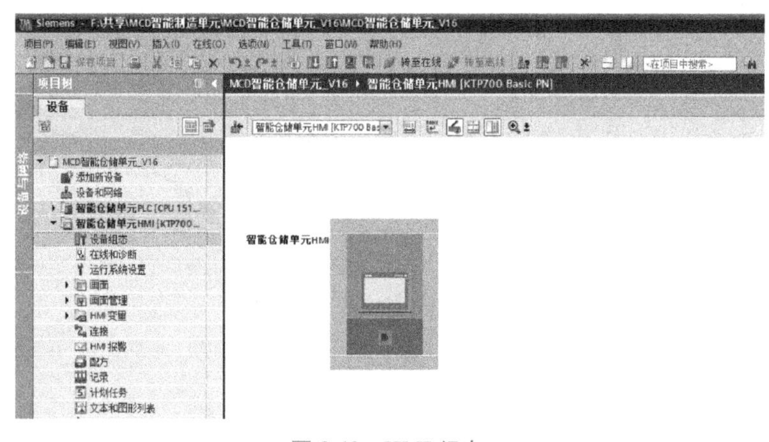

图 3-12　HMI 组态

5）建立设备连接。在“网络视图”下设置 HMI 连接，依次单击“网络视图”→“连接”→“HMI 连接”命令，鼠标左键单击 HMI 网口，将其直接拖动至 PLC 网口上，松开鼠标，如图 3-13 所示。

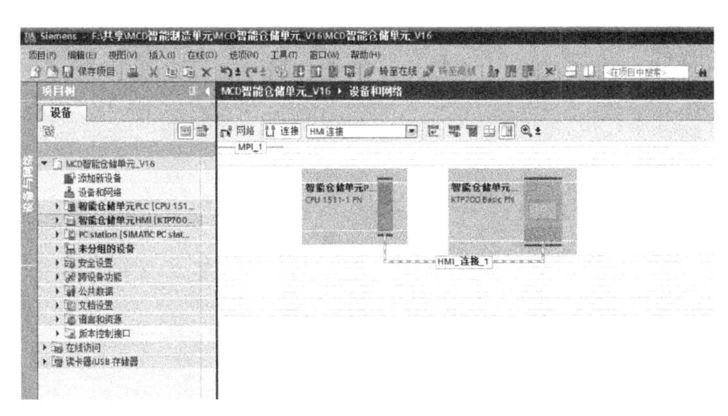

图 3-13　网络组态

（2）创建变量表　根据需要添加如下变量，输入：X 轴负限位、X 轴正限位、X 轴回零、Y 轴负限位、Y 轴正限位、Y 轴回零、Z 轴负限位、Z 轴正限位、Z 轴回零、C 轴回零、急停、A01 传感器信号、A02 传感器信号、A03 传感器信号、A04 传感器信号、A05 传感器信号、B01 传感器信号、B02 传感器信号、B03 传感器信号、B04 传感器信号、B05 传感器信号、C01 传感器信号、C02 传感器信号、C03 传感器信号、C04 传感器信号、C05 传感器信号、D01 传感器信号、D02 传感器信号、D03 传感器信号、D04 传感器信号、D05 传感器信号；输出：X 轴脉冲、X 轴方向、Y 轴脉冲、Y 轴方向、Z 轴脉冲、Z 轴方向、C 轴脉冲、C 轴方向、A01 指示灯、A02 指示灯、A03 指示灯、A04 指示灯、A05 指示灯、B01 指示灯、B02 指示灯、B03 指示灯、B04 指示灯、B05 指示灯、C01 指示灯、C02 指示灯、C03 指示灯、C04 指示灯、C05 指示灯、D01 指示灯、D02 指示灯、D03 指示灯、D04 指示灯、D05 指示灯，如图 3-14～图 3-15 所示。

智能仓储单元_创建 IO

MCD智能仓储单元_V16 ▸ 智能仓储单元PLC [CPU 1511-1 PN] ▸ PLC变量 ▸ IO [72]

IO

	名称	数据类型	地址	保持	从 H...	从 H...	在 H...	监控	注释
1	X轴负限位	Bool	%I0.0	☐	☑	☑	☑		
2	X轴正限位	Bool	%I0.1	☐	☑	☑	☑		
3	X轴回零	Bool	%I0.2	☐	☑	☑	☑		
4	Y轴负限位	Bool	%I0.3	☐	☑	☑	☑		
5	Y轴正限位	Bool	%I0.4	☐	☑	☑	☑		
6	Y轴回零	Bool	%I0.5	☐	☑	☑	☑		
7	Z轴负限位	Bool	%I0.6	☐	☑	☑	☑		
8	Z轴正限位	Bool	%I0.7	☐	☑	☑	☑		
9	Z轴回零	Bool	%I1.0	☐	☑	☑	☑		
10	C轴回零	Bool	%I1.1	☐	☑	☑	☑		
11	急停	Bool	%I1.2	☐	☑	☑	☑		
12	X轴脉冲	Bool	%Q0.0	☐	☑	☑	☑		
13	X轴方向	Bool	%Q0.1	☐	☑	☑	☑		
14	Y轴脉冲	Bool	%Q0.2	☐	☑	☑	☑		
15	Y轴方向	Bool	%Q0.3	☐	☑	☑	☑		
16	Z轴脉冲	Bool	%Q0.4	☐	☑	☑	☑		
17	Z轴方向	Bool	%Q0.5	☐	☑	☑	☑		
18	C轴脉冲	Bool	%Q0.6	☐	☑	☑	☑		
19	C轴方向	Bool	%Q0.7	☐	☑	☑	☑		
20	环线至入库起动	Bool	%M10.1	☐	☑	☑	☑		
21	出库至环线起动	Bool	%M10.2	☐	☑	☑	☑		
22	AGV至入库起动	Bool	%M10.3	☐	☑	☑	☑		
23	出库至AGV起动	Bool	%M10.4	☐	☑	☑	☑		

图 3-14　“IO”变量表

MCD智能仓储单元_V16 ▸ 智能仓储单元PLC [CPU 1511-1 PN] ▸ PLC变量 ▸ WhseIO [40]

WhseIO

	名称	数据类型	地址	保持	从 H...	从 H...	在 H...	监控	注释
1	A01传感器信号	Bool	%I1.3	☐	☑	☑	☑		
2	A02传感器信号	Bool	%I1.4	☐	☑	☑	☑		
3	A03传感器信号	Bool	%I1.5	☐	☑	☑	☑		
4	A04传感器信号	Bool	%I1.6	☐	☑	☑	☑		
5	A05传感器信号	Bool	%I1.7	☐	☑	☑	☑		
6	B01传感器信号	Bool	%I2.0	☐	☑	☑	☑		
7	B02传感器信号	Bool	%I2.1	☐	☑	☑	☑		
8	B03传感器信号	Bool	%I2.2	☐	☑	☑	☑		
9	B04传感器信号	Bool	%I2.3	☐	☑	☑	☑		
10	B05传感器信号	Bool	%I2.4	☐	☑	☑	☑		
11	C01传感器信号	Bool	%I2.5	☐	☑	☑	☑		
12	C02传感器信号	Bool	%I2.6	☐	☑	☑	☑		
13	C03传感器信号	Bool	%I2.7	☐	☑	☑	☑		
14	C04传感器信号	Bool	%I3.0	☐	☑	☑	☑		
15	C05传感器信号	Bool	%I3.1	☐	☑	☑	☑		
16	D01传感器信号	Bool	%I3.2	☐	☑	☑	☑		
17	D02传感器信号	Bool	%I3.3	☐	☑	☑	☑		
18	D03传感器信号	Bool	%I3.4	☐	☑	☑	☑		
19	D04传感器信号	Bool	%I3.5	☐	☑	☑	☑		
20	D05传感器信号	Bool	%I3.6	☐	☑	☑	☑		
21	A01指示灯	Bool	%Q1.0	☐	☑	☑	☑		
22	A02指示灯	Bool	%Q1.1	☐	☑	☑	☑		
23	A03指示灯	Bool	%Q1.2	☐	☑	☑	☑		
24	A04指示灯	Bool	%Q1.3	☐	☑	☑	☑		
25	A05指示灯	Bool	%Q1.4	☐	☑	☑	☑		
26	B01指示灯	Bool	%Q1.5	☐	☑	☑	☑		
27	B02指示灯	Bool	%Q1.6	☐	☑	☑	☑		
28	B03指示灯	Bool	%Q1.7	☐	☑	☑	☑		
29	B04指示灯	Bool	%Q2.0	☐	☑	☑	☑		
30	B05指示灯	Bool	%Q2.1	☐	☑	☑	☑		
31	C01指示灯	Bool	%Q2.2	☐	☑	☑	☑		
32	C02指示灯	Bool	%Q2.3	☐	☑	☑	☑		
33	C03指示灯	Bool	%Q2.4	☐	☑	☑	☑		
34	C04指示灯	Bool	%Q2.5	☐	☑	☑	☑		
35	C05指示灯	Bool	%Q2.6	☐	☑	☑	☑		
36	D01指示灯	Bool	%Q2.7	☐	☑	☑	☑		
37	D02指示灯	Bool	%Q3.0	☐	☑	☑	☑		
38	D03指示灯	Bool	%Q3.1	☐	☑	☑	☑		
39	D04指示灯	Bool	%Q3.2	☐	☑	☑	☑		
40	D05指示灯	Bool	%Q3.3	☐	☑	☑	☑		

图 3-15 “WhseIO”变量表

(3) 创建工艺对象

1) X 轴的轴工艺。在“项目树”下选择“工艺对象”选项，双击“新增对象”选项，如图 3-16 所示。

智能仓储单元_创建工艺对象

① 新增对象。单击选择“运动控制”→“TO_PositioningAxis”选项，如图 3-17 所示，名称改为“PositioningAxis_X”，单击“确定”按钮。

② 创建虚拟轴。“轴类型”设置为“虚拟轴”“线性”，选中“激活仿真”单选框，如图 3-18 所示。

③ 启用硬限位开关，如图 3-19 所示。选中“启用硬限位开关”单选框，在“输入负向硬限位开关”下拉菜单栏里选择“X 轴负限位”选项，“选择负向硬限位开关

图 3-16 工艺对象

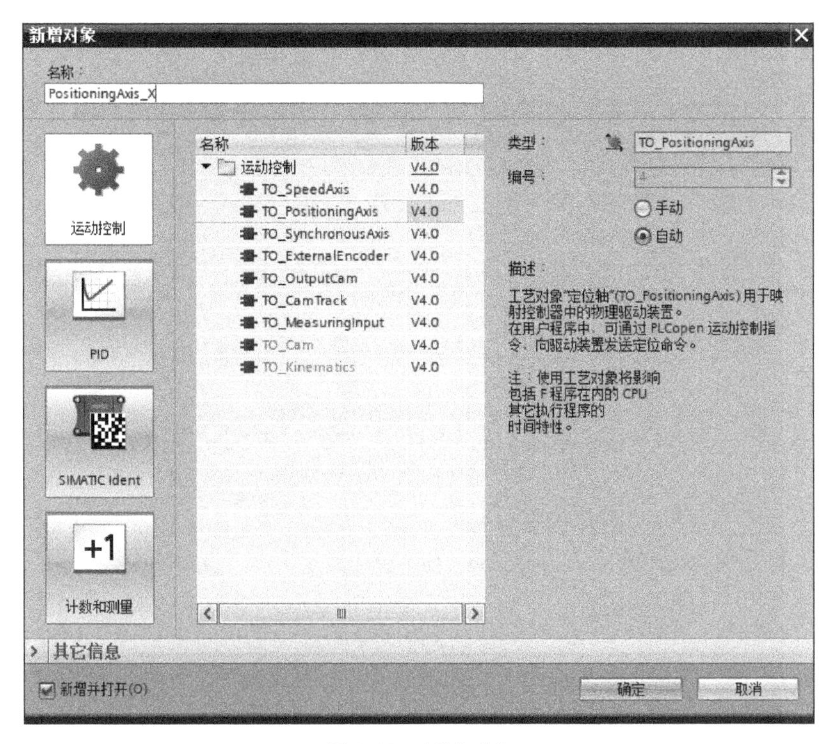

图 3-17　新增对象

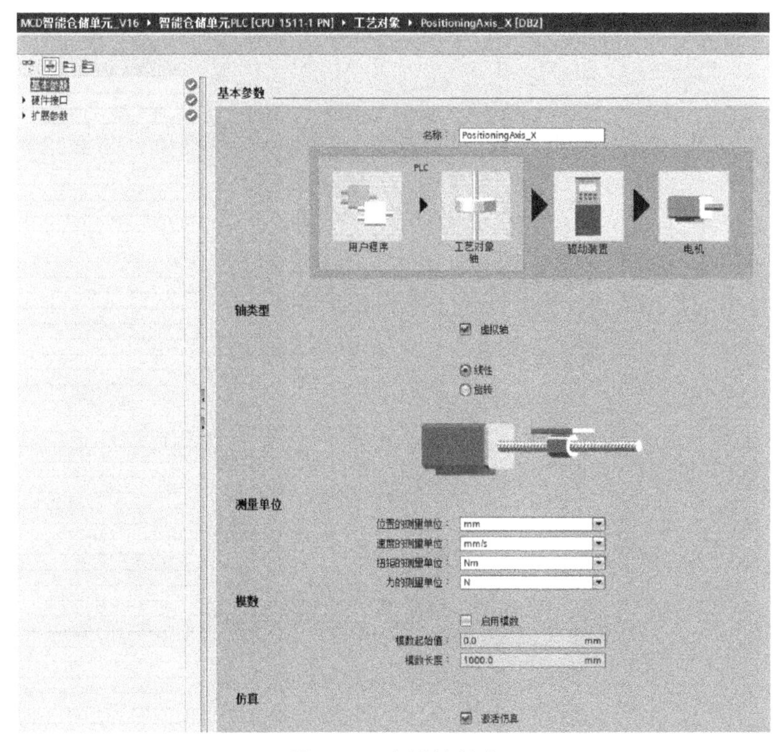

图 3-18　虚拟轴创建

的电平”设置为“高电平”，在“输入正向硬限位开关”下拉菜单栏里面选择“X 轴正限位”选项，“选项正向硬限位开关的电平”设置为“高电平”。

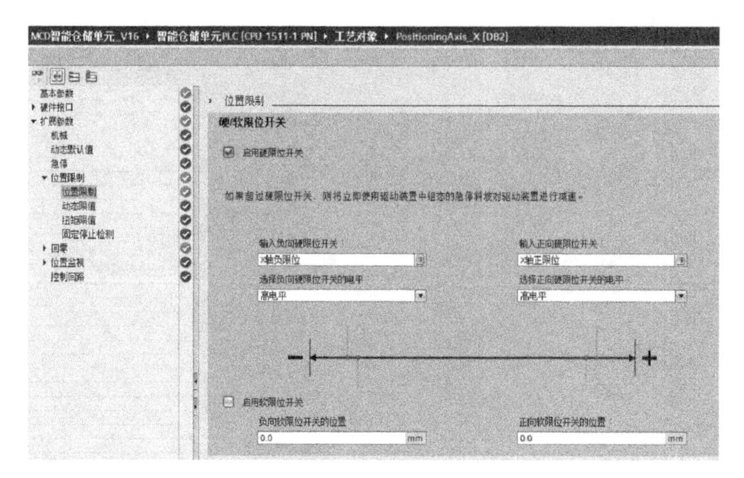

图 3-19　限位开关设置

④ 选择回零模式，如图 3-20 所示。在“选择回零模式”选项组中选择“通过数字量输入作为回原点标记”，“数字量输入回原点标记凸轮”设置为“X 轴回零”，“电平选择”设置为“高电平”；“回原点速度”设置为 100. 0mm/s，“逼近速度”设置为 50. 0mm/s。

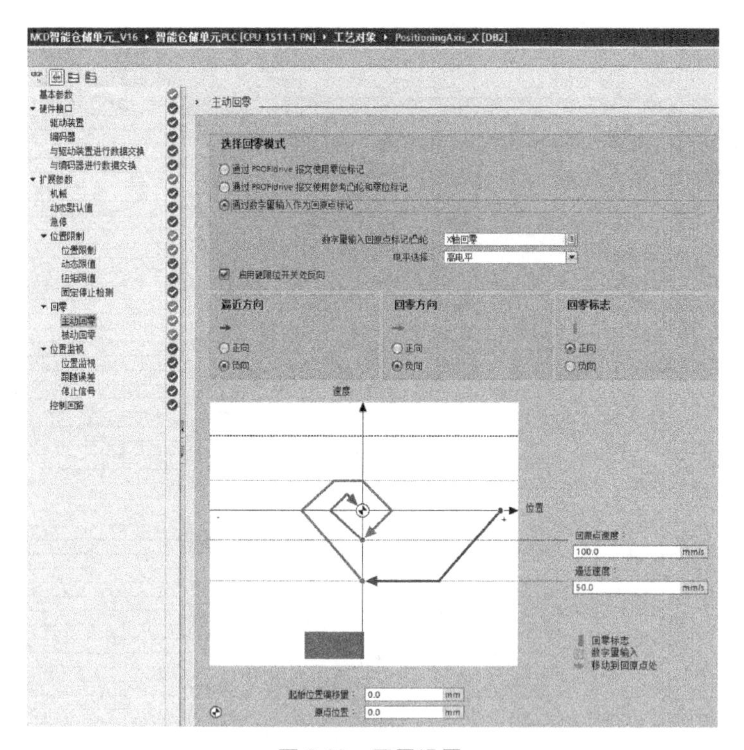

图 3-20　回零设置

2）Y 轴的轴工艺。在“项目树”下选择“工艺对象”选项，双击“新增对象”选项。

① 新增对象。单击选择“运动控制”→“TO_PositioningAxis”选项，名称改为“PositioningAxis_Y”，单击“确定”按钮。

② 创建虚拟轴。在“轴类型”下选中“虚拟轴”“线性”单选框，在“仿真”列表栏选中“激活仿真”单选框。

③ 启用硬限位开关。选中“启用硬件开关”单选框，在“输入负向硬限位开关”下拉菜单栏里选择“Y 轴负限位”选项，“选项负向硬限位开关的电平”设置为“高电平”，在“输入正向硬限位开关”下拉菜单栏里选择“Y 轴正限位”选项，“选择正向硬限位开关的电平”设置为“高电平”。

④ 选择回零模式。在“选择回零模式”选项组中，选择“通过数字量输入作为回原点标记”，“数字量输入回原点标记凸轮”设置为“Y 轴回零”，“电平选择”设置为“高电平”；“回原点速度”设置为 100. 0mm/s，“逼近速度”设置为 50. 0mm/s。

3）Z 轴的轴工艺。在“项目树”下选择“工艺对象”选项，双击“新增对象”选项。

① 新增对象。单击选择“运动控制”→“TO_PositioningAxis”选项，名称改为“PositioningAxis_Z”，单击“确定”按钮。

② 创建虚拟轴。在“轴类型”下选中“虚拟轴”“线性”单选框，在“仿真”列表栏选中“激活仿真”单选框。

③ 启用硬限位开关。选中“启用硬件开关”单选框，在“输入负向硬限位开关”下拉菜单栏里面选择“Z 轴负限位”选项，“选项负向硬限位开关的电平”设置为“高电平”，在“输入正向硬限位开关”下拉菜单栏里面选择“Z 轴正限位”选项，“选择正向硬限位开关的电平”设置为“高电平”。

④ 选择回零模式。在“选择回零模式”选项组中，选择“通过数字量输入作为回原点标记”，“数字量输入回原点标记凸轮”设置为“Z 轴回零”，“电平选择”设置为“高电平”；“回原点速度”设置为 100. 0mm/s，“逼近速度”设置为 50. 0mm/s。

4）C 轴的轴工艺。在“项目树”下选择“工艺对象”选项，双击“新增对象”选项。

① 新增对象。选择“运动控制”→“TO_PositioningAxis”选项，名称改为“PositioningAxis_C”，单击“确定”按钮，如图 3-21 所示。

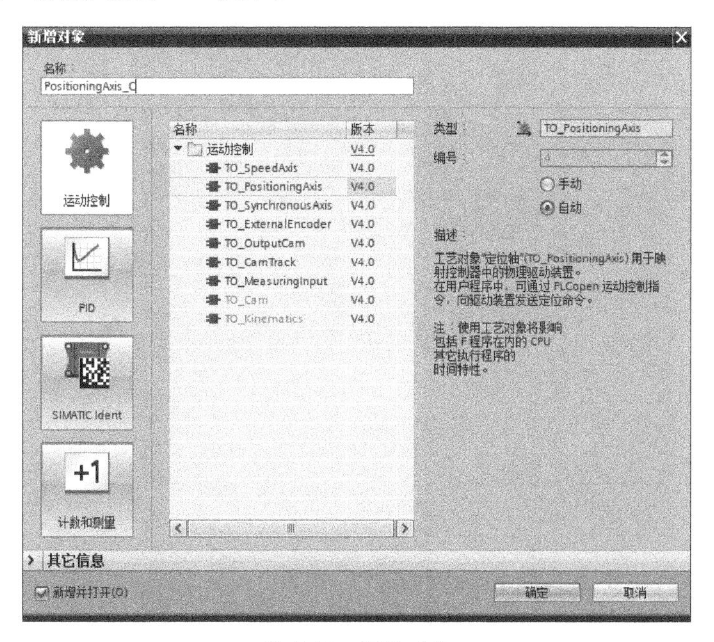

图 3-21　新增对象

② 创建虚拟轴。在“轴类型”下选中“虚拟轴”“旋转”单选框，在“仿真”列表栏选中“激活仿真”单选框，如图 3-22 所示。

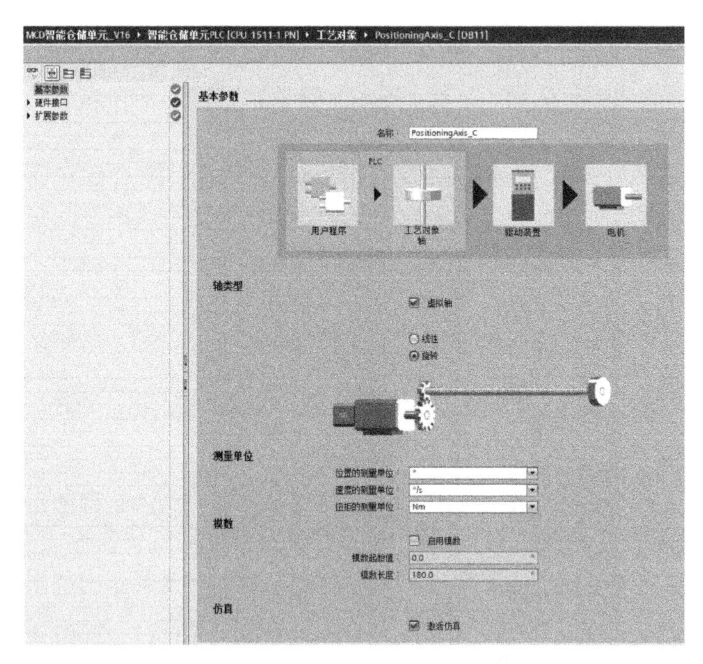

图 3-22　虚拟轴创建

③ 选择回零模式，如图 3-23 所示。在“选择回零模式”选项组中，选择“通过数字量输入作为回原点标记”，“数字量输入回原点标记凸轮”设置为“C 轴回零”，“电平选择”设置为“高电平”；“回原点速度”设置 90.0mm/s，“逼近速度”设置 45.0mm/s。

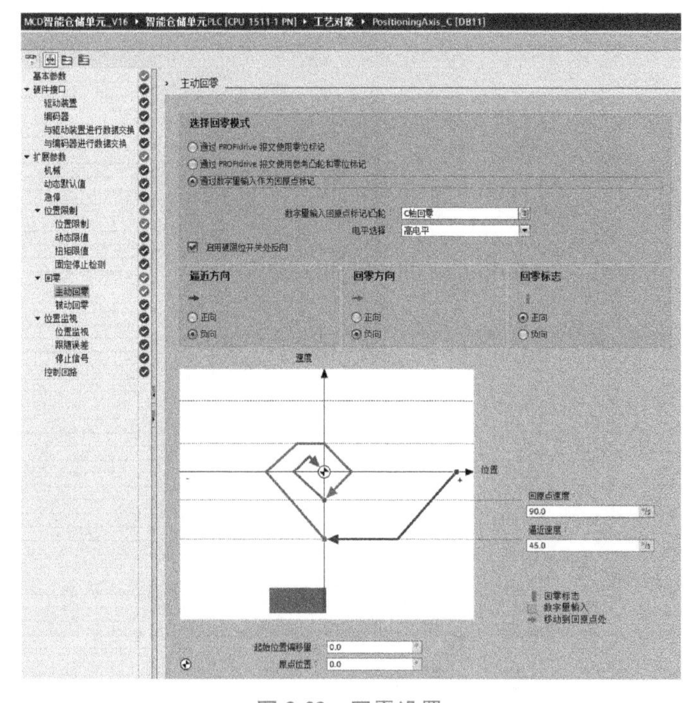

图 3-23　回零设置

4. 智能仓储单元数据块的创建

智能仓储单元_数据块的创建

（1）“轴控制数据”数据块　根据需要添加如下变量，数据类型为“Struct”变量：X 轴（包含 Bool 变量：使能、复位触发、暂停触发、回零触发、正向点动触发、反向点动触发、绝对位置触发；Real 变量：绝对位置、绝对速度）、Y 轴、Z 轴、C 轴。数据类型为 Real 变量：X 取整、Y 取整、Z 取整、C 取整，如图 3-24 所示。

（2）“MCD_DB”数据块　根据需要添加如下变量，数据类型为“Real”变量：X 轴位置、X 轴速度、Y 轴位置、Y 轴速度、Z 轴位置、Z 轴速度、C 轴位置、C 轴速度，如图 3-25 所示。

MCD智能仓储单元_V16 ▸ 智能仓储单元PLC [CPU 1511-1 PN] ▸ 程序块 ▸ 数据块 ▸ 轴控制数据 [DB5]

保持实际值　快照　将快照值复制到起始值中　将起始值加载为实际值

轴控制数据

	名称	数据类型	偏移量	起始值	保持	从 HMI/OPC...	从 H...	在 HMI ...	设定值	监控	注释
1	▼ Static				☐	☐	☐	☐	☐		
2	▼ X轴	Struct	0.0		☐	☑	☑	☑	☐		
3	使能	Bool	0.0	false	☐	☑	☑	☑	☐		
4	复位触发	Bool	0.1	false	☐	☑	☑	☑	☐		
5	暂停触发	Bool	0.2	false	☐	☑	☑	☑	☐		
6	回零触发	Bool	0.3	false	☐	☑	☑	☑	☐		
7	正向点动触发	Bool	0.4	false	☐	☑	☑	☑	☐		
8	反向点动触发	Bool	0.5	false	☐	☑	☑	☑	☐		
9	绝对位置触发	Bool	0.6	false	☐	☑	☑	☑	☐		
10	绝对位置	Real	2.0	0.0	☐	☑	☑	☑	☐		
11	绝对速度	Real	6.0	40.0	☐	☑	☑	☑	☐		
12	▸ Y轴	Struct	10.0		☐	☑	☑	☑	☐		
13	▸ Z轴	Struct	20.0		☐	☑	☑	☑	☐		
14	▸ C轴	Struct	30.0		☐	☑	☑	☑	☐		
15	X取整	Real	40.0	0.0	☐	☑	☑	☑	☐		
16	C取整	Real	44.0	0.0	☐	☑	☑	☑	☐		
17	Z取整	Real	48.0	0.0	☐	☑	☑	☑	☐		
18	Y取整	Real	52.0	0.0	☐	☑	☑	☑	☐		

图 3-24　“轴控制数据”数据块

MCD智能仓储单元_V16 ▸ 智能仓储单元PLC [CPU 1511-1 PN] ▸ 程序块 ▸ 数据块 ▸ MCD_DB [DB1]

保持实际值　快照　将快照值复制到起始值中　将起始值加载为实际值

MCD_DB

	名称	数据类型	起始值	保持	从 HMI/OPC...	从 H...	在 HMI ...	设定值	监控	注释
1	▼ Static			☐	☐	☐	☐	☐		
2	X轴位置	Real	0.0	☐	☑	☑	☑	☐		
3	X轴速度	Real	0.0	☐	☑	☑	☑	☐		
4	Y轴位置	Real	0.0	☐	☑	☑	☑	☐		
5	Y轴速度	Real	0.0	☐	☑	☑	☑	☐		
6	Z轴位置	Real	0.0	☐	☑	☑	☑	☐		
7	Z轴速度	Real	0.0	☐	☑	☑	☑	☐		
8	C轴位置	Real	0.0	☐	☑	☑	☑	☐		
9	C轴速度	Real	0.0	☐	☑	☑	☑	☐		

图 3-25　“MCD_DB”数据块

（3）“HMI 显示”数据块　根据需要添加如下变量，数据类型为“Bool”变量：单机/联机、出库至环线、环线至入库、出库至 AGV、AGV 至入库、仓位数据（数组 Array［0..20］of Bool）；数据类型为“Word”变量：库位号、库位显示；数据类型为“Int”变量：状态显示；数据类型为“Struct”变量：X 轴、Y 轴、Z 轴、C 轴（包含 Bool 数据类型：绝对值运行、Real 数据类型；绝对值运行数据）、轴数据 Array［0..20］of Struct 数组，如图 3-26 所示。

MCD智能仓储单元_V16 ▸ 智能仓储单元PLC [CPU 1511-1 PN] ▸ 程序块 ▸ 数据块 ▸ HMI显示 [DB7]

保持实际值　快照　将快照值复制到起始值中　将起始值加载为实际值

HMI显示

	名称	数据类型	起始值	保持	从 HMI/OPC...	从 H...	在 HMI...	设定值	监控	注释
1	▼ Static			☐	☐	☐	☐	☐		
2	单机/联机	Bool	false	☐	☑	☑	☑	☐		
3	库位号	Word	16#0	☐	☑	☑	☑	☐		
4	出库至环线	Bool	false	☐	☑	☑	☑	☐		
5	环线至入库	Bool	false	☐	☑	☑	☑	☐		
6	出库至AGV	Bool	false	☐	☑	☑	☑	☐		
7	AGV至入库	Bool	false	☐	☑	☑	☑	☐		
8	状态显示	Int	0	☐	☑	☑	☑	☐		
9	库位显示	Word	16#0	☐	☑	☑	☑	☐		
10	▼ 轴数据	Array[0..20] ...		☐	☑	☑	☑	☐		
11	▼ 轴数据[0]	Struct		☐	☑	☑	☑	☐		
12	X轴坐标	Real	0.0	☐	☑	☑	☑	☐		
13	Y轴坐标	Real	0.0	☐	☑	☑	☑	☐		
14	Z轴坐标	Real	0.0	☐	☑	☑	☑	☐		
15	C轴坐标	Real	0.0	☐	☑	☑	☑	☐		
16	▸ 轴数据[1]	Struct		☐	☑	☑	☑	☐		
17	▸ 轴数据[2]	Struct		☐	☑	☑	☑	☐		
18	▸ 轴数据[3]	Struct		☐	☑	☑	☑	☐		
19	▸ 轴数据[4]	Struct		☐	☑	☑	☑	☐		
20	▸ 轴数据[5]	Struct		☐	☑	☑	☑	☐		
21	▸ 轴数据[6]	Struct		☐	☑	☑	☑	☐		
22	▸ 轴数据[7]	Struct		☐	☑	☑	☑	☐		
23	▸ 轴数据[8]	Struct		☐	☑	☑	☑	☐		
24	▸ 轴数据[9]	Struct		☐	☑	☑	☑	☐		
25	▸ 轴数据[10]	Struct		☐	☑	☑	☑	☐		
26	▸ 轴数据[11]	Struct		☐	☑	☑	☑	☐		
27	▸ 轴数据[12]	Struct		☐	☑	☑	☑	☐		
28	▸ 轴数据[13]	Struct		☐	☑	☑	☑	☐		
29	▸ 轴数据[14]	Struct		☐	☑	☑	☑	☐		
30	▸ 轴数据[15]	Struct		☐	☑	☑	☑	☐		
31	▸ 轴数据[16]	Struct		☐	☑	☑	☑	☐		
32	▸ 轴数据[17]	Struct		☐	☑	☑	☑	☐		
33	▸ 轴数据[18]	Struct		☐	☑	☑	☑	☐		
34	▸ 轴数据[19]	Struct		☐	☑	☑	☑	☐		
35	▸ 轴数据[20]	Struct		☐	☑	☑	☑	☐		
36	▸ 仓位数据	Array[0..20] of Bool		☐	☑	☑	☑	☐		
37	▸ X轴	Struct		☐	☑	☑	☑	☐		
38	▸ Y轴	Struct		☐	☑	☑	☑	☐		
39	▸ Z轴	Struct		☐	☑	☑	☑	☐		
40	▸ C轴	Struct		☐	☑	☑	☑	☐		

图 3-26 “HMI 显示”数据块

5. 轴控制程序设计

智能仓储单元_重复块_轴控制

（1）重复块_轴控制程序　该程序段使用模块化程序设计，功能为将轴控制指令集中到单个 FB 块中，并添加相对应的输入/输出引脚定义，方便调用时查找。“重复块_轴控制”是被调用的块，首先创建“重复块_轴控制”FB 数据块，其接口和输入/输出引脚定义如图 3-27。在编程界面右侧指令栏中选择“工艺”→“运动控制”指令，可以将指令直接拖至程序段。该程序段功能为使用模块化程序设计，将轴控制指令集中到单个 FB 块里面，添加相对应的输入/输出引脚定义，方便调用时的查找。

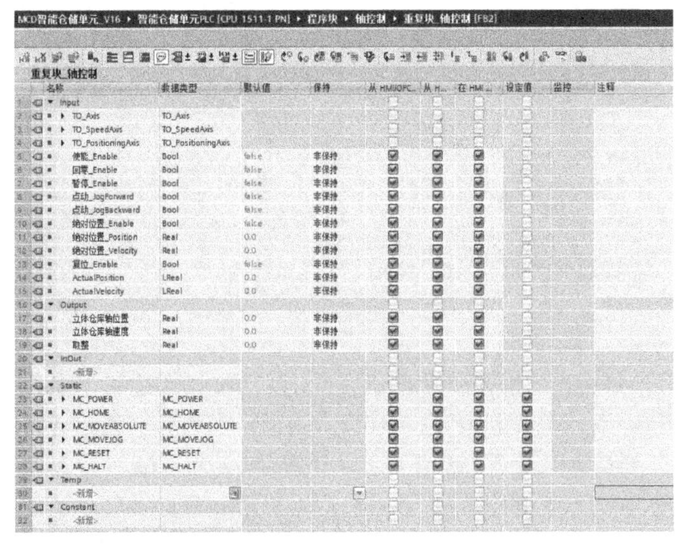

MCD智能仓储单元_V16 ▸ 智能仓储单元PLC [CPU 1511-1 PN] ▸ 程序块 ▸ 轴控制 ▸ 重复块_轴控制 [FB2]

重复块_轴控制

	名称	数据类型	默认值	保持	从 HMI/OPC...	从 H...	在 HMI...	设定值	监控	注释
1	▼ Input				☐	☐	☐	☐		
2	▸ TO_Axis	TO_Axis			☐	☐	☐	☐		
3	▸ TO_SpeedAxis	TO_SpeedAxis			☐	☐	☐	☐		
4	▸ TO_PositioningAxis	TO_PositioningAxis			☐	☐	☐	☐		
5	使能_Enable	Bool	false	非保持	☑	☑	☑	☐		
6	回零_Enable	Bool	false	非保持	☑	☑	☑	☐		
7	暂停_Enable	Bool	false	非保持	☑	☑	☑	☐		
8	点动_JogForward	Bool	false	非保持	☑	☑	☑	☐		
9	点动_JogBackward	Bool	false	非保持	☑	☑	☑	☐		
10	绝对位置_Enable	Bool	false	非保持	☑	☑	☑	☐		
11	绝对位置_Position	Real	0.0	非保持	☑	☑	☑	☐		
12	绝对位置_Velocity	Real	0.0	非保持	☑	☑	☑	☐		
13	复位_Enable	Bool	false	非保持	☑	☑	☑	☐		
14	ActualPosition	LReal	0.0	非保持	☑	☑	☑	☐		
15	ActualVelocity	LReal	0.0	非保持	☑	☑	☑	☐		
16	▼ Output				☐	☐	☐	☐		
17	立体仓库轴位置	Real	0.0	非保持	☑	☑	☑	☐		
18	立体仓库轴速度	Real	0.0	非保持	☑	☑	☑	☐		
19	取整	Real	0.0	非保持	☑	☑	☑	☐		
20	▼ InOut				☐	☐	☐	☐		
21	<新增>				☐	☐	☐	☐		
22	▼ Static				☐	☐	☐	☐		
23	▸ MC_POWER	MC_POWER			☑	☑	☑	☑		
24	▸ MC_HOME	MC_HOME			☑	☑	☑	☑		
25	▸ MC_MOVEABSOLUTE	MC_MOVEABSOLUTE			☑	☑	☑	☑		
26	▸ MC_MOVEJOG	MC_MOVEJOG			☑	☑	☑	☑		
27	▸ MC_RESET	MC_RESET			☑	☑	☑	☑		
28	▸ MC_HALT	MC_HALT			☑	☑	☑	☑		
29	▼ Temp				☐	☐	☐	☐		
30	<新增>				☐	☐	☐	☐		
31	▼ Constant				☐	☐	☐	☐		
32	<新增>				☐	☐	☐	☐		

图 3-27 “重复块_轴控制”接口和引脚定义

1）使能和回零程序如图 3-28 所示。MC_POWER 功能为启用/禁用工艺对象；MC_HOME 为归位工艺对象，设定回零位置。

2）轴暂停和点动控制程序如图 3-29 所示。MC_HALT 功能为暂停轴，MC_MOVEJOG 功能为以点动模式移动轴。

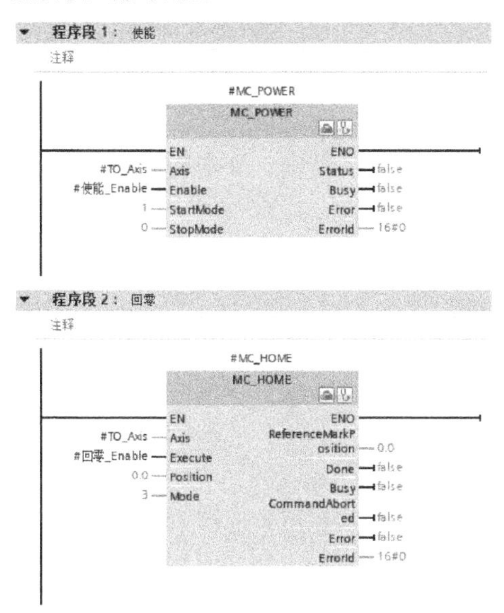

图 3-28　使能和回零程序

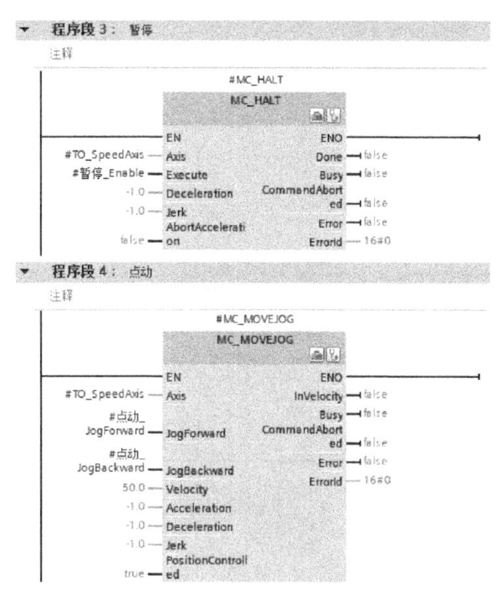

图 3-29　轴暂停和点动控制程序

3）轴绝对运行和复位程序如图 3-30 所示。MC_MOVEABSOLUTE 功能为绝对定位轴；MC_RESET 为确认报警，重新启动工艺对象。

4）数据类型转换程序如图 3-31 所示。将“Actual Position”数据类型 LReal 转换为 Real 后输出至“#立体仓库轴位置”；将“Actual Velocity”数据类型 LReal 转换为 Real 后输出至“#立体仓库轴速度”；将“#立体仓库轴位置”数值取整后输出至“#取整”。

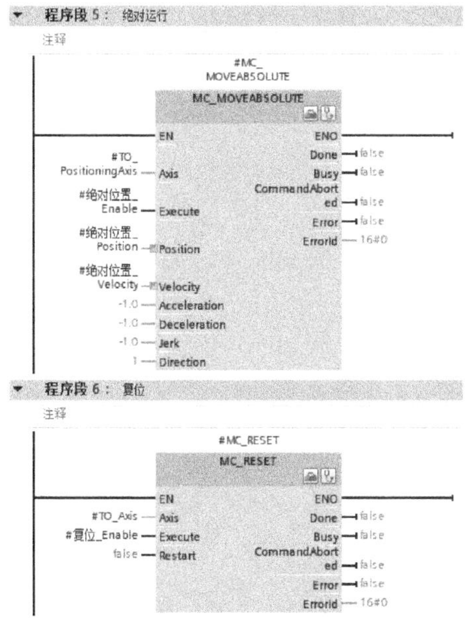

图 3-30　轴绝对运行和复位程序

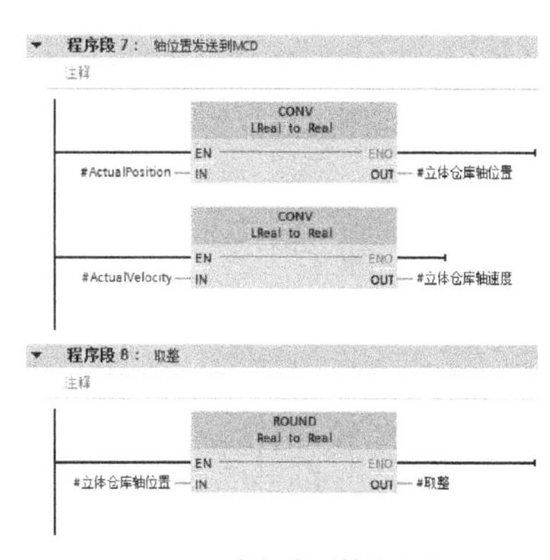

图 3-31　数据类型转换程序

(2) 轴控制程序　创建新的“函数块”，名称改为“轴控制”。

1) 调用“重复块_轴控制”，创建 X 轴控制程序，被调用块“重复块_轴控制”引脚已经定义好，根据引脚填入相同数据，如图 3-32 所示。

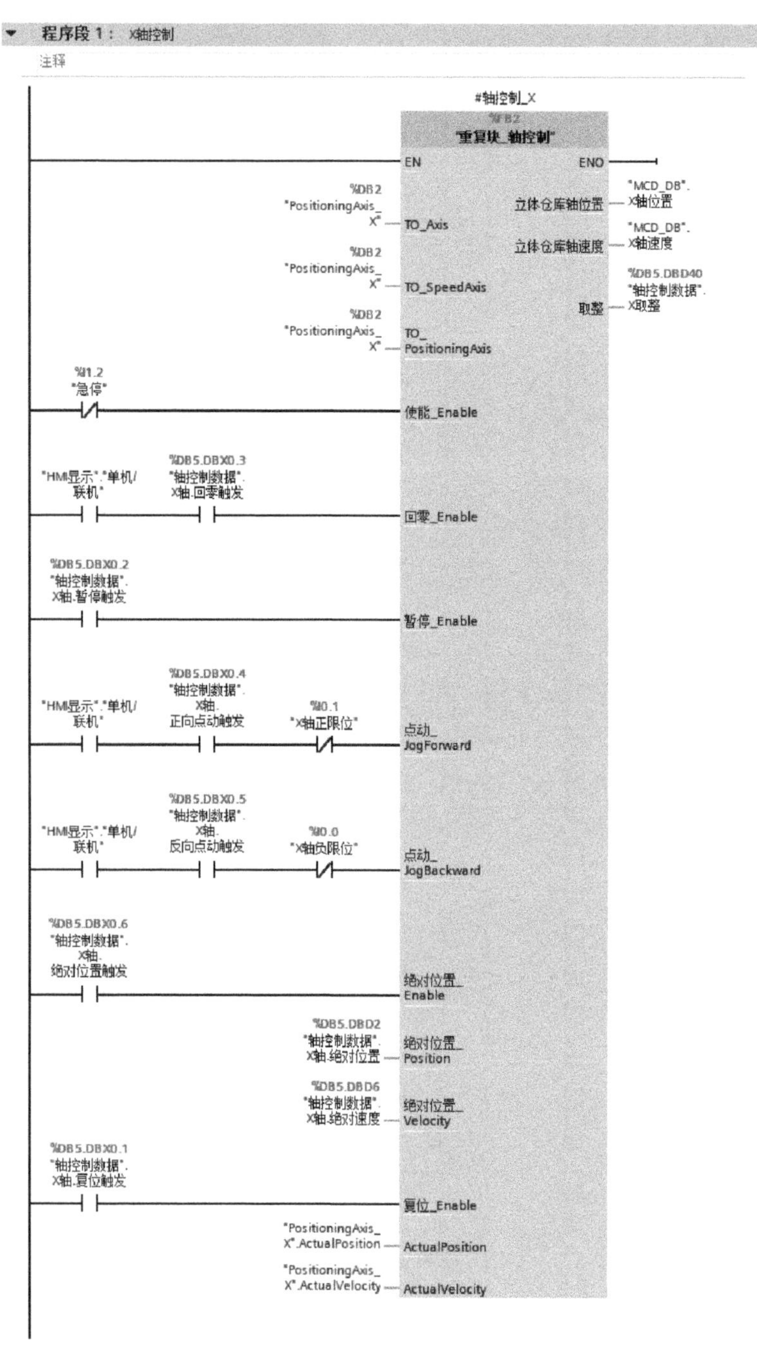

图 3-32　X 轴控制程序

2) 调用“重复块_轴控制”，创建 Y 轴控制程序，被调用块“重复块_轴控制”引脚已经定义好，根据引脚填入相同数据，如图 3-33 所示。

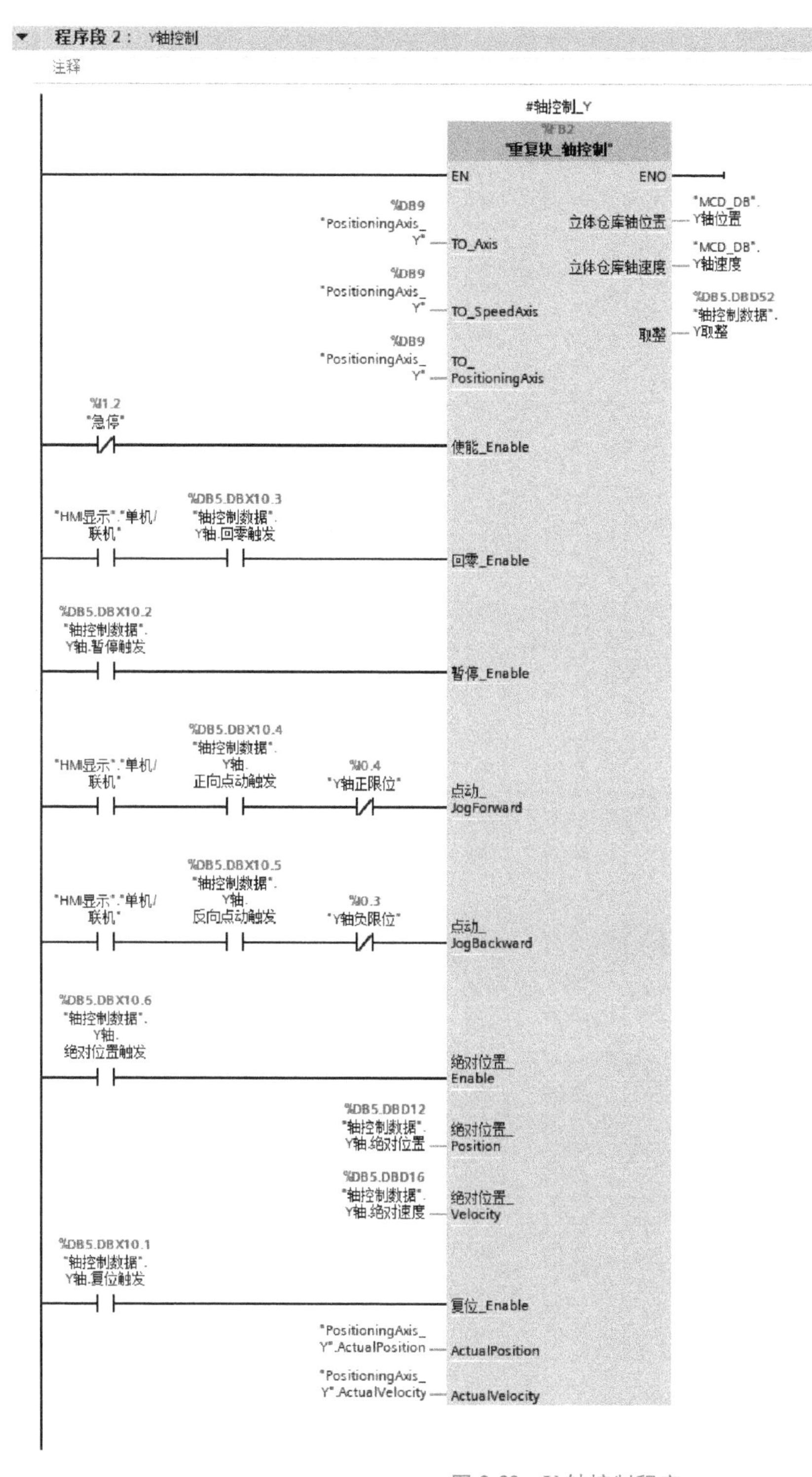

图 3-33　Y 轴控制程序

3）调用“重复块_轴控制”，创建 Z 轴控制程序，被调用块“重复块_轴控制”引脚已经定义好，根据引脚填入相同数据，如图 3-34 所示。

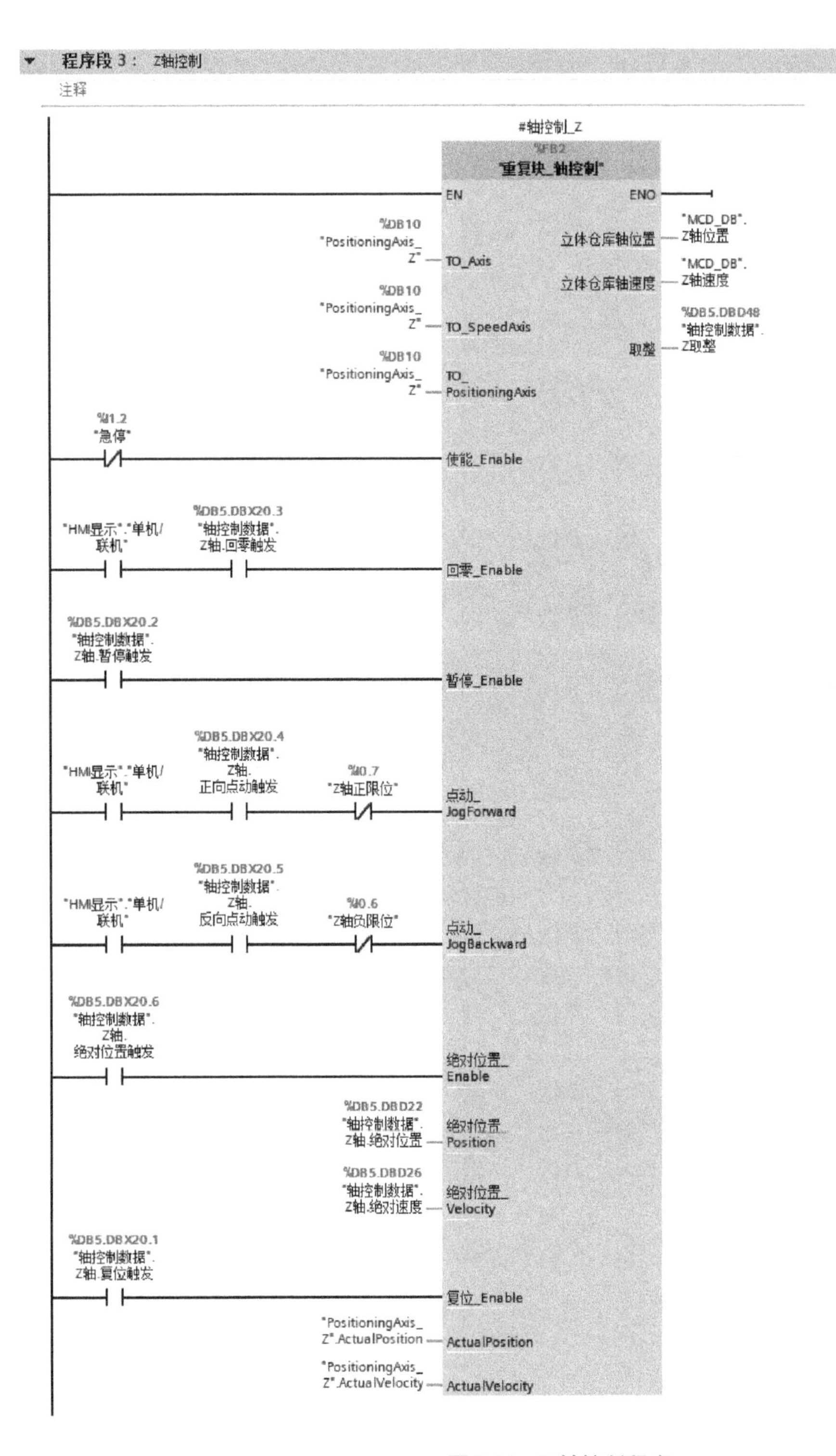

图 3-34　Z 轴控制程序

4）调用“重复块_轴控制”，创建 C 轴控制程序，被调用块“重复块_轴控制”引脚已经定义好，根据引脚填入相同数据，如图 3-35 所示。

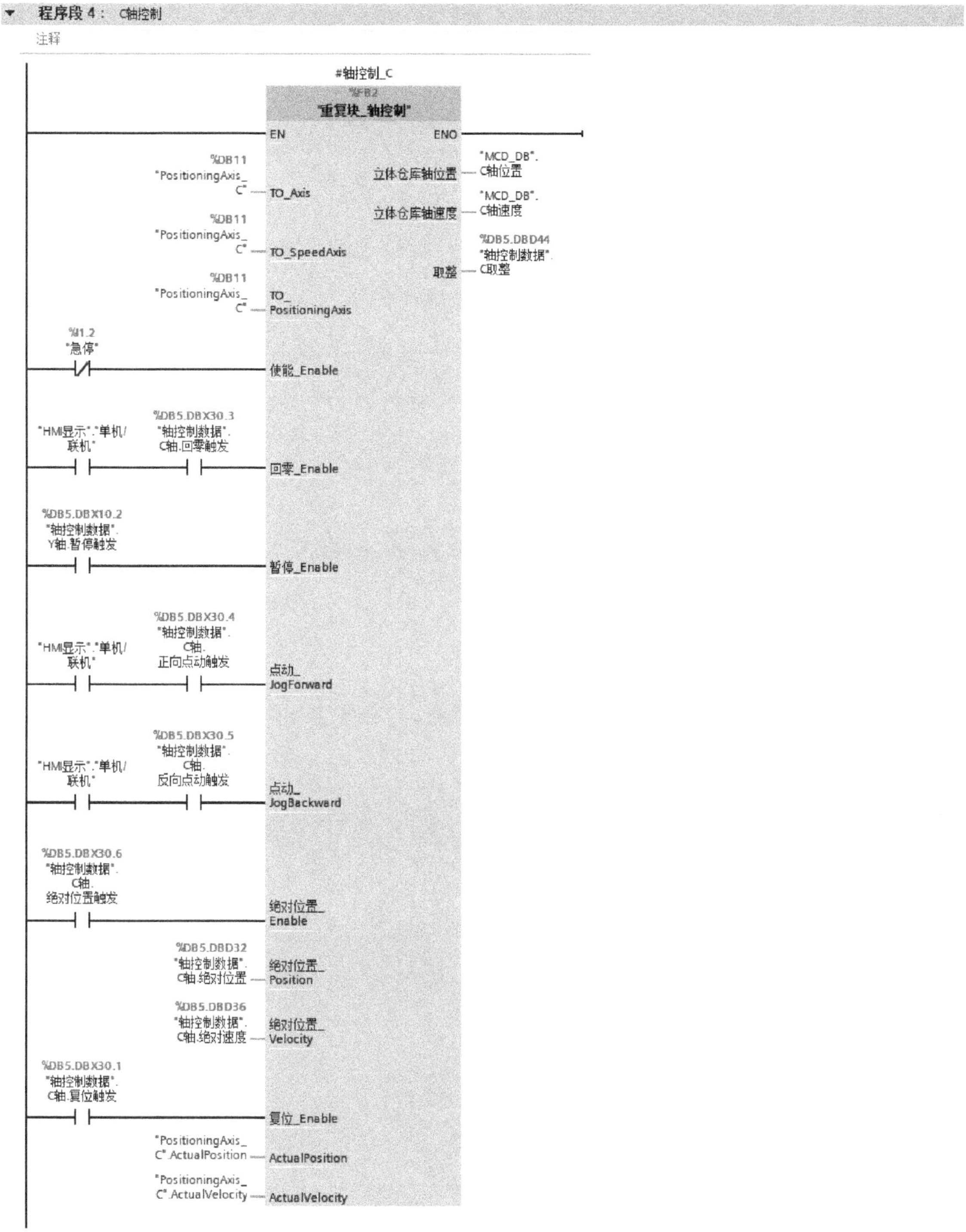

▼ 程序段 4：C轴控制

注释

#轴控制_C

%FB2

"重复块_轴控制"

EN　ENO

%DB11 "PositioningAxis_C" — TO_Axis

%DB11 "PositioningAxis_C" — TO_SpeedAxis

%DB11 "PositioningAxis_C" — TO_PositioningAxis

立体仓库轴位置 — "MCD_DB".C轴位置

立体仓库轴速度 — "MCD_DB".C轴速度

取整 — %DB5.DBD44 "轴控制数据".C取整

%I1.2 "急停" — 使能_Enable

"HMI显示"."单机/联机"　%DB5.DBX30.3 "轴控制数据".C轴.回零触发 — 回零_Enable

%DB5.DBX10.2 "轴控制数据".Y轴.暂停触发 — 暂停_Enable

"HMI显示"."单机/联机"　%DB5.DBX30.4 "轴控制数据".C轴.正向点动触发 — 点动_JogForward

"HMI显示"."单机/联机"　%DB5.DBX30.5 "轴控制数据".C轴.反向点动触发 — 点动_JogBackward

%DB5.DBX30.6 "轴控制数据".C轴.绝对位置触发 — 绝对位置_Enable

%DB5.DBD32 "轴控制数据".C轴.绝对位置 — 绝对位置_Position

%DB5.DBD36 "轴控制数据".C轴.绝对速度 — 绝对位置_Velocity

%DB5.DBX30.1 "轴控制数据".C轴.复位触发 — 复位_Enable

"PositioningAxis_C".ActualPosition — ActualPosition

"PositioningAxis_C".ActualVelocity — ActualVelocity

图 3-35　C 轴控制程序

5）手动绝对位置触发程序如图 3-36 所示。该程序段功能为在 HMI 的 X 轴绝对值文本框输入相对应的数值，按下“绝对值运行”按钮，X 轴根据输入数值的方向行走；在 HMI 的 Y 轴绝对值文本框输入相对应的数值，按下“绝对值运行”按钮，Y 轴根据输入数值的方向行走；在 HMI 的 Z 轴绝对值文本框输入相对应的数值，按下“绝对值运行”按钮，Z 轴根据输入数值的方向行走；在 HMI 的 C 轴绝对值文本框输入相对应的数值，按下“绝对值运行”按钮，C 轴根据输入数值的方向行走。

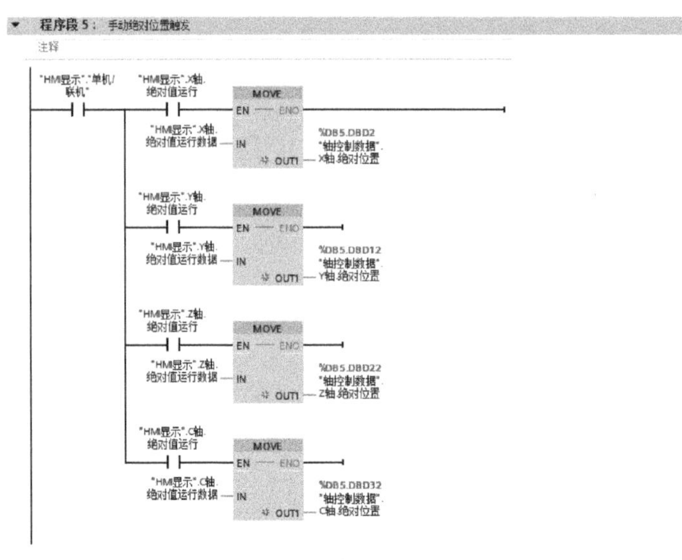

图 3-36　手动绝对位置触发程序

6. 库位监测控制程序设计

智能仓储单元_库位监测

该程序段功能为监测库位是否有料。

1）A 层传感器信号程序如图 3-37 所示。

①“A01 传感器信号”有信号“A01 指示灯”接通，“"HMI 显示". 仓位数据［1］”接通。

②“A02 传感器信号”有信号“A02 指示灯”接通，“"HMI 显示". 仓位数据［2］”接通。

③“A03 传感器信号”有信号“A03 指示灯”接通，“"HMI 显示". 仓位数据［3］”接通。

④“A04 传感器信号”有信号“A04 指示灯”接通，“"HMI 显示". 仓位数据［4］”接通。

⑤“A05 传感器信号”有信号“A05 指示灯”接通，“"HMI 显示". 仓位数据［5］”接通。

图 3-37　A 层传感器信号程序

2）B 层传感器信号程序如图 3-38 所示。

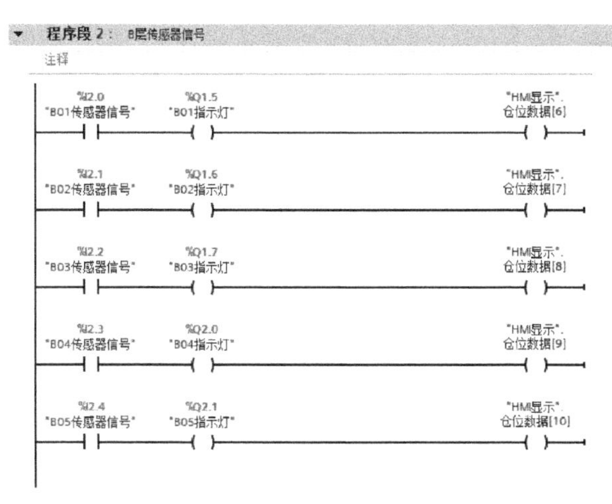

图 3-38　B 层传感器信号程序

3）C 层传感器信号程序如图 3-39 所示。

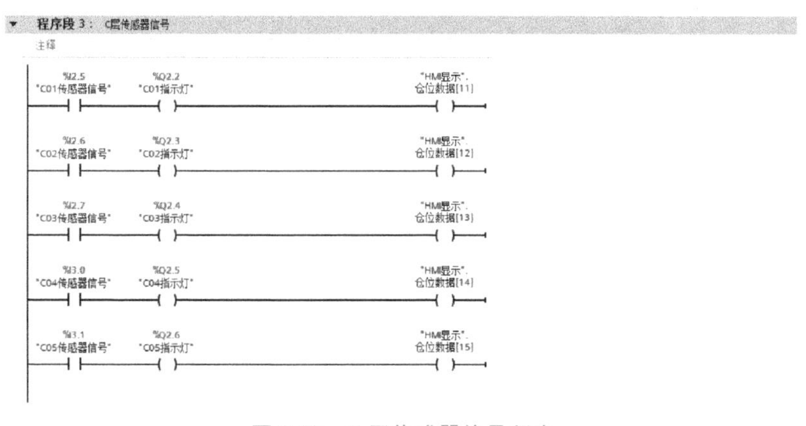

图 3-39　C 层传感器信号程序

4）D 层传感器信号程序如图 3-40 所示。

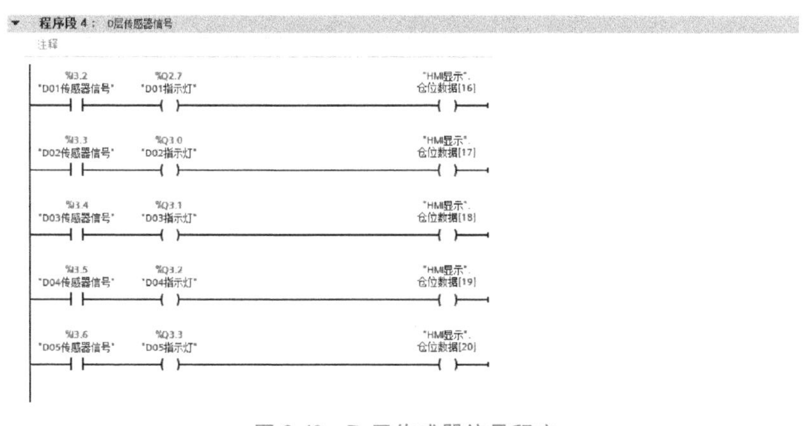

图 3-40　D 层传感器信号程序

7. 环线出入库平台控制程序设计

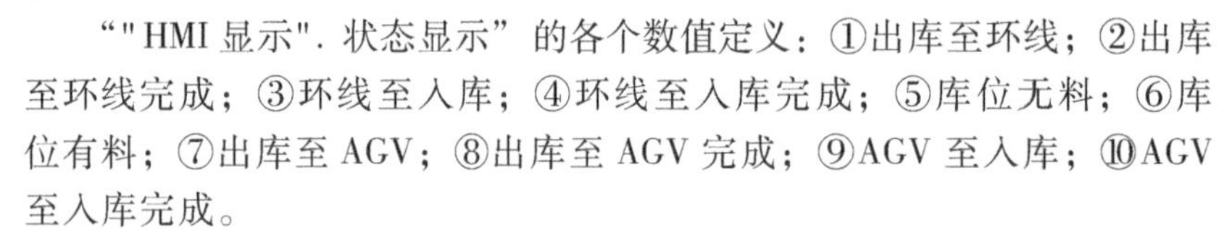

（1）编写“出库至环线”程序，创建 FB 块　该程序段功能为从仓库某个指定库位中取料放入环形输送线，该 FB 块为可调用的子程序块，“出库至环线”是被调用的程序块。创建 FB 块，其背景数据定义如图 3-41 所示。

智能仓储单元_出库至环线

“"HMI 显示". 状态显示”的各个数值定义：①出库至环线；②出库至环线完成；③环线至入库；④环线至入库完成；⑤库位无料；⑥库位有料；⑦出库至 AGV；⑧出库至 AGV 完成；⑨AGV 至入库；⑩AGV 至入库完成。

1）出库至环线起动程序如图 3-42 所示。该程序段功能为在 HMI 上按下“出库至环线”按钮，判断出库库位是否有料。库位有料时，仓库状态显示为“出库至环线”，库位号显示要出库的库位。库位无料时，程序停止运行，仓库状态显示为“库位无料”。

MCD智能仓储单元_V16 ▸ 智能仓储单元PLC [CPU 1511-1 PN] ▸ 程序块 ▸ 出入库动作 ▸ 出库至环线 [FB1]

出库至环线

	名称	数据类型	默认值	保持	从 HMI/OPC...	从 H...	在 HMI ...	设定值	监控	注释
1	▼ Input									
2	仓位数据	Word	16#0	非保持	☑	☑	☑	☐		
3	X轴位置	Real	0.0	非保持	☑	☑	☑	☐		
4	Z轴位置	Real	0.0	非保持	☑	☑	☑	☐		
5	库位信息	Bool	false	非保持	☑	☑	☑	☐		
6	▼ Output									
7	<新增>									
8	▼ InOut									
9	<新增>									
10	▼ Static									
11	步	Int	0	非保持	☑	☑	☑	☐		
12	运行	Bool	false	非保持	☑	☑	☑	☐		
13	▼ Temp									
14	<新增>									
15	▼ Constant									
16	<新增>									

图 3-41　FB 块背景数据定义

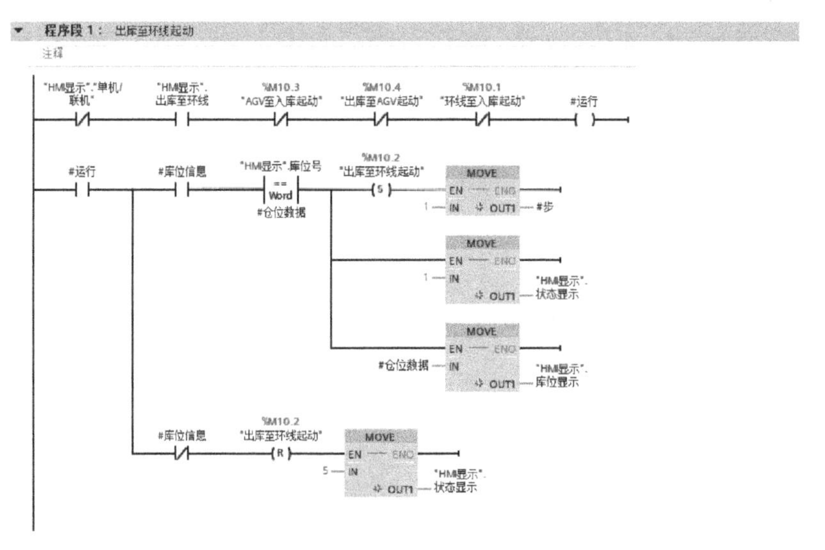

图 3-42　出库至环线起动程序

2）Y 轴、X 轴、Z 轴运动控制程序如图 3-43 所示。该程序段功能为先将 Y 轴移动至 50.0mm，再将 X 轴移动至取料库位下方，而后将 Z 轴移动至取料位。

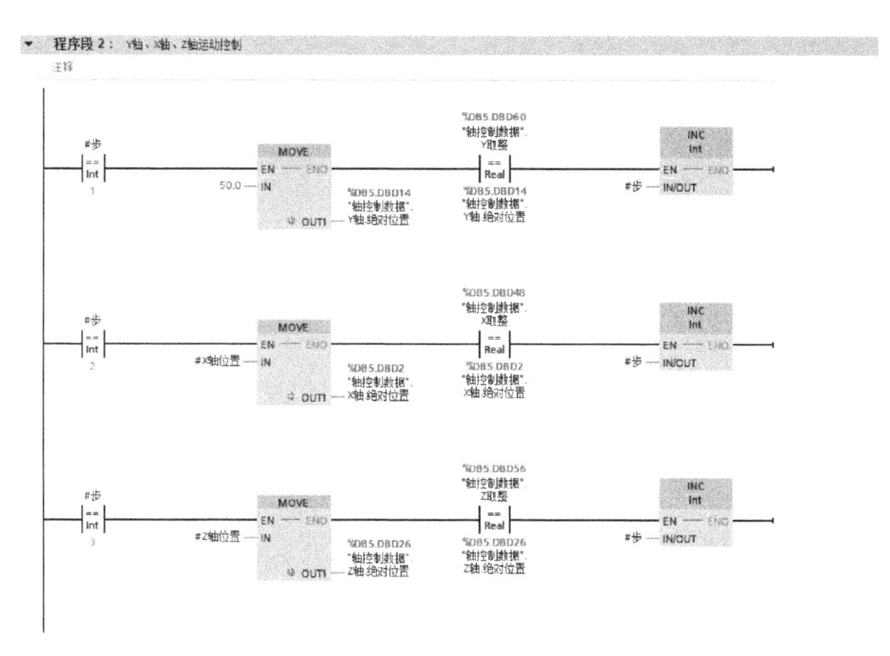

图 3-43　Y 轴、X 轴、Z 轴运动控制程序

3）Y 轴、Z 轴、Y 轴运动控制程序如图 3-44 所示。该程序段功能为先将 Y 轴移动至 -40. 0mm，再将 Z 轴取料位加 80. 0mm，而后将 Y 轴移动至 190mm。

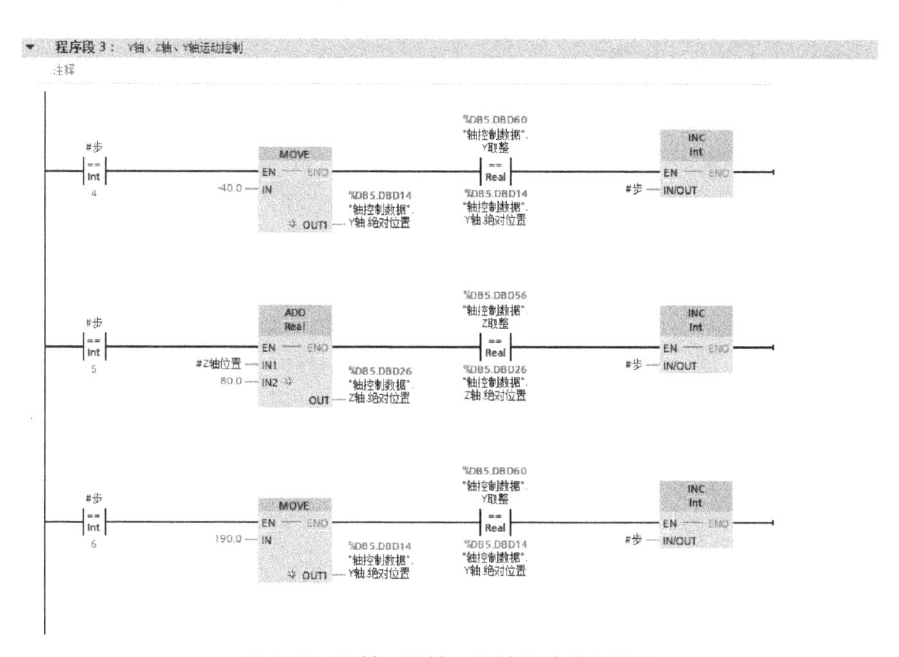

图 3-44　Y 轴、Z 轴、Y 轴运动控制程序

4）X 轴、C 轴、Z 轴运动控制程序如图 3-45 所示。该程序段功能为先将 X 轴移动至 290. 0mm，再将 C 轴旋转-90. 0°，而后将 Z 轴移动至 200mm。

5）C 轴、Y 轴、Z 轴运动控制程序如图 3-46 所示。该程序段功能为先将 C 轴旋转-180. 0°，再将 Y 轴移动至 60. 0mm，而后将 Z 轴移动至 39. 0mm。

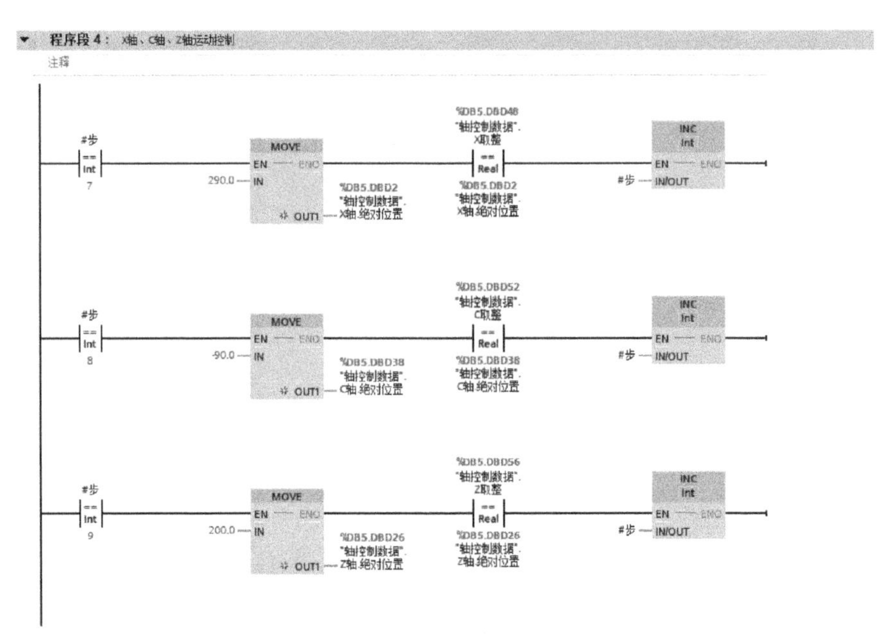

图 3-45　X 轴、C 轴、Z 轴运动控制程序

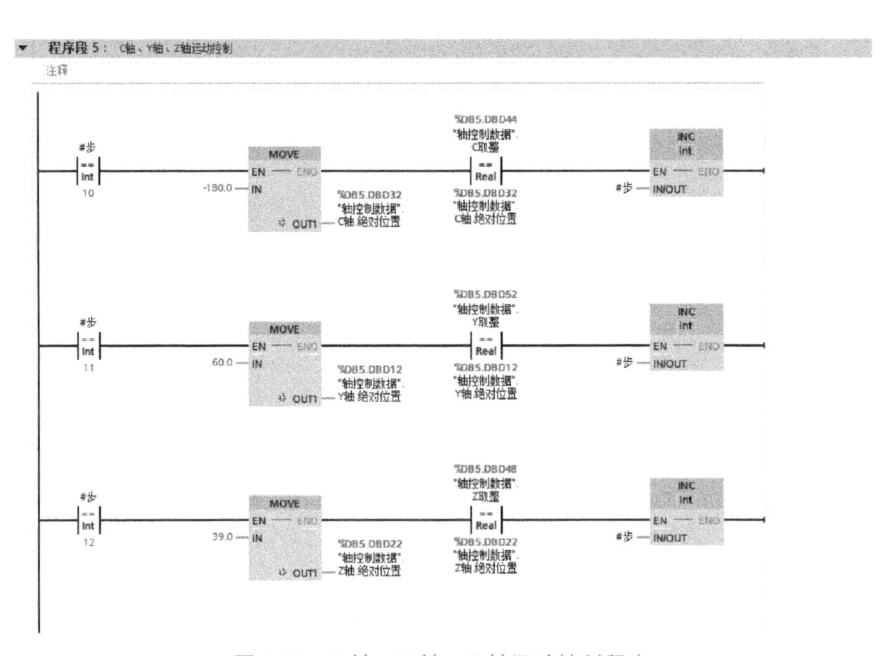

图 3-46　C 轴、Y 轴、Z 轴运动控制程序

6）Y 轴、C 轴、Z 轴运动控制程序如图 3-47 所示。该程序段功能为首先将 Y 轴移动至 100.0mm，再将 C 轴旋转 0.0°，最后将 Z 轴移动至 0.0mm。

7）X 轴运动控制动作完成、更改状态程序如图 3-48 所示。该程序段功能为首先将 X 轴移动至 0.0mm，显示状态为出库至环线完成，清空库位号、库位显示，复位“出库至环线起动”。

智能仓储单元_环线至入库

（2）编写“环线至入库”程序，创建 FB 块　该程序段功能为从环形输送线取料放入仓库某个指定库位中。该 FB 块为可调用的子程序块，“环线至

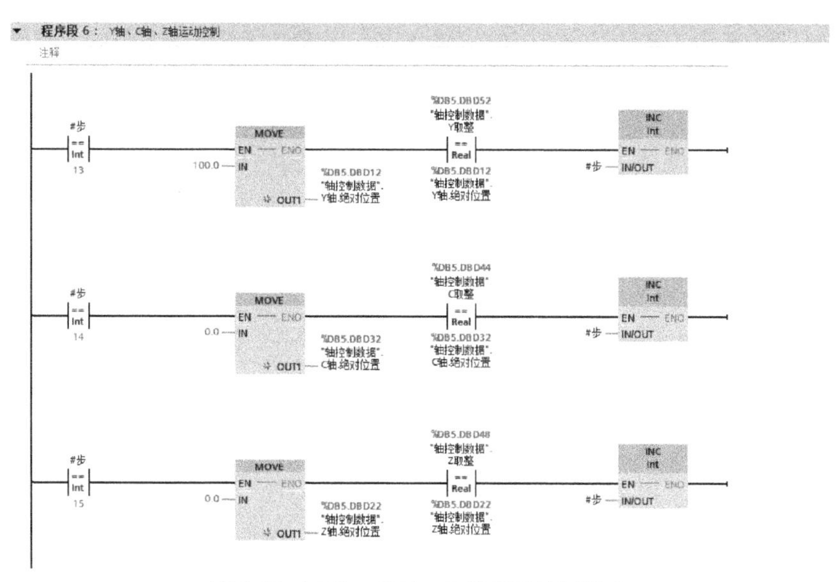

图 3-47 Y 轴、C 轴、Z 轴运动控制程序

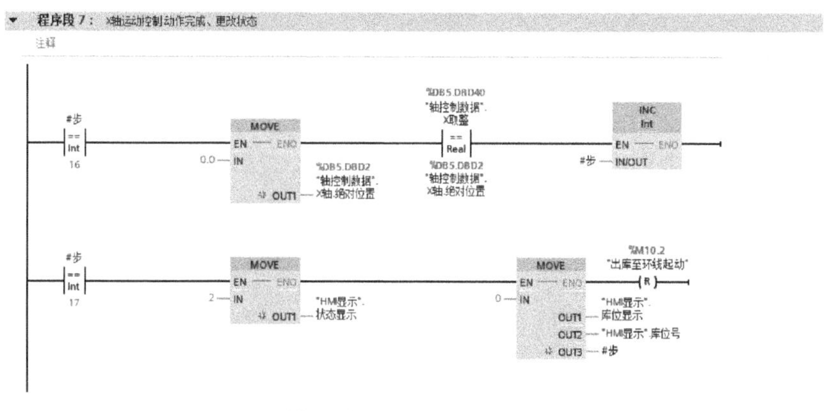

图 3-48 X 轴运动控制动作完成、更改状态程序

入库”是被调用的程序块。创建 FB 块，其背景数据定义如图 3-49 所示。

MCD智能仓储单元_V16 ▸ 智能仓储单元PLC [CPU 1511-1 PN] ▸ 程序块 ▸ 出入库动作 ▸ 环线至入库 [FB3]

环线至入库

	名称	数据类型	默认值	保持	从 HMI/OPC...	从 H...	在 HMI...	设定值	监控	注释
1	▼ Input									
2	仓位数据	Word	16#0	非保持	✔	✔	✔			
3	X轴位置	Real	0.0	非保持	✔	✔	✔			
4	Z轴位置	Real	0.0	非保持	✔	✔	✔			
5	库位信息	Bool	false	非保持	✔	✔	✔			
6	▼ Output									
7	<新增>									
8	▼ InOut									
9	<新增>									
10	▼ Static									
11	步	Int	0	非保持	✔	✔	✔			
12	运行	Bool	false	非保持	✔	✔	✔			
13	▼ Temp									
14	<新增>									
15	▼ Constant									
16	<新增>									

图 3-49 FB 块背景数据定义

1）环线至入库起动程序如图 3-50 所示。该程序段功能为在 HMI 上按下“环线至入库”按钮，判断入库库位是否有料。库位无料时，仓库状态显示为“环线至入库”，库位号显示要入库的库位；库位有料时，程序停止运行，仓库状态显示为“库位有料”。

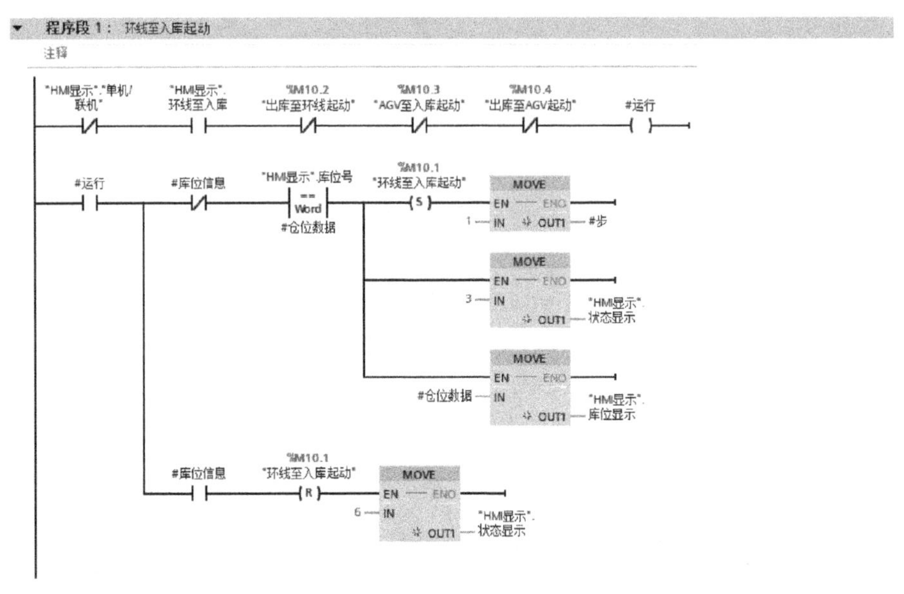

图 3-50　环线至入库起动程序

2）Y 轴、Z 轴、C 轴运动控制程序如图 3-51 所示。该程序段功能为先将 Y 轴移动至 100. 0mm，再将 Z 轴移动至 39. 0mm，之后将 C 轴旋转-180. 0°。

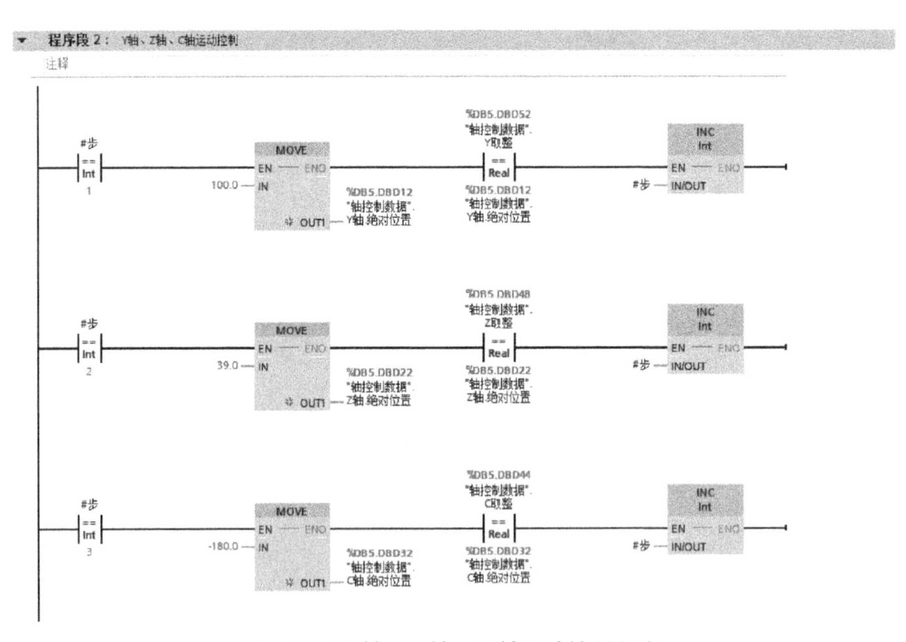

图 3-51　Y 轴、Z 轴、C 轴运动控制程序

3）X 轴、Y 轴、Z 轴运动控制程序如图 3-52 所示。该程序段功能为先将 X 轴移动至 290. 0mm，再将 Y 轴移动至 60. 0mm，之后将 Z 轴移动至 200. 0mm。

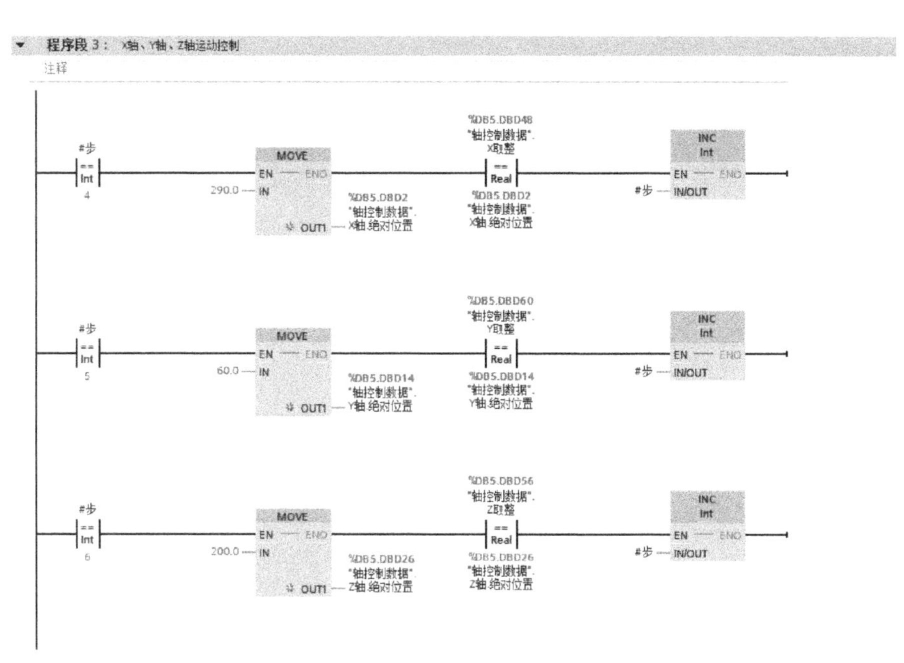

图 3-52　X 轴、Y 轴、Z 轴运动控制程序

4）Y 轴、C 轴、Z 轴运动控制程序如图 3-53 所示。该程序段功能为先将 Y 轴移动至 190.0mm，再将 C 轴旋转-90.0°，之后将 Z 轴位置加 80.0mm。

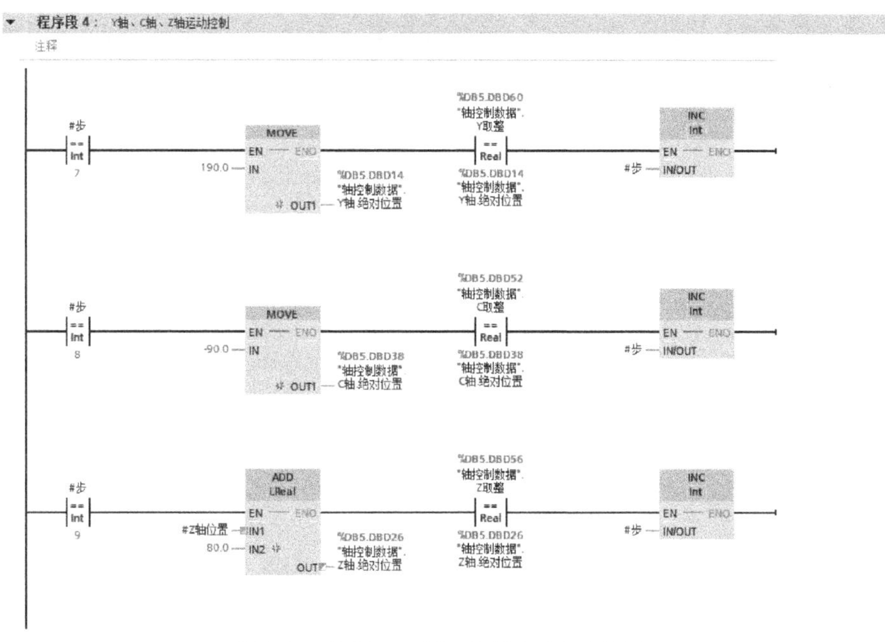

图 3-53　Y 轴、C 轴、Z 轴运动控制程序

5）C 轴、X 轴、Y 轴运动控制程序如图 3-54 所示。该程序段功能为先将 C 轴旋转至 0.0°，再将 X 轴移动至 X 轴放料位置，之后将 Y 轴移动至-40.0mm。

6）Z 轴、Y 轴、Z 轴运动控制程序如图 3-55 所示。该程序段功能为先将 Z 轴移动至 Z 轴放料位置，再将 Y 轴移动至 50.0mm，之后将 Z 轴移动至 0.0mm。

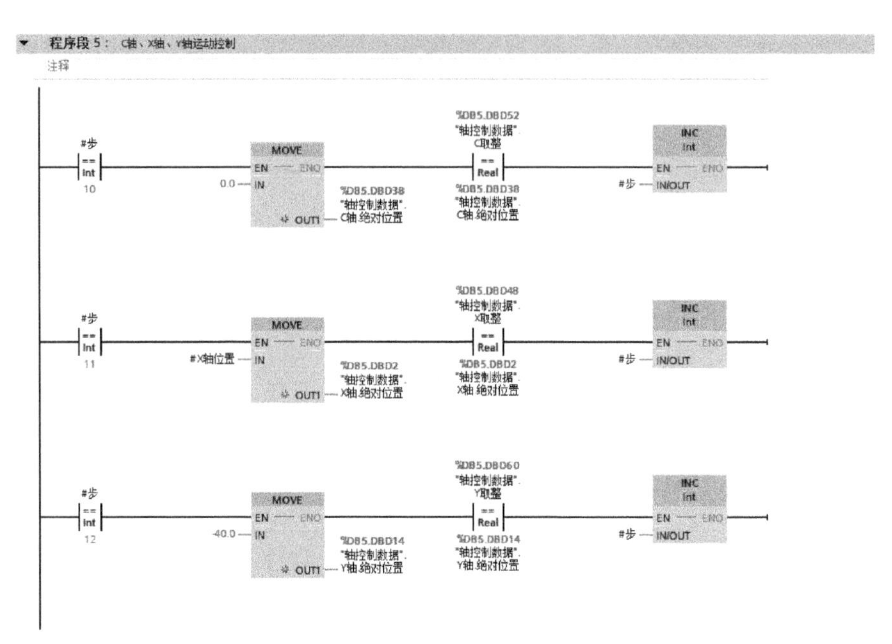

图 3-54　C 轴、X 轴、Y 轴运动控制程序

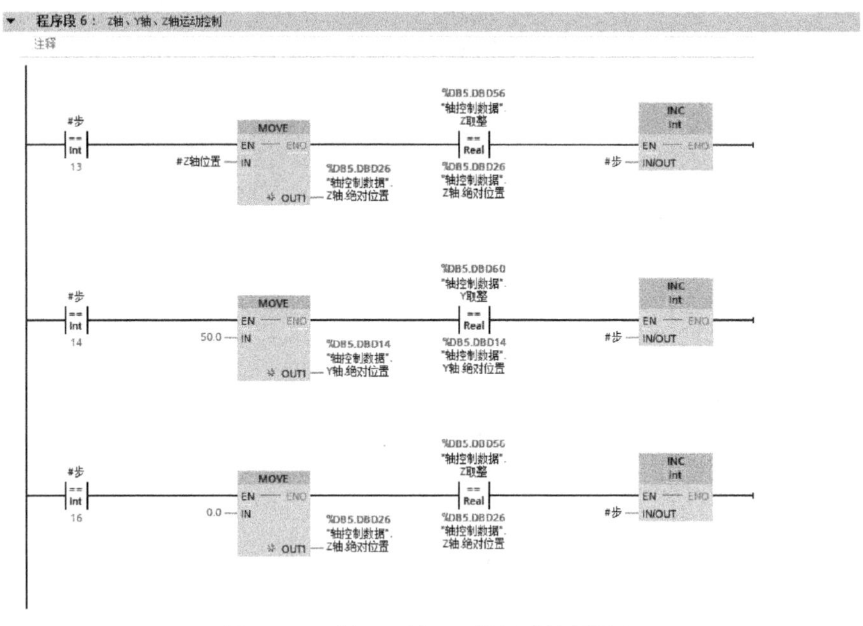

图 3-55　Z 轴、Y 轴、Z 轴运动控制程序

7）X 轴运动控制动作完成、更改状态程序如图 3-56 所示。该程序段功能为首先将 X 轴移动至 0. 0mm，显示状态为“环线至入库完成”，清空库位号、库位显示，复位“环线至入库起动”。

8. AGV 出入库平台控制程序设计

（1）编写“出库至 AGV”程序，创建 FB 块　该程序段功能为从仓库某个指定库位中取料放入 AGV，该 FB 块为可调用的子程序块，“出库至 AGV”是被调用的程序块。创建 FB 块，其背景数据定义如图 3-57 所示。

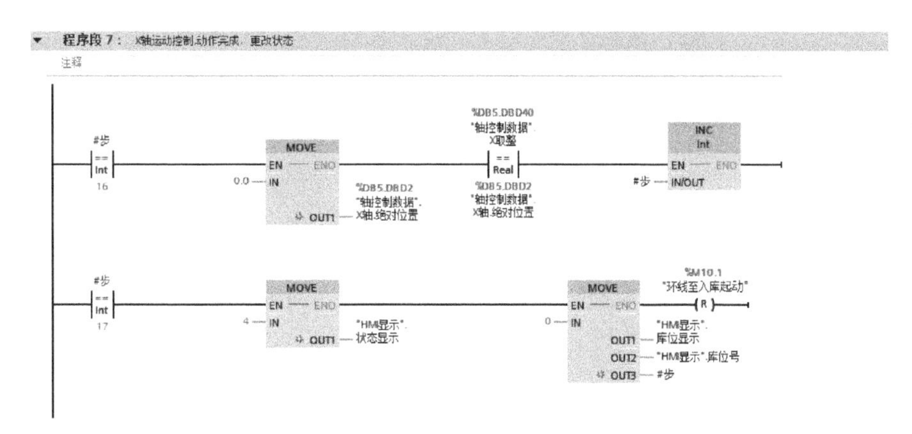

图 3-56　X 轴运动控制动作完成、更改状态程序

MCD智能仓储单元_V16 ▸ 智能仓储单元PLC [CPU 1511-1 PN] ▸ 程序块 ▸ 出入库动作 ▸ 出库至AGV [FB7]

出库至AGV

	名称	数据类型	默认值	保持	从 HMI/OPC...	从 H...	在 HMI ...	设定值	监控	注释
1	▼ Input				☐	☐	☐	☐		
2	仓位数据	Word	16#0	非保持	☑	☑	☑	☐		
3	X轴位置	Real	0.0	非保持	☑	☑	☑	☐		
4	Z轴位置	Real	0.0	非保持	☑	☑	☑	☐		
5	库位信息	Bool	false	非保持	☑	☑	☑	☐		
6	▼ Output				☐	☐	☐	☐		
7	<新增>				☐	☐	☐	☐		
8	▼ InOut				☐	☐	☐	☐		
9	<新增>				☐	☐	☐	☐		
10	▼ Static				☐	☐	☐	☐		
11	步	Int	0	非保持	☑	☑	☑	☐		
12	运行	Bool	false	非保持	☑	☑	☑	☐		
13	▼ Temp				☐	☐	☐	☐		
14	<新增>				☐	☐	☐	☐		
15	▼ Constant				☐	☐	☐	☐		
16	<新增>				☐	☐	☐	☐		

图 3-57　FB 块背景数据定义

智能仓储单元_出库至 AGV

1）出库至 AGV 起动程序如图 3-58 所示。该程序段功能为在 HMI 上按下“出库至 AGV”按钮，判断出库库位是否有料。库位有料时，仓库状态显示为“出库至 AGV”，库位号显示要出库的库位。库位无料时，程序停止运行，仓库状态显示为“库位无料”。

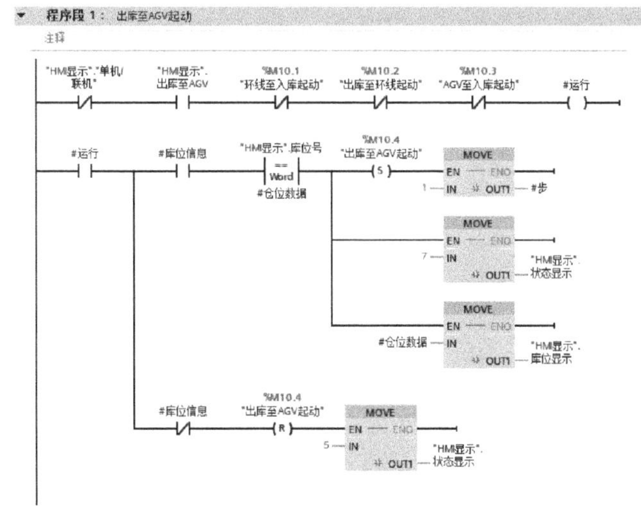

图 3-58　出库至 AGV 起动程序

2）Y 轴、X 轴、Z 轴运动控制程序如图 3-59 所示。该程序段功能为先将 Y 轴移动至 50.0mm，再将 X 轴移动至取料库位下方，将 Z 轴移动至取料位。

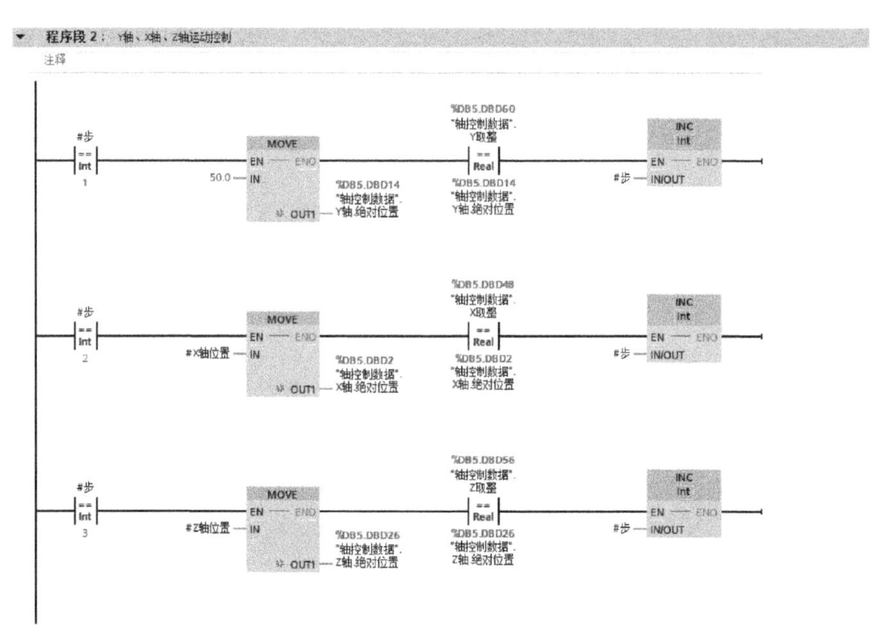

图 3-59　Y 轴、X 轴、Z 轴运动控制程序

3）Y 轴、Z 轴、Y 轴运动控制程序如图 3-60 所示。该程序段功能为先将 Y 轴移动至 -40.0mm，再将 Z 轴取料位加 80.0mm，之后将 Y 轴移动至-190mm。

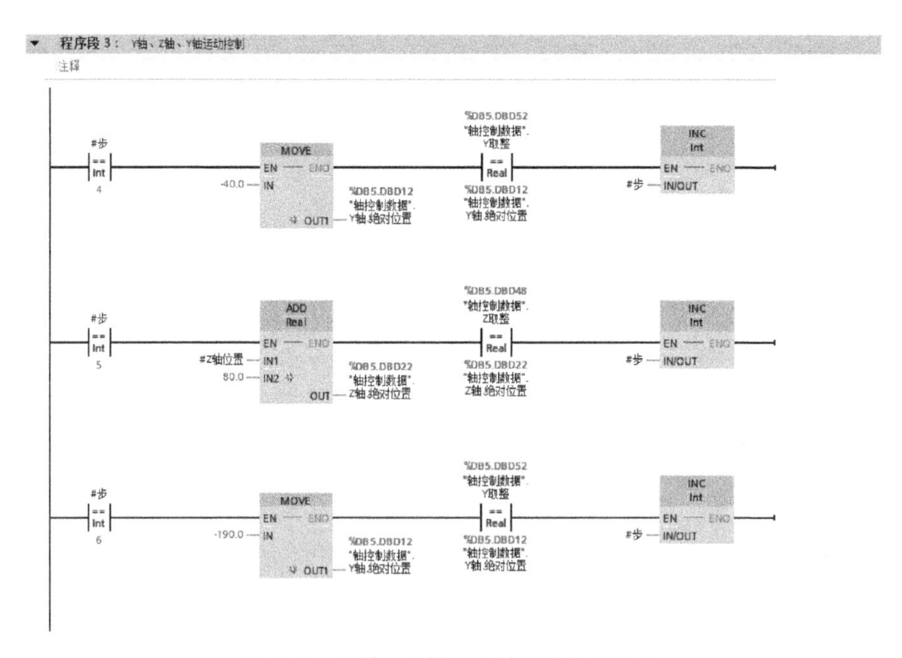

图 3-60　Y 轴、Z 轴、Y 轴运动控制程序

4）X 轴、C 轴、Z 轴运动控制程序如图 3-61 所示。该程序段功能为先将 X 轴移动至 500.0mm，再将 C 轴旋转-90.0°，之后将 Z 轴移动至 AGV 接驳台放料点上方。

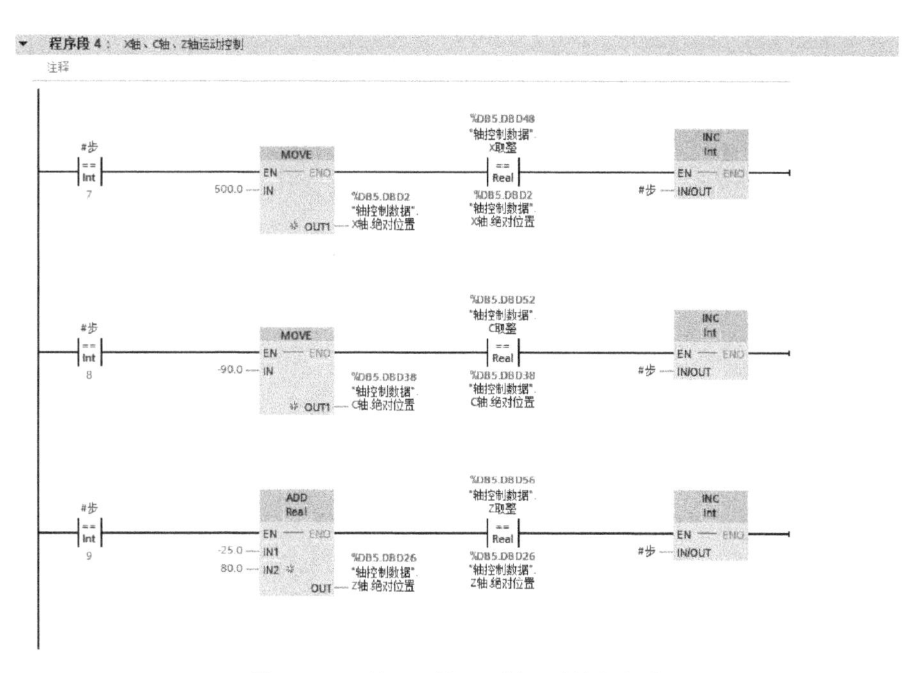

图 3-61　X 轴、C 轴、Z 轴运动控制程序

5）Y 轴、Z 轴、Y 轴运动控制程序如图 3-62 所示。该程序段功能为先将 Y 轴移动至 -33.0mm，再将 Z 轴移动至-25.0mm，之后将 Y 轴移动至 50.0mm。

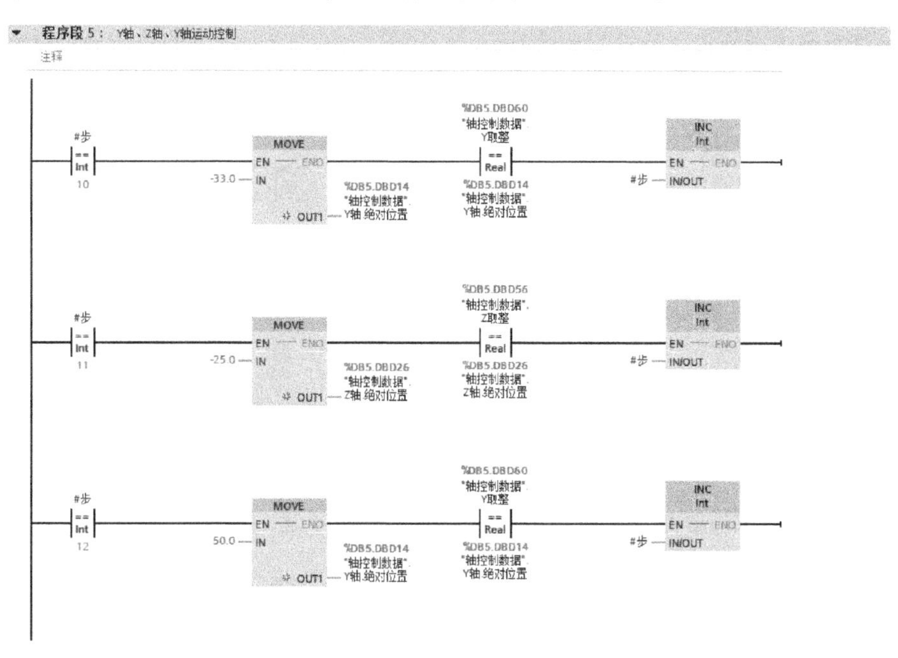

图 3-62　Y 轴、Z 轴、Y 轴运动控制程序

6）C 轴、Z 轴、X 轴运动控制程序如图 3-63 所示。该程序段功能为先将 C 轴旋转至 0.0°，再将 Z 轴移动至 0.0mm，将 X 轴移动至 0.0mm。

7）动作完成、更改状态程序如图 3-64 所示。该程序段功能为显示状态为“出库至 AGV 完成”，清空库位号、库位显示，复位“出库至 AGV 起动”。

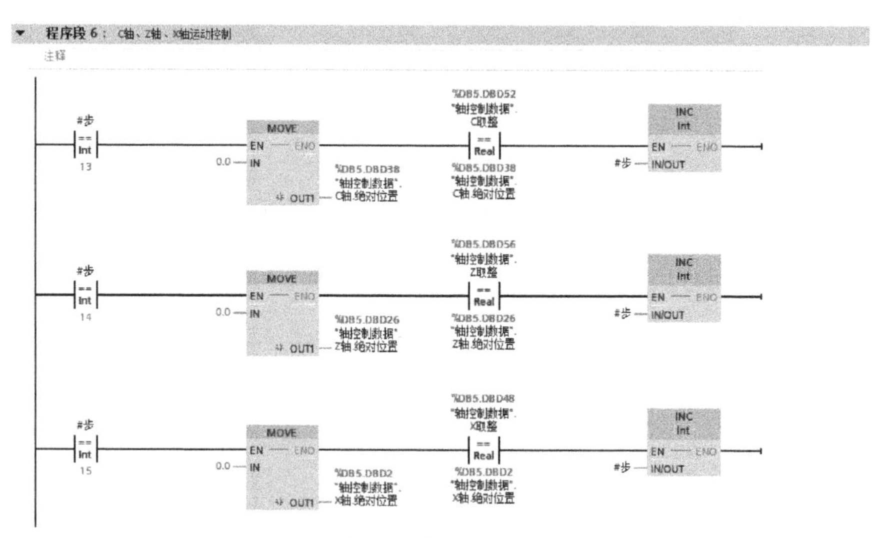

图 3-63　C 轴、Z 轴、X 轴运动控制程序

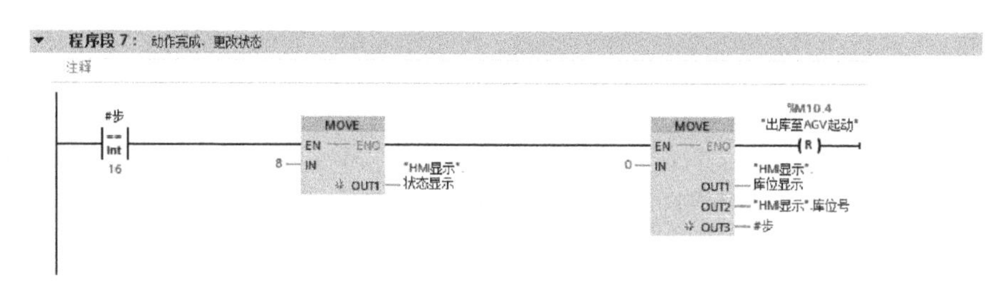

图 3-64　动作完成、更改状态程序

如果“步”等于“16”，那么将“8”移动至“"HMI 显示". 状态显示”，将“0”移动至“"HMI 显示". 库位显示”“"HMI 显示". 库位号”“#步”，复位“出库至 AGV 起动”。

(2) 编写“AGV 至入库”程序，创建 FB 块　该程序段功能为从 AGV 取料放入仓库某个指定库位中，该 FB 块为可调用的子程序块，“AGV 至入库”是被调用的程序块。创建 FB 块，其背景数据定义如图 3-65 所示。

智能仓储单元_AGV 至入库

MCD智能仓储单元_V16 ▸ 智能仓储单元PLC [CPU 1511-1 PN] ▸ 程序块 ▸ 出入库动作 ▸ AGV至入库 [FB8]

AGV至入库

	名称	数据类型	默认值	保持	从 HMI/OPC...	从 H...	在 HMI ...	设定值	监控	注释
1	▼ Input									
2	仓位数据	Word	16#0	非保持	✓	✓	✓			
3	X轴位置	Real	0.0	非保持	✓	✓	✓			
4	Z轴位置	Real	0.0	非保持	✓	✓	✓			
5	库位信息	Bool	false	非保持	✓	✓	✓			
6	▼ Output									
7	<新增>									
8	▼ InOut									
9	<新增>									
10	▼ Static									
11	步	Int	0	非保持	✓	✓	✓			
12	运行	Bool	false	非保持	✓	✓	✓			
13	▼ Temp									
14	<新增>									
15	▼ Constant									
16	<新增>									

图 3-65　FB 块背景数据定义

1）AGV 至入库起动程序如图 3-66 所示。该程序段功能为在 HMI 上按下“AGV 至入库”按钮，判断入库库位是否有料。库位无料时，仓库状态显示为“AGV 至入库”，库位号显示要入库的库位。库位有料时，程序停止运行，仓库状态显示为“库位有料”。

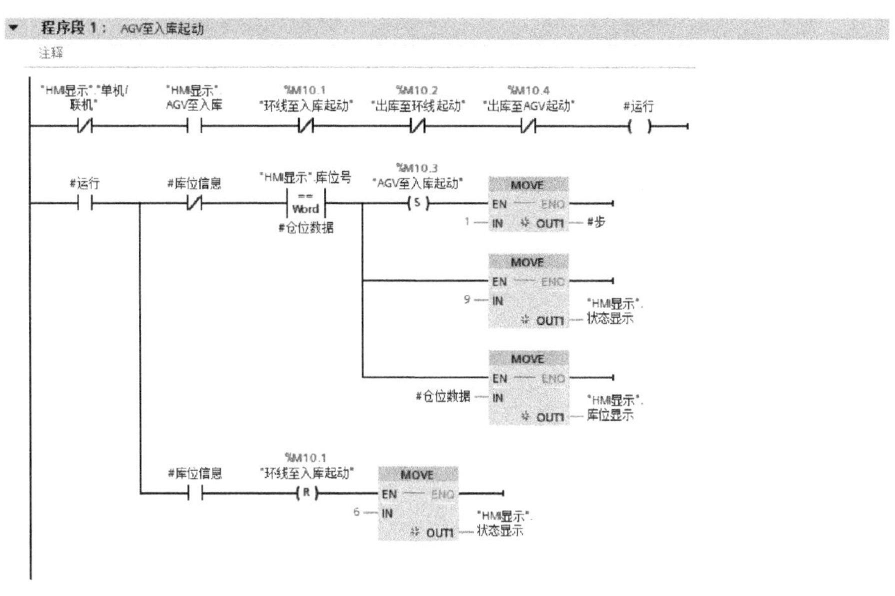

图 3-66　AGV 至入库起动程序

2）Y 轴、C 轴、Z 轴运动控制程序如图 3-67 所示。该程序段功能为先将 Y 轴移动至 50.0mm，再将 C 轴旋转-90.0°，之后将 Z 轴移动至-25.0mm。

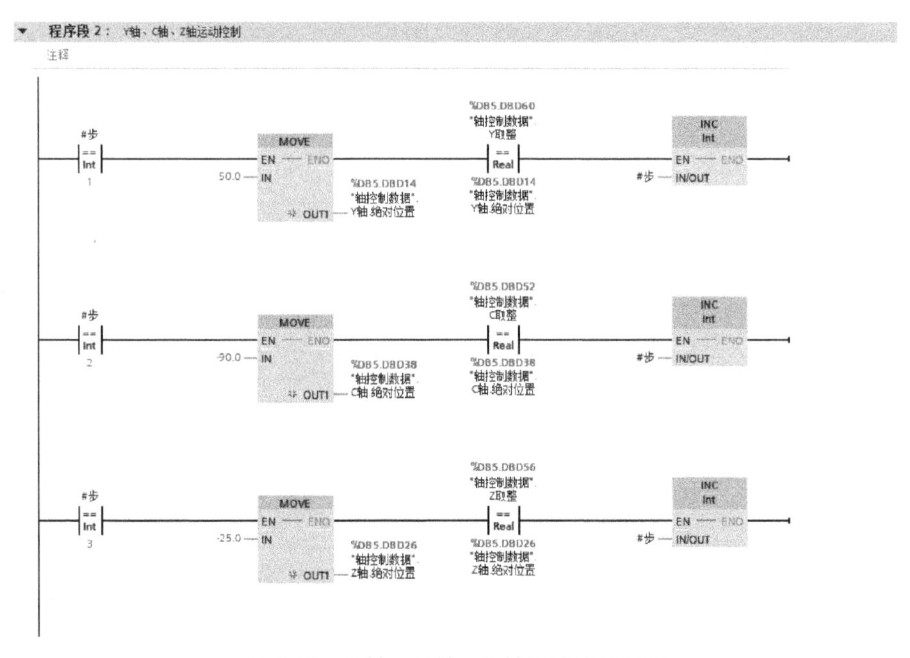

图 3-67　Y 轴、C 轴、Z 轴运动控制程序

3）X 轴、Y 轴、Z 轴运动控制程序如图 3-68 所示。该程序段功能为先将 X 轴移动至 500.0mm，再将 Y 轴移动至-33.0mm，之后将 Z 轴移动至取料安全位置。

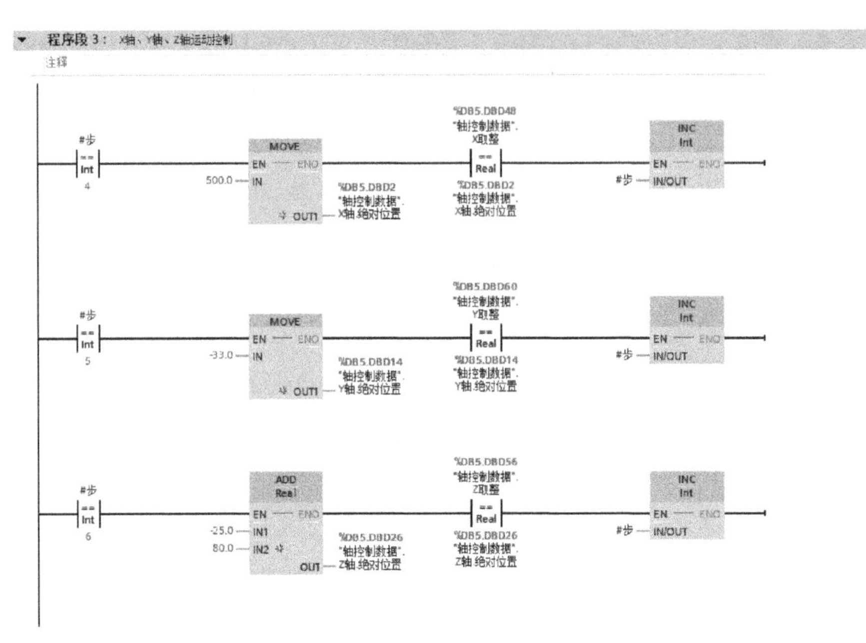

图 3-68　X 轴、Y 轴、Z 轴运动控制程序

4）Y 轴、C 轴、Z 轴运动控制程序如图 3-69 所示。该程序段功能为先将 Y 轴移动至 190. 0mm，再将 C 轴旋转 0. 0°，之后将 Z 轴移动至放料安全位置。

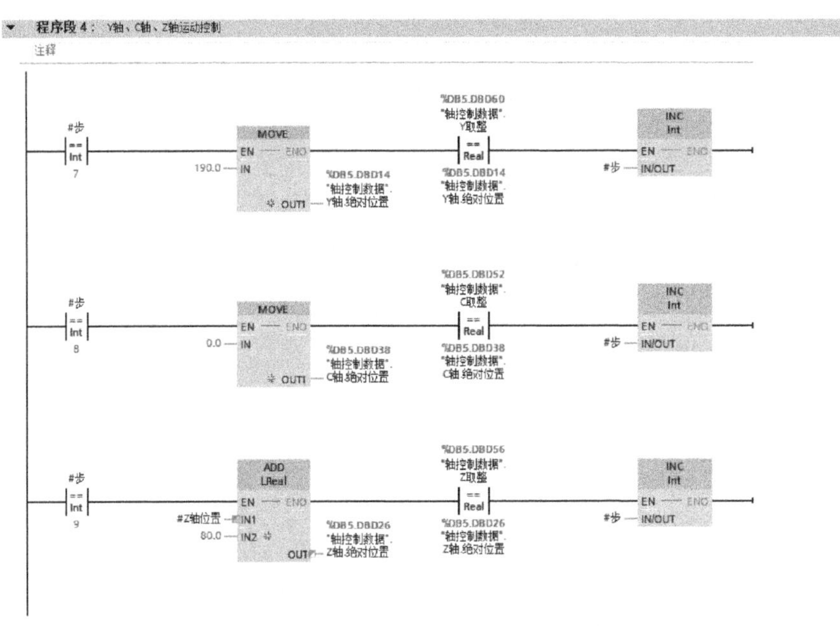

图 3-69　Y 轴、C 轴、Z 轴运动控制程序

5）X 轴、Y 轴、Z 轴运动控制程序如图 3-70 所示。该程序段功能为先将 X 轴移动至放料位置，再将 Y 轴移动至-40. 0mm，之后将 Z 轴移动至放料位置。

6）Y 轴、Z 轴、X 轴运动控制程序如图 3-71 所示。该程序段功能为先将 Y 轴移动至 50. 0mm，再将 Z 轴移动至 0. 0mm，之后将 X 轴移动至 0. 0mm。

7）动作完成、更改状态程序如图 3-72 所示。该程序段功能为显示状态为“AGV 至入库完成”，清空库位号、库位显示，复位“AGV 至入库起动”。

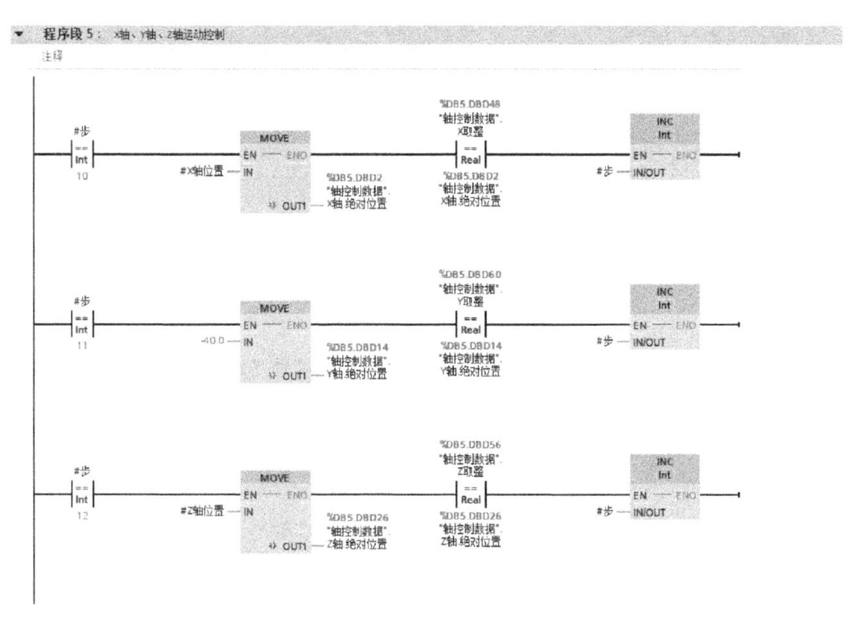

图 3-70　X 轴、Y 轴、Z 轴运动控制程序

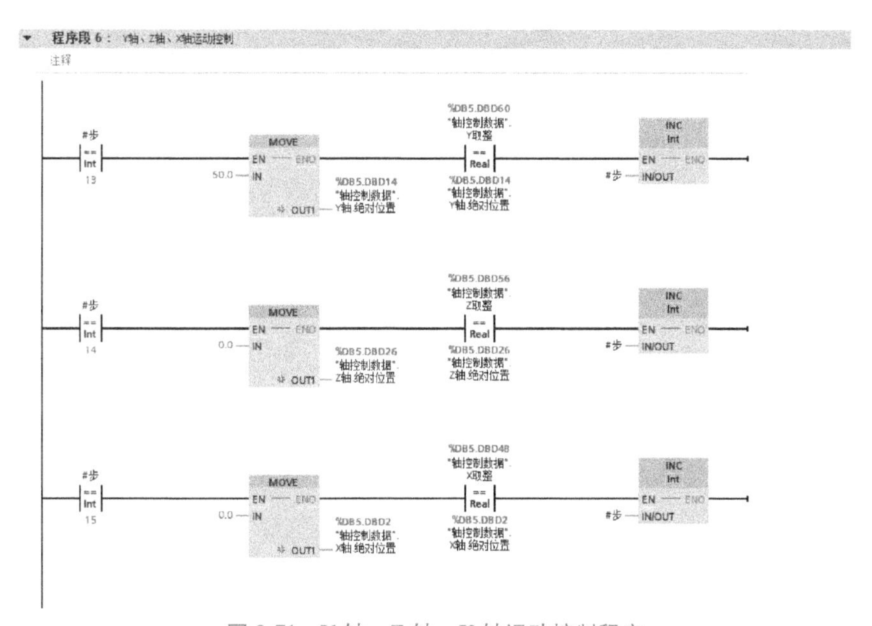

图 3-71　Y 轴、Z 轴、X 轴运动控制程序

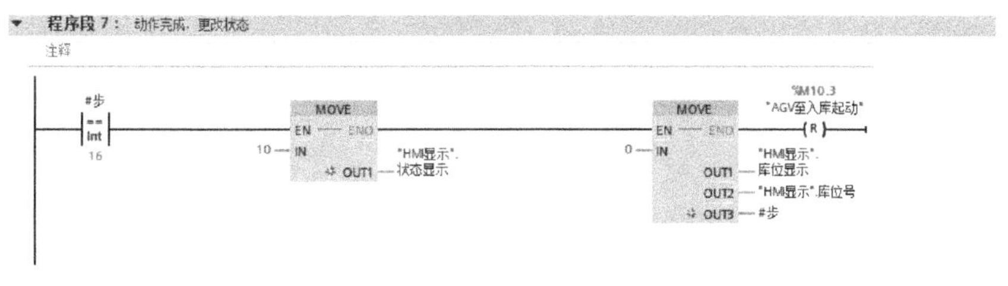

图 3-72　动作完成、更改状态程序

若“步”等于“16”，则将“10”移动至“"HMI 显示". 状态显示”，将“0”移动至“"HMI 显示". 库位显示”“"HMI 显示". 库位号”“#步”，复位“AGV 至入库起动”。

智能仓储单元_出入库动作调用

9. 库位控制程序设计

编写“出入库动作调用”程序，创建 FB 块，其背景数据定义如图 3-73 所示。

1）库位号解析程序如图 3-74 所示。该程序段功能为将库位号转换成 1~20 的数值。

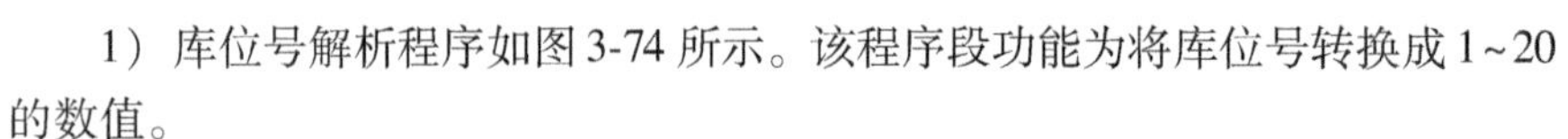

MCD智能仓储单元_V16 ▸ 智能仓储单元PLC [CPU 1511-1 PN] ▸ 程序块 ▸ 出入库 ▸ 出入库动作调用 [FB4]

出入库动作调用

	名称	数据类型	偏移量	默认值	从 HMI/OPC...	从 H...	在 HMI ...	设定值	监控	注释
1	▼ Input				☐	☐	☐	☐		
2	■ <新增>				☐	☐	☐	☐		
3	▼ Output				☐	☐	☐	☐		
4	■ <新增>				☐	☐	☐	☐		
5	▼ InOut				☐	☐	☐	☐		
6	■ <新增>				☐	☐	☐	☐		
7	▼ Static				☐	☐	☐	☐		
8	■ 库位	Int	0.0	0	☑	☑	☑	☐		
9	■ 库位号	Int	2.0	0	☑	☑	☑	☐		
10	■ 行	Int	4.0	0	☑	☑	☑	☐		
11	■ 列	Int	6.0	0	☑	☑	☑	☐		
12	■ VAL	Word	8.0	16#0	☑	☑	☑	☐		
13	■ 字符串	String	10.0	''	☑	☑	☑	☐		
14	■ 字符	String	266.0	''	☑	☑	☑	☐		
15	■ 转换数据	Word	522.0	16#0	☑	☑	☑	☐		
16	■ 乘_结果	Int	524.0	0	☑	☑	☑	☐		
17	■ ▸ AGV至入库	"AGV至入库"			☑	☑	☑	☑		
18	■ ▸ 出库至AGV	"出库至AGV"			☑	☑	☑	☑		
19	■ ▸ 环线至入库	"环线至入库"			☑	☑	☑	☑		
20	■ ▸ 出库至环线	"出库至环线"			☑	☑	☑	☑		
21	▼ Temp				☐	☐	☐	☐		
22	■ <新增>				☐	☐	☐	☐		
23	▼ Constant				☐	☐	☐	☐		
24	■ <新增>				☐	☐	☐	☐		

图 3-73　FB 块背景数据定义

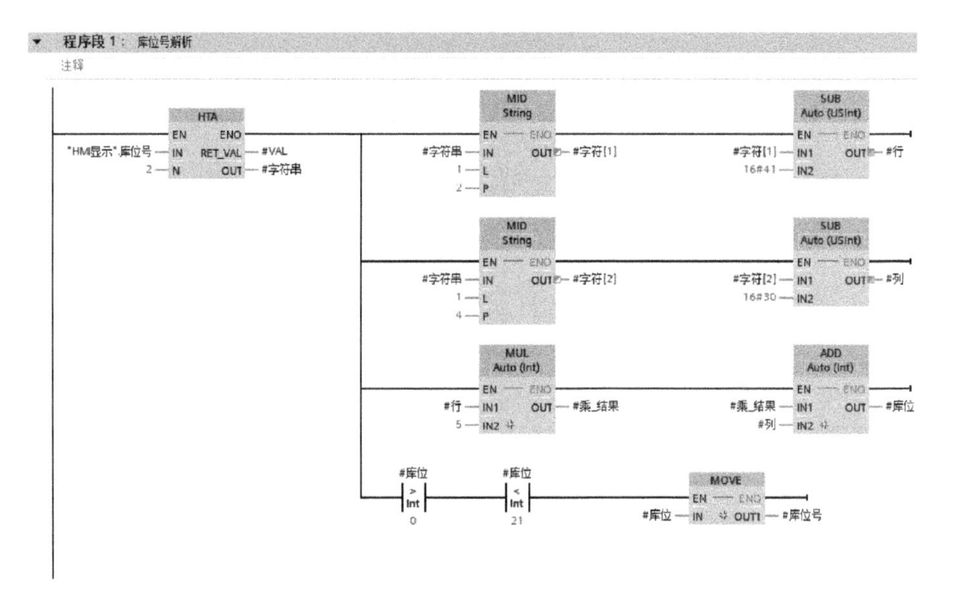

图 3-74　库位号解析程序

①“HTA”指令。将“"HMI显示". 库位号”转换为字符串，方便下一步提取中间数值使用（库位号为4位数，数据类型为WORD。举例：0A05，A为行号，5为列号）。

②“MID”指令。提取字符串中第“2”和第“4”个字符，第2个字符为行号，第4个字符为列号。

③“SUB”指令。将提取出的字符A减去ASCII码里面的16进制41，A减16#41等于0，将提取出的字符5减去ASCII码里面的16进制30，5减16#30等于5。

④“MUL”指令。计算行号，一行为5个库位，用行数乘5。

⑤“ADD”指令。计算库位号，用“乘_结果”加上列，等于库位；

⑥ 库位为1~20共20个库位，将库位号进行比较，只有大于0，小于21的数才可以进行移动。

2）“出入库至AGV动作”与“出入库至环线动作”程序如图3-75所示。

将“出库至AGV”块“AGV至入库”块“出库至环线”块“环线至入库”块拖入程序编码区，根据各引脚的作用进行相对应的连接。

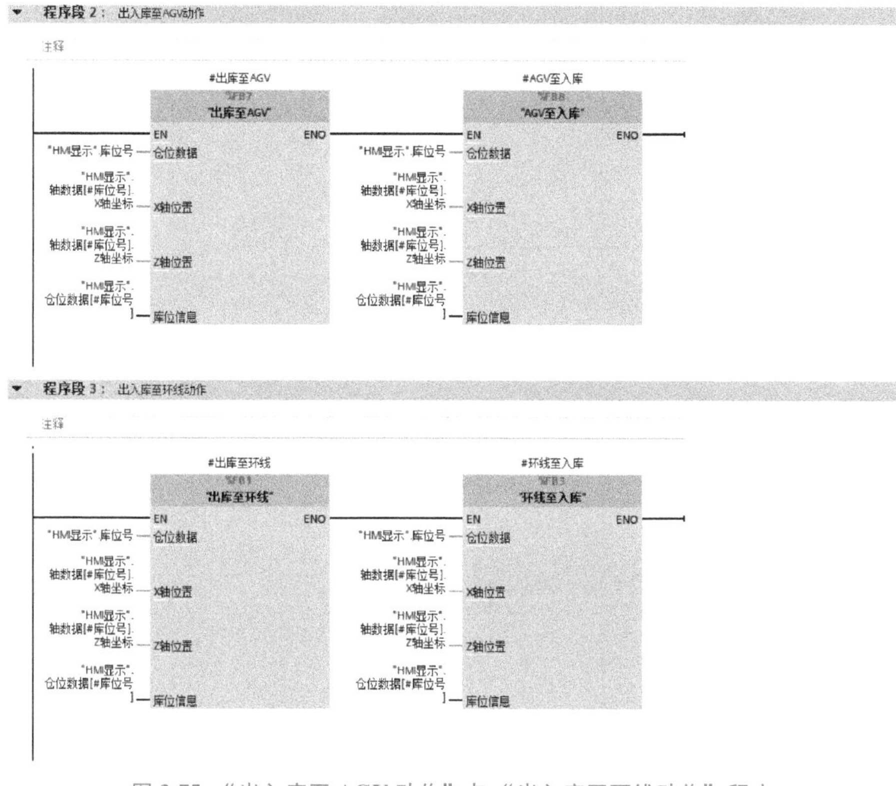

图3-75　“出入库至AGV动作”与“出入库至环线动作”程序

3）X轴、Y轴、Z轴、C轴绝对位置触发程序如图3-76所示。该程序段的功能为在联机模式下X轴绝对位置不等于X取整时，接通X轴绝对位置触发；Y轴绝对位置不等于Y取整时，接通Y轴绝对位置触发；Z轴绝对位置不等于Z取整时，接通Z轴绝对位置触发；C轴绝对位置不等于C取整时，接通C轴绝对位置触发。

4）主程序调用，如图3-77所示。

10. 人机交互界面的设计

变量的匹配在项目二中已经详细叙述，本任务不再叙述。

▼ 程序段 4： X轴、Y轴、Z轴、C轴绝对位置触发

注释

"HMI显示"."单机/联机"

%DB5.DBD40 "轴控制数据".X取整 <> Real %DB5.DBD2 "轴控制数据".X轴 绝对位置 —— %DB5.DBX0.6 "轴控制数据".X轴.绝对位置触发

%DB5.DBD52 "轴控制数据".Y取整 <> Real %DB5.DBD12 "轴控制数据".Y轴 绝对位置 —— %DB5.DBX10.6 "轴控制数据".Y轴.绝对位置触发

%DB5.DBD48 "轴控制数据".Z取整 <> Real %DB5.DBD22 "轴控制数据".Z轴 绝对位置 —— %DB5.DBX20.6 "轴控制数据".Z轴.绝对位置触发

%DB5.DBD44 "轴控制数据".C取整 <> Real %DB5.DBD32 "轴控制数据".C轴 绝对位置 —— %DB5.DBX30.6 "轴控制数据".C轴.绝对位置触发

图 3-76　X 轴、Y 轴、Z 轴、C 轴绝对位置触发程序

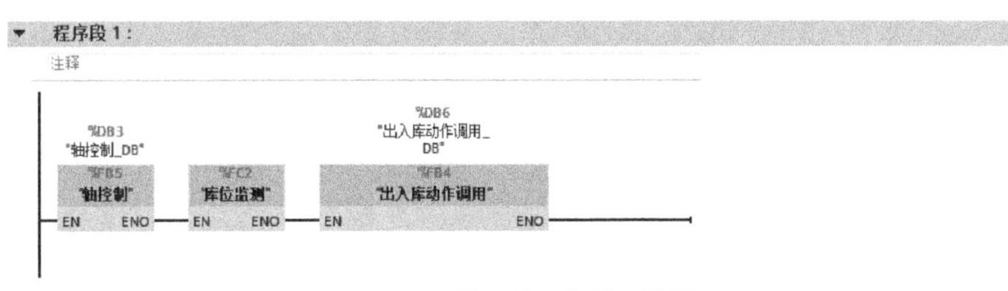

图 3-77　主程序调用

1）手动操作界面如图 3-78 所示。根据任务需要添加如下文本框和按钮。X 伺服：“当前位置”文本框、“当前速度”文本框、“回零”按钮、“复位”按钮、“点动+”按钮、“点动-”按钮、“X 绝对运行”按钮、“X 绝对运行”文本框、“暂停”按钮。Y 伺服：“当前位置”文本框、“当前速度”文本框、“回零”按钮、“复位”按钮、“点动+”按钮、“点动-”按钮、“Y 绝对运行”按钮、“Y 绝对运行”文本框、“暂停”按钮。Z 伺服：“当前位置”文本框、“当前速度”文本框、“回零”按钮、“复位”按钮、“点动+”按钮、“点动-”按钮、“Z 绝对运行”按钮、“绝对运行”文本框、“暂停”按钮。C 伺服：“当前位置”文本框、“当前速度”文本框、“回

智能仓储单元_HMI 创建

智能仓储单元_HMI 变量匹配

零”按钮、“复位”按钮、“点动+”按钮、“点动-”按钮、“C 绝对运行”按钮、“绝对运行”文本框、“暂停”按钮。

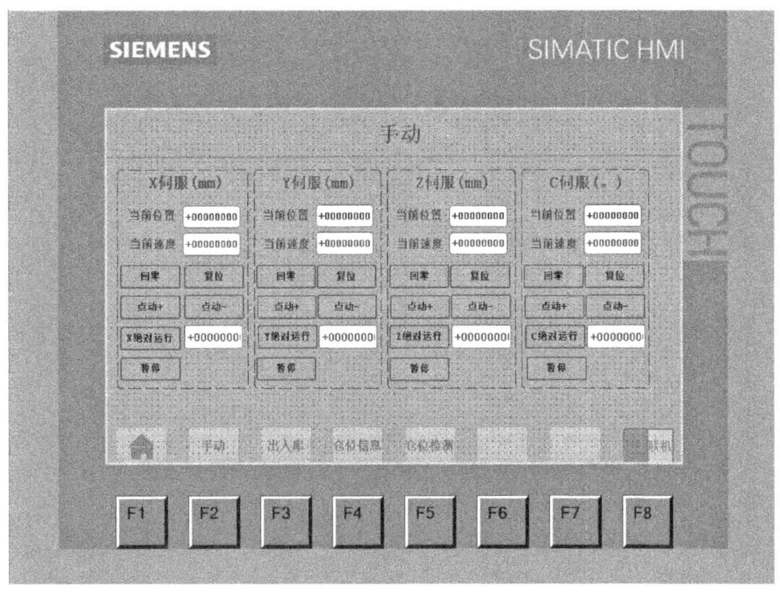

图 3-78　手动操作界面

2）出入库界面如图 3-79 所示。根据需要添加如下文本框和按钮：“出库至环线”“环线至入库”“出库至 AGV”“AGV 至入库”按钮，“库位号”文本框；“当前状态”，即出库至环线、出库至环线完成、环线至入库、环线至入库完成、库位无料、库位有料、出库至 AGV、出库至 AGV 完成、AGV 至入库、AGV 至入库完成；“当前目标”文本框；“X 轴位置”“Y 轴位置”“Z 轴位置”“C 轴位置”文本框和显示框；“急停”按钮。

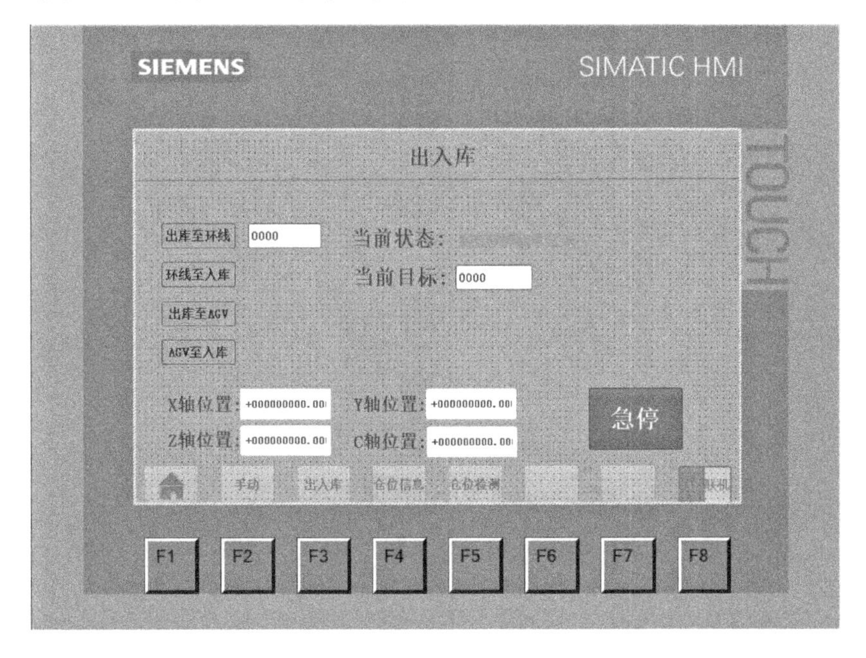

图 3-79　出入库界面

3）仓位信息界面如图 3-80 所示。根据需要添加如下文本框：0A01、0A02、0A03、0A04、0A05、0B01、0B02、0B03、0B04、0B05、0C01、0C02、0C03、0C04、0C05、0D01、0D02、0D03、0D04、0D05（X 轴文本框与 Z 轴文本框）。

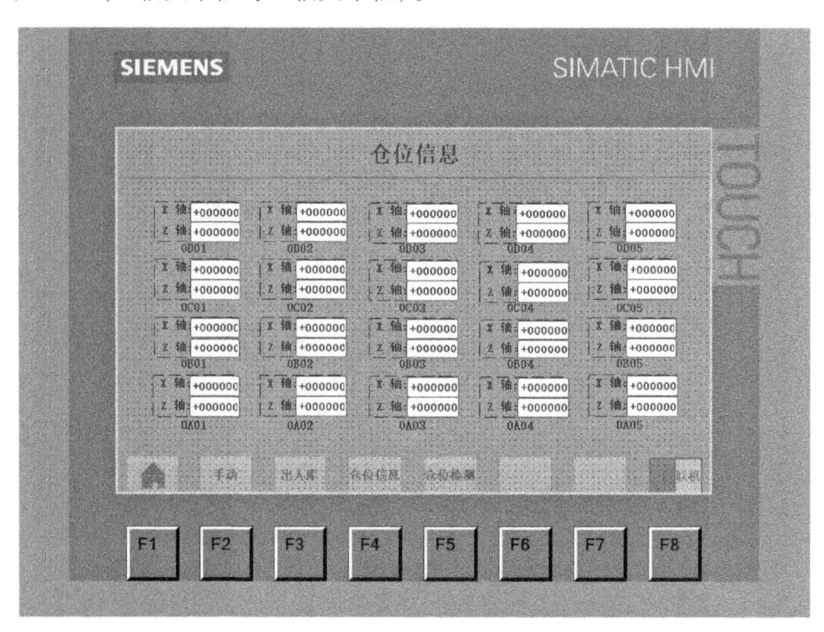

图 3-80　仓位信息界面

4）仓位监测页面如图 3-81 所示。根据需要添加如下指示灯：0A01、0A02、0A03、0A04、0A05、0B01、0B02、0B03、0B04、0B05、0C01、0C02、0C03、0C04、0C05、0D01、0D02、0D03、0D04、0D05（指示灯：红色为库位无料，绿色为库位有料）。

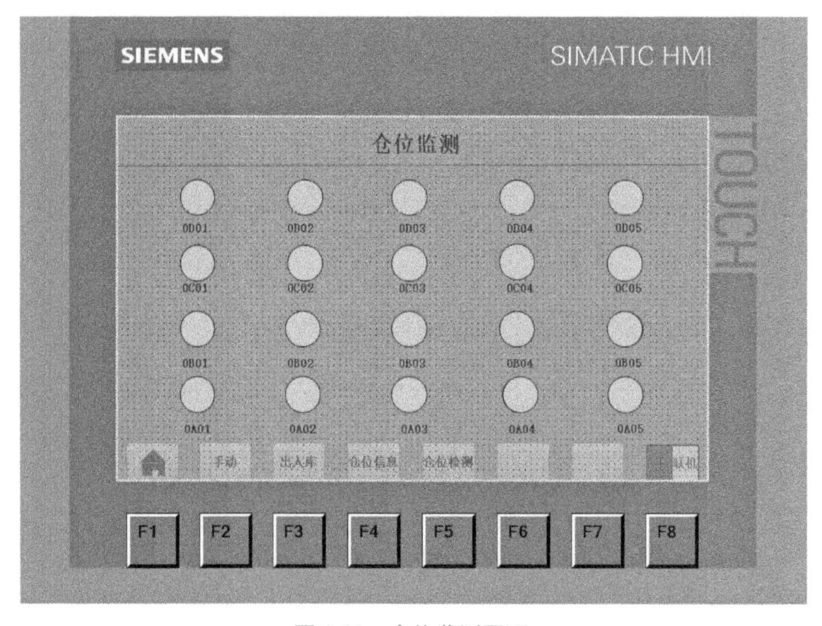

图 3-81　仓位监测页面

任务二　智能仓储单元机电联合仿真调试

本任务是搭建 MCD 机电联合调试平台，应用设计好的智能仓储单元的控制程序与 NX 中虚拟设备进行信号对接，通过在 HMI 上进行操作控制，验证控制程序的安全性和逻辑性，从而优化控制程序。

一、实施条件

NX 1980. 0、TIA Portal V16 、西门子 PLC 1500（硬件）、计算机两台、仓储站模型文件、交换机一台、网线三根。

二、实施内容

1. 建立信号连接

建立仿真调试前需要先建立虚拟调试环境，一台电脑安装 NX 软件，另一台安装 TIA Portal 软件。其中 Realtek PCIe GbE Family Controller 网络适配器 IP 地址设置为 100 网段。例如，192. 168. 100. ×××，×××为不相同的任意整数。两台电脑连接交换机，西门子 PLC1500 一端也连接交换机。

2. 下载 PLC 程序及 HMI

（1）PLC 程序下载　在 TIA Portal 软件中下载 PLC 程序到控制单元中，选择“MCD 智能仓储单元 PLC”，完成程序下载。

（2）HMI 下载

① 选择“智能仓储单元 HMI”，单击“仿真”按钮等待启动完成，如图 3-82 所示。

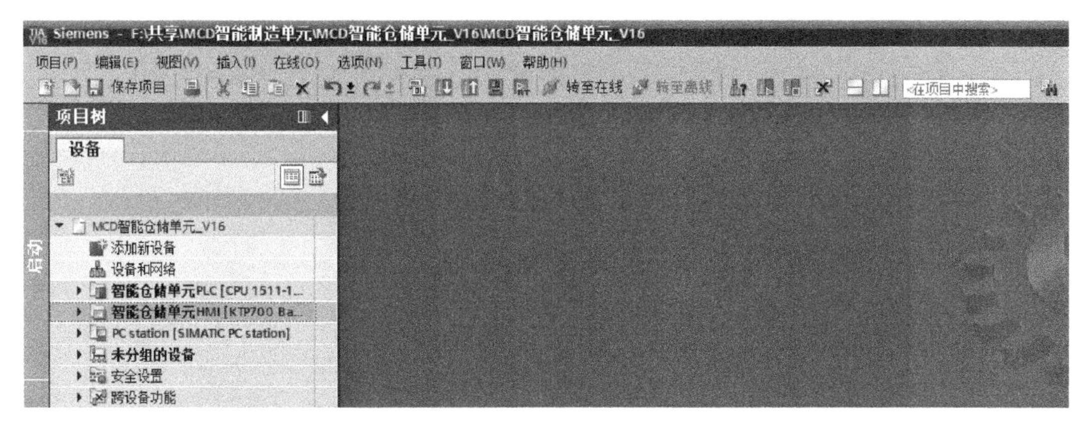

图 3-82　启动 HMI

②“手动”HMI 界面如图 3-83 所示。

③“出入库”HMI 界面如图 3-84 所示。

④“仓位信息”HMI 界面如图 3-85 所示。

⑤“仓位监测”HMI 界面如图 3-86 所示。

3. 加载模型文件

1）打开 NX 软件，等待软件加载完成。

SIEMENS
SIMATIC HMI
TOUCH
手动
X伺服(mm)
Y伺服(mm)
Z伺服(mm)
C伺服(。)
当前位置
当前速度
回零
复位
点动+
点动-
X绝对运行
Y绝对运行
Z绝对运行
C绝对运行
暂停
手动
出入库
仓位信息
仓位检测
联机
F1
F2
F3
F4
F5
F6
F7
F8

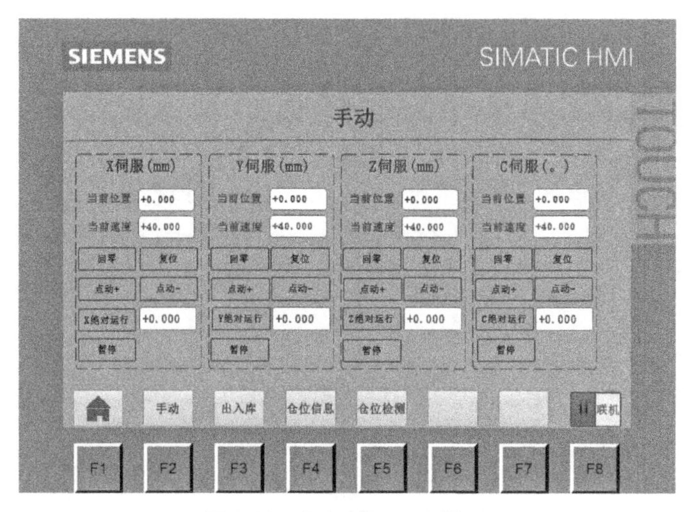

图 3-83 “手动”HMI 界面

SIEMENS
SIMATIC HMI
TOUCH
出入库
出库至环线
0000
当前状态:
环线至入库
当前目标:
0000
出库至AGV
AGV至入库
X轴位置:
+0.000
Y轴位置:
+0.000
Z轴位置:
+0.000
C轴位置:
+0.000
急停
手动
出入库
仓位信息
仓位检测
联机
F1
F2
F3
F4
F5
F6
F7
F8

图 3-84 “出入库”HMI 界面

SIEMENS
SIMATIC HMI
TOUCH
仓位信息
0D01
0D02
0D03
0D04
0D05
0C01
0C02
0C03
0C04
0C05
0B01
0B02
0B03
0B04
0B05
0A01
0A02
0A03
0A04
0A05
手动
出入库
仓位信息
仓位检测
联机
F1
F2
F3
F4
F5
F6
F7
F8

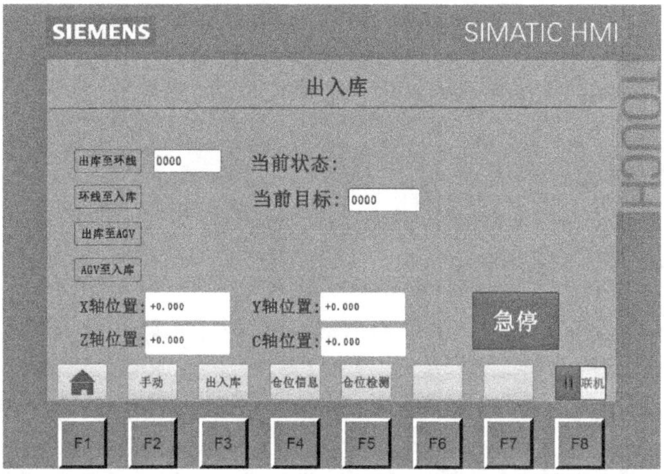

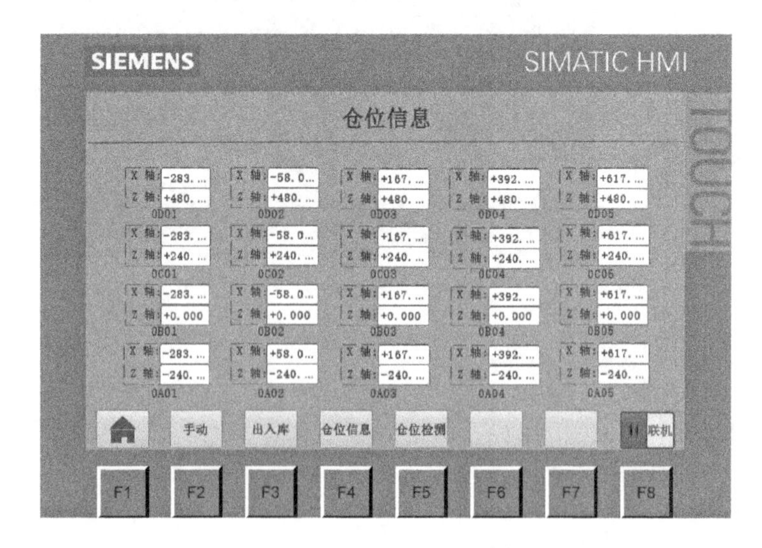

图 3-85 “仓位信息”HMI 界面

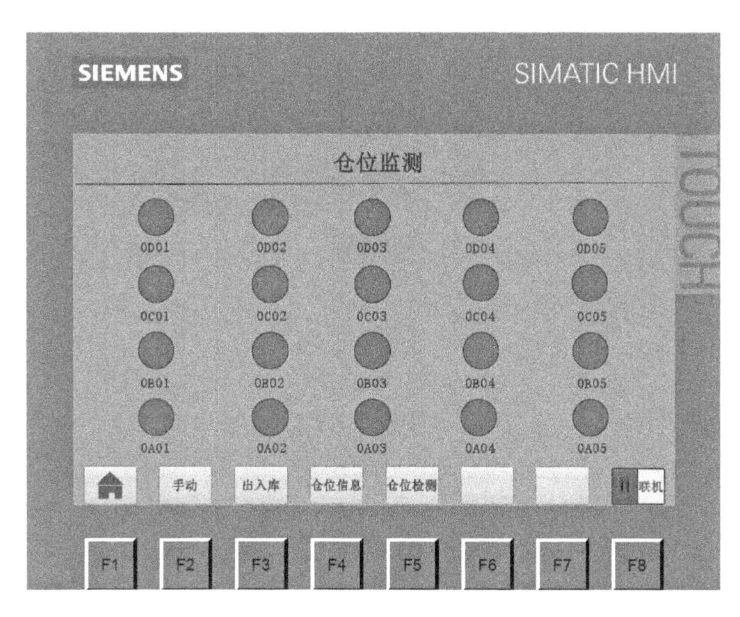

图 3-86　“仓位监测”HMI 界面

2）在 NX 软件工具栏中单击“打开”命令，在弹出的窗口中选择“2 智能仓储单元_stp. prt”模型文件，如图 3-87 所示，单击“确定”按钮，等待模型加载完成。

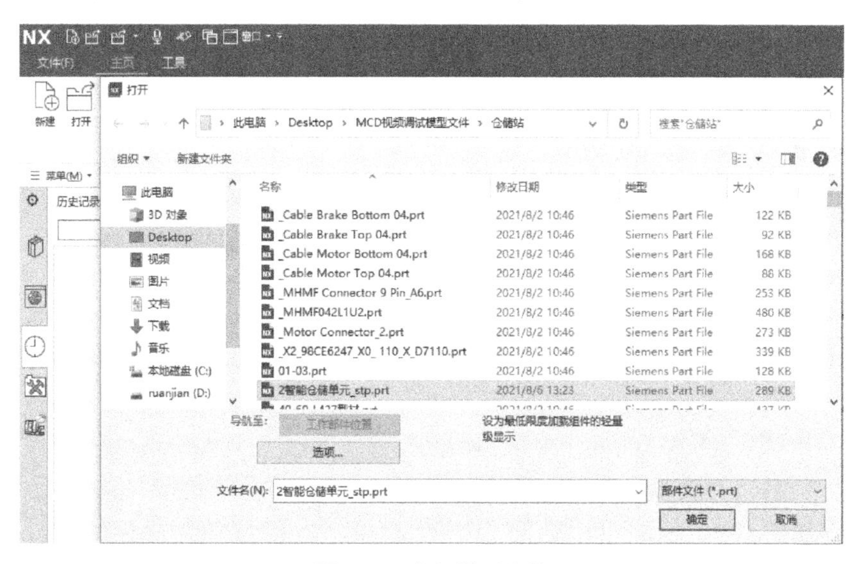

图 3-87　载入模型文件

4. 设置外部信号配置

1）在“装配导航器”中找到“智能仓储单元”选项，右击并打开“在窗口中打开”命令，如图 3-88 所示。

2）在 NX 软件的工具栏中找到“外部信号配置”命令，如图 3-89 所示，单击进入设置界面。

3）选择“OPC UA”标签，添加新服务器。在“外部信号配置”窗口中找到“服务器信息”，单击右侧“+”按钮添加新服务器，如图 3-90 所示。

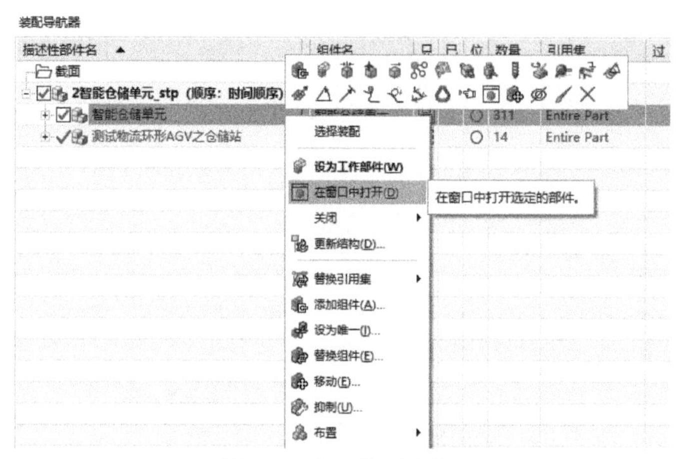

图 3-88　打开模型文件

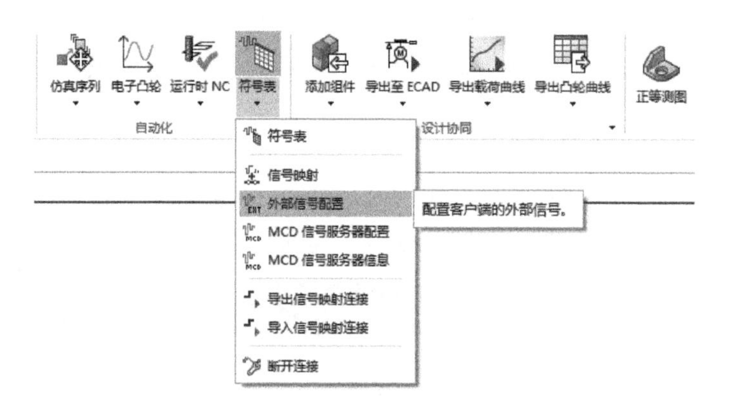

图 3-89　外部信号配置

图 3-90　添加新服务器

4）在弹出的“OPC UA 服务器”窗口中设置“端点 URL”为“opc. tcp://192. 168. 100. 3：4840”，如图 3-91 所示，单击“确定”按钮，服务器添加完成。

5）配置信号，如图 3-92 所示。

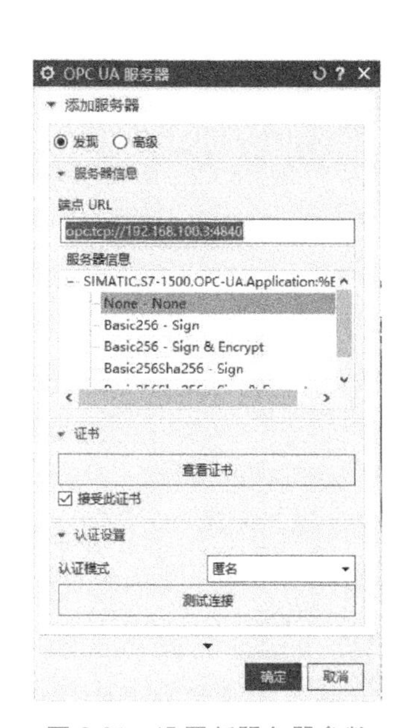

图 3-91　设置新服务器参数

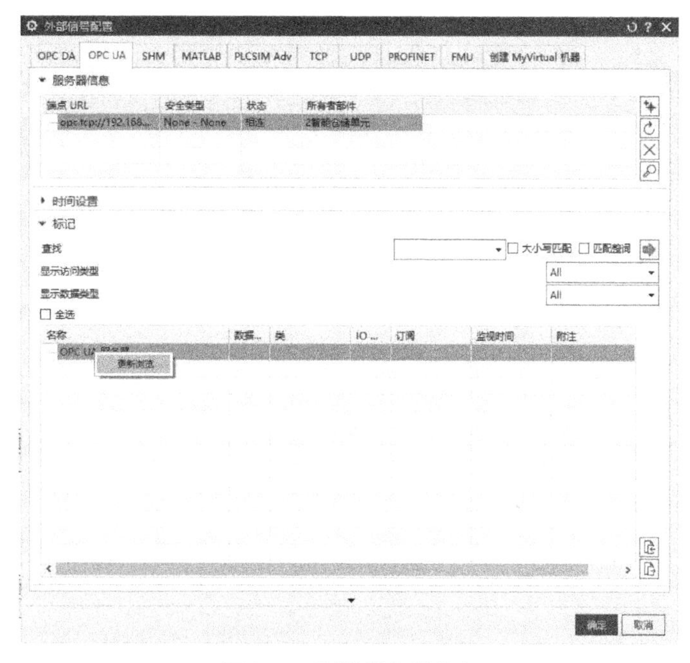

图 3-92　配置服务器信息

① 选中新添加的服务器，将“显示访问类型”和“显示数据类型”设置为“All”，然后再右击“OPC UA 服务器”更新浏览，等待更新完成。

② 在“标记”栏中勾选“智能仓储单元 PLC”→“MCD_DB”块中变量，如图 3-93 所示。

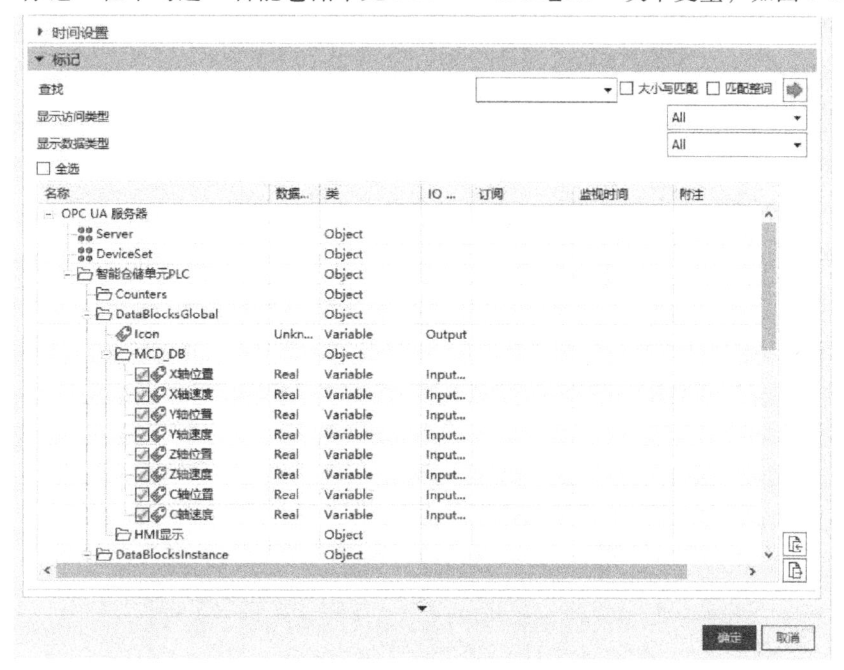

图 3-93　添加 MCD_DB 块变量

③ 在“标记”栏中勾选“智能仓储单元 PLC”→“Inputs”文件下变量，如图 3-94 所示。

④ 在“标记”栏中勾选“智能仓储单元 PLC”→“Outputs”文件下变量，如图 3-95 所示，然后单击“确定”按钮。此时外部信号配置已经完成。

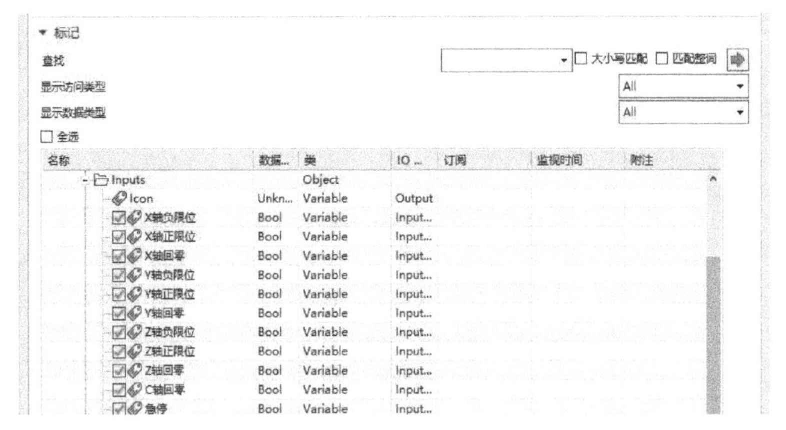

图 3-94　添加 Inputs 变量

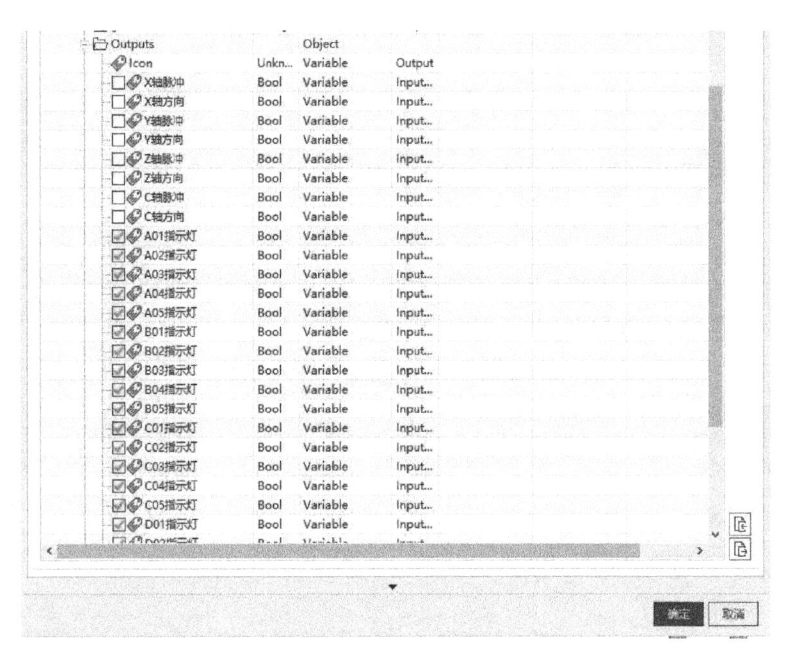

图 3-95　添加 Outputs 变量

5. 建立信号映射

1）在 NX 软件的工具栏中找到“信号映射”命令，如图 3-96 所示，单击进入设置界面。

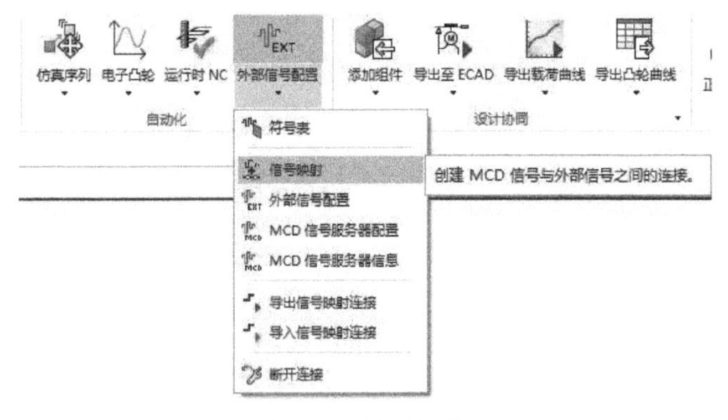

图 3-96　信号映射

2）设置映射参数。在信号映射界面中，外部信号类型设置为“OPC UA”，“OPC UA 服务器”设置为“opc. tcp://192. 168. 100. 3：4840”，如图 3-97 所示。

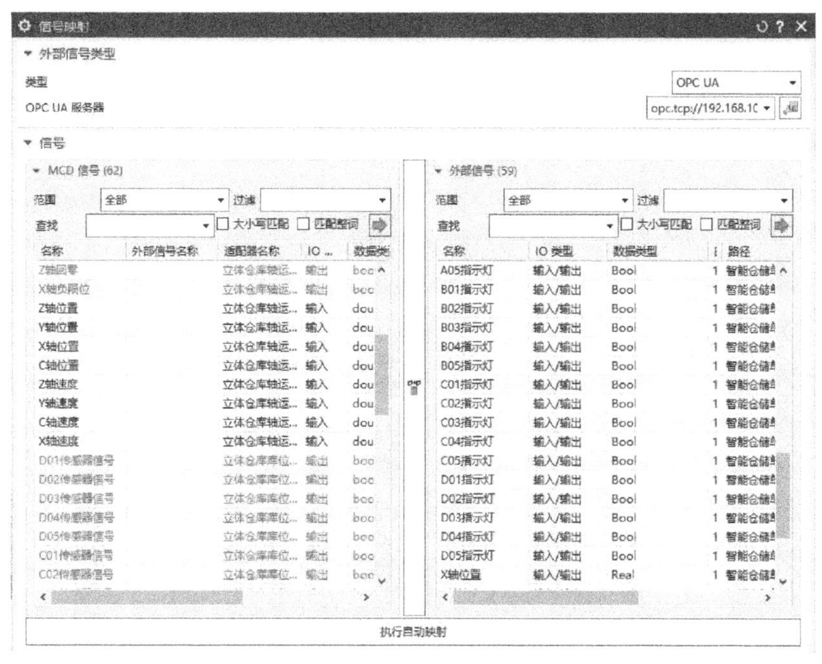

图 3-97　设置 OPC UA 服务器

3）建立信号映射。单击“执行自动映射”按钮，如图 3-98 所示，软件会根据信号执行信号映射，单击“确定”按钮。

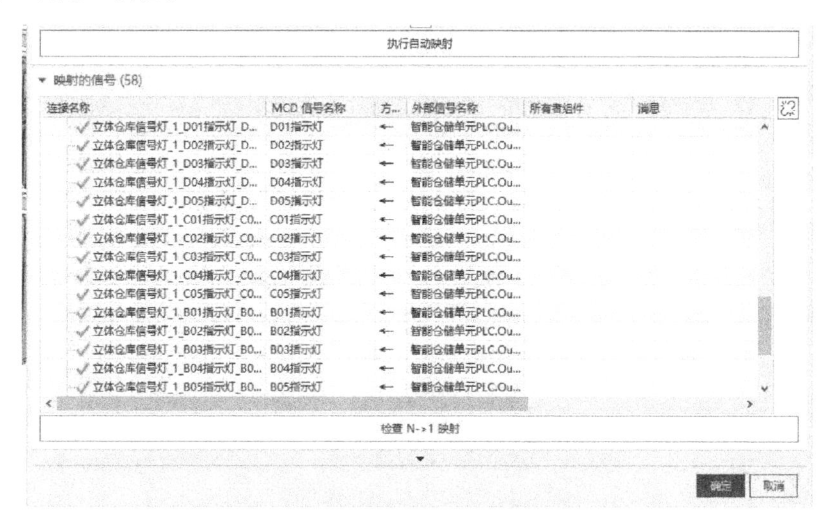

图 3-98　执行自动映射

4）信号映射完成。在 NX 软件的机电导航器中能完整的看见信号连接的列表，如图 3-99 所示。

6. 出入库仿真调试

1）“手动” HMI 界面如图 3-100 所示。

MCD 播放后，在“手动” HMI 界面下，检查如下内容。

① X 伺服界面，按下“回零”按钮，查看“当前位置”是否为 0。

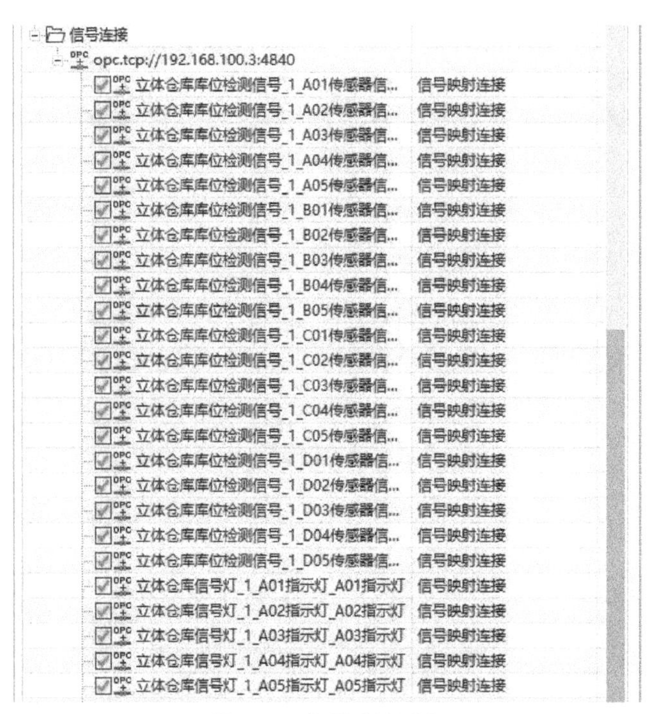

图 3-99 信号连接列表

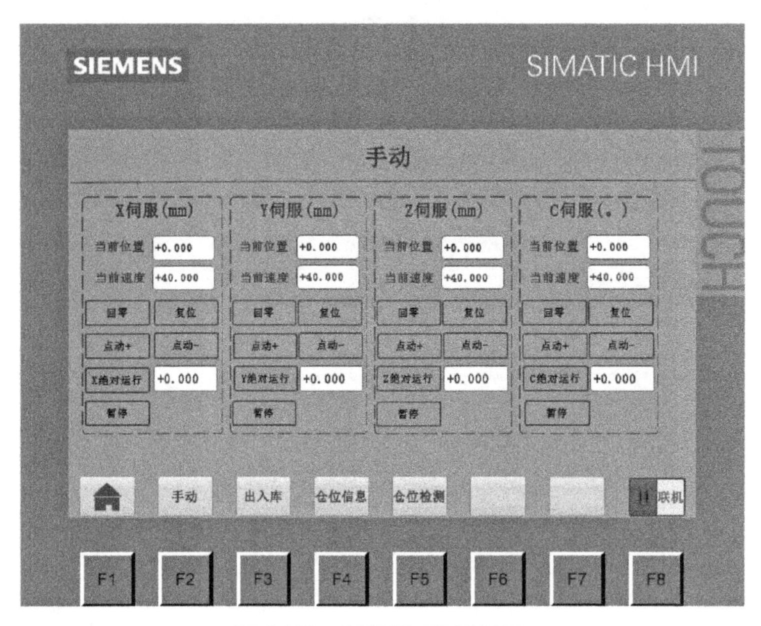

图 3-100 “手动”HMI 界面

② 按下“点动+”或“点动-”按钮，查看当前位置是否有变化。

③ 按下“点动+”按钮，当前速度数值应为正数。

④ 按下“点动-”按钮，当前速度数值应为负数。

⑤ 连续按下“点动+”按钮，查看 X 轴到正限位是否停止。

⑥ 连续按下“点动-”按钮，查看 X 轴到负限位是否停止。

⑦ 按下“复位”按钮，查看轴报警是否清除。

⑧ 在“X 绝对运行”文本框输入数值（数值不能大于轴长度），查看 MCD 上轴运行的距离和输入的数值是否一致。Y、Z、C 轴调试方法相同。

2）“出入库”HMI 界面如图 3-101 所示。

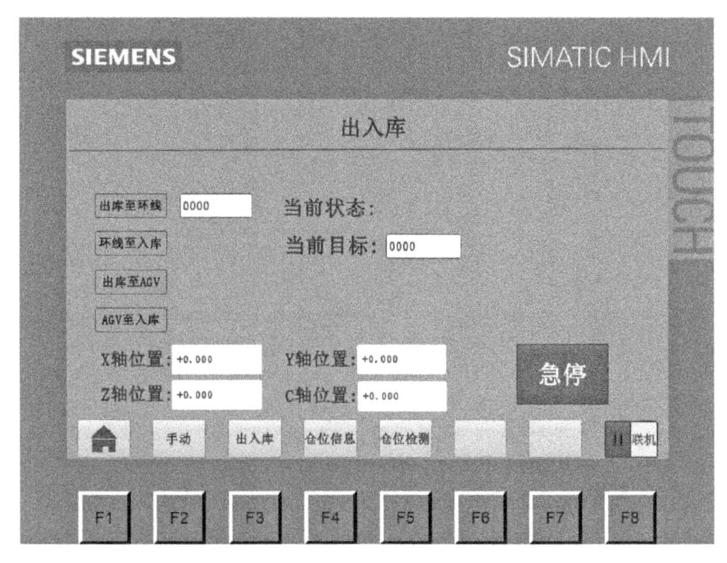

图 3-101　“出入库”HMI 界面

① 进行“出入库”操作时，需先将各轴全部回零，MCD 重新播放。

② 当前状态可显示：出库至环线、环线至入库、出库至环线完成、环线至入库完成、出库至 AGV、AGV 至入库、出库至 AGV 完成、AGV 至入库完成、库位无料、库位有料。

③ 在“出库至环线”文本框输入“0A01”，在 MCD 上查看动作流程是否正确，在“出入库”HMI 界面查看当前状态显示是否正确，查看各轴位置是否变化。

④“环线至入库”“出库至 AGV”“AGV 至入库”调试流程与“出库至环线”相同。

3）“仓位信息”HMI 界面如图 3-102 所示。

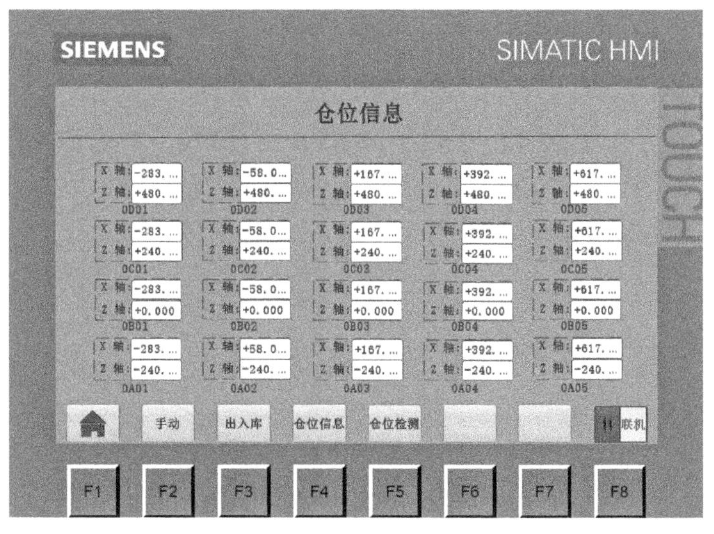

图 3-102　“仓位信息”HMI 界面

仓位信息界面为各个仓位的 X 轴、Z 轴信息。

4）“仓位监测”HMI 界面如图 3-103 所示。

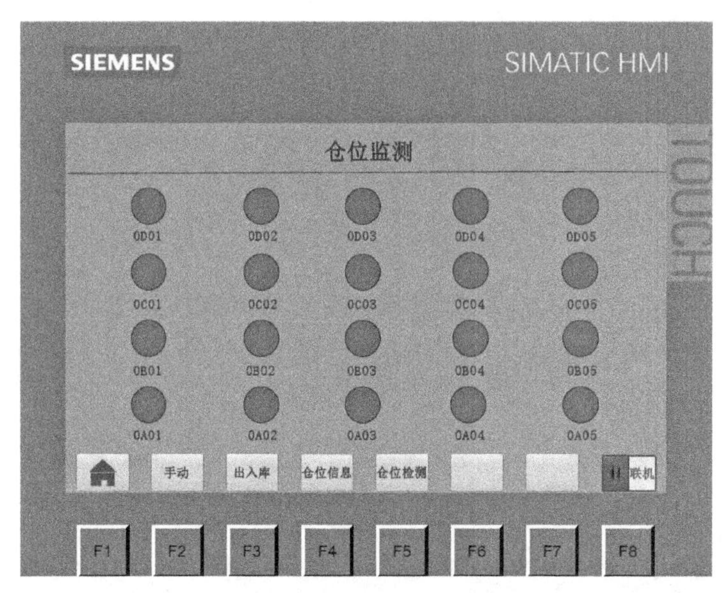

图 3-103 “仓位监测”HMI 界面

“仓位监测”HMI 界面显示各个库位有料、无料信息，有料为绿色，无料为红色。

习题

1. 智能仓储站在智能生产线中的作用是什么？
2. 立体仓库轴限位的作用是什么？
3. 简述伺服轴运动的基本流程。
4. 机电联合调试中，外部信号配置的作用是什么？

项目四

智能加工单元数字化设计与仿真

项目目标

［知识目标］

■ 了解智能加工单元的机械结构组成。
■ 了解智能加工单元的电气控制原理。
■ 了解智能加工单元的工作逻辑。
■ 了解智能加工单元的 MCD 机电联合调试平台的组成。

［职业能力目标］

■ 能进行数控机床与控制系统通信程序设计。
■ 能进行数控机床防护门和夹具的控制程序设计。
■ 能进行数控机床的起动、停止系统控制程序设计。
■ 能进行智能加工单元的通信程序设计。

［重点难点］

■ 智能加工单元的设备通信。
■ 虚拟调试的通信设置。

项目描述

在智能制造生产线中，智能加工单元主要根据不同的需求对零件进行各种类型的加工，是智能制造生产线最主要的环节，智能加工单元能够根据零件的制造要求自由地组合加工设备。加工工作站中常见的设备有数控车床、加工中心、机器人、RFID 读写器和 PLC 控制系统及人机交互界面。

本项目基于 IM9008 智能制造生产线的智能加工单元，包含两个学习任务：智能加工单元控制程序设计、智能加工单元机电联合仿真调试，主要学习智能加工单元的组成、电气控制电路的设计、控制程序的设计，以及搭建机电联合调试平台，通过虚拟调试平台对智能加工单元的控制程序进行调试、功能验证和优化。

项目准备

一、智能加工单元机械结构

智能加工单元由数控车床、数控加工中心、7 轴机器人、停止站、RFID 读写器、物料缓存区和加工单元控制系统组成。智能加工单元的工作节拍是物料通过传送带进入智能加工单元的停止站，停止站上的 RFID 读写器读取物料托盘上的 RFID 编码，判断是否是本工作站上的任务，当确认是本工作站任务时，机器人把载有物料的托盘一起拿到物料缓存区，机器人再把缓存区物料托盘上的工件送到数控车床或数据加工中心上进行加工，加工完成后机器人把成品从车床里面取出放到缓存区托盘上，当下个空物流转托盘进入停止站时，机器人把放有成品零件的托盘放入流转托盘里面送入仓储站。智能加工单元设备组成如图 4-1 所示。

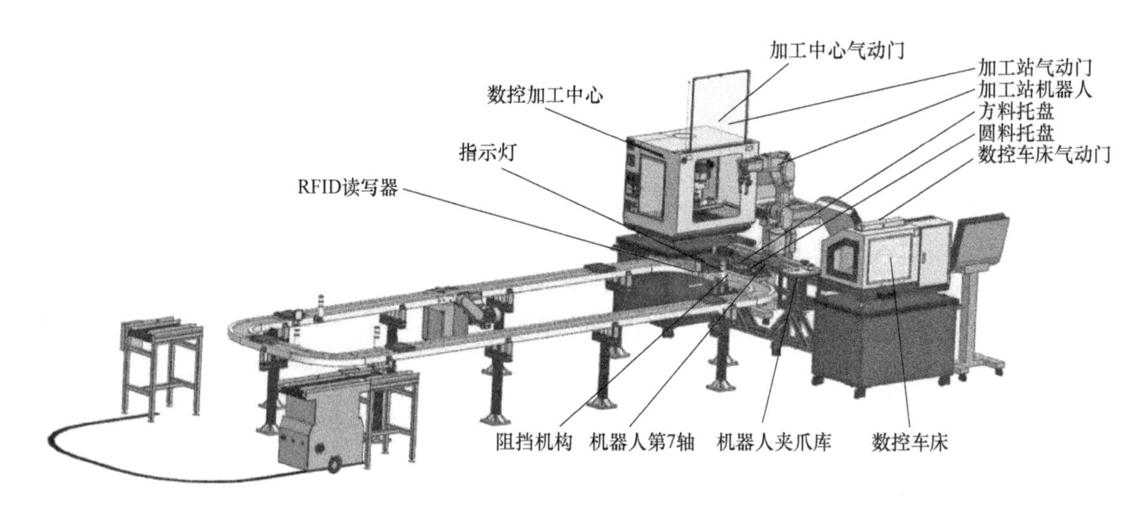

图 4-1　智能加工单元设备组成

二、智能加工单元电气控制

1. 电源控制

主电源供电电路主要实现电源接入和分配的功能，交流 220V 电源经主电路开关和断路器，再经滤波器滤波之后给加工单元供电。该单元附带的电源负载较多，在控制柜内部给开关电源交换机供电。通过外部插座再给外部设备供电，主要的设备有数控车床、数控铣床、7 轴机器人以及车铣床所配置的电脑，主电源供电电路图如图 4-2 所示。

2. 自动门与夹具控制

数控车床或铣床都是气动门与气动夹具，可实现机床、PLC 以及机器人的多方控制。将门与夹具的继电器控制线圈及到位信号通过航空插座连接到加工站控制柜，再将机器人的控制信号也连接到控制柜，做并行连接，实现共同控制和信号共享，自动门与夹具控制电路图如图 4-3 所示。

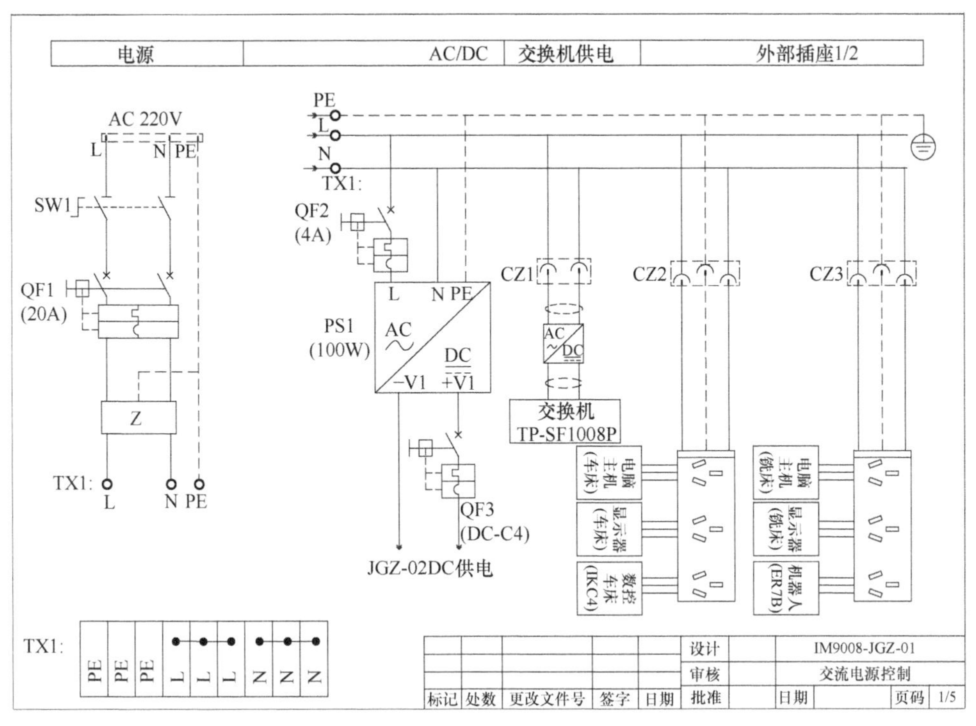

图 4-2　主电源供电电路图

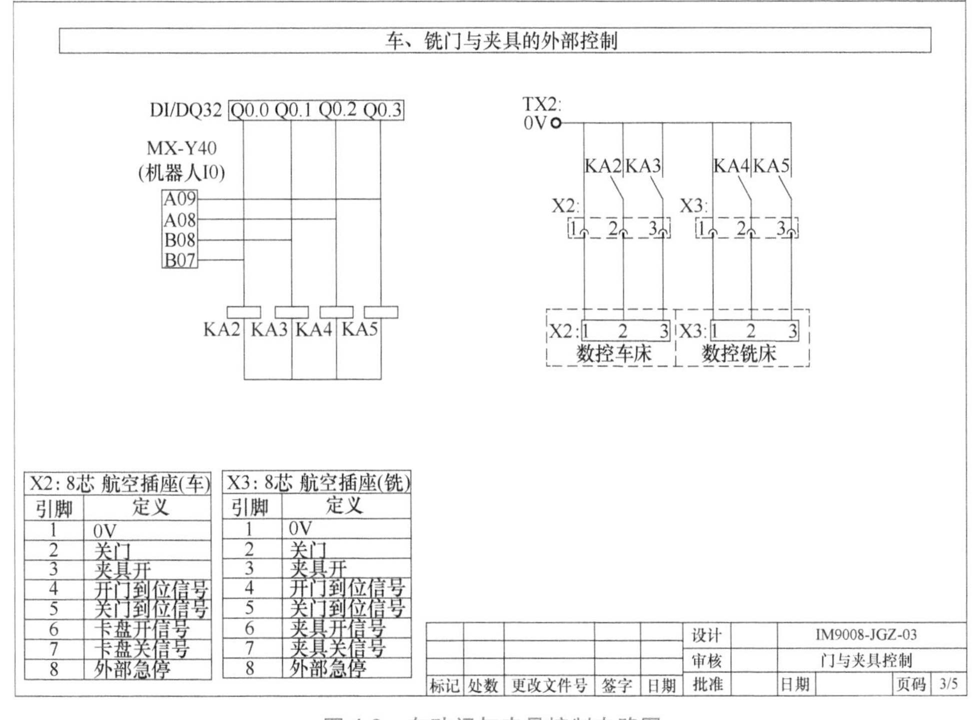

图 4-3　自动门与夹具控制电路图

3. 输入/输出控制

1）直流供电（DC 24V）电路是为 PLC 系统中 CPU 模块、DI/DQ 输入/输出模块、触摸屏供电。通过互锁电路控制供电，按下 SB2 按钮，继电器吸合并自锁，完成供电，同时绿色电源指示灯亮起，按下 SB1 按钮则断开供电，直流供电电路图如图 4-4 所示。

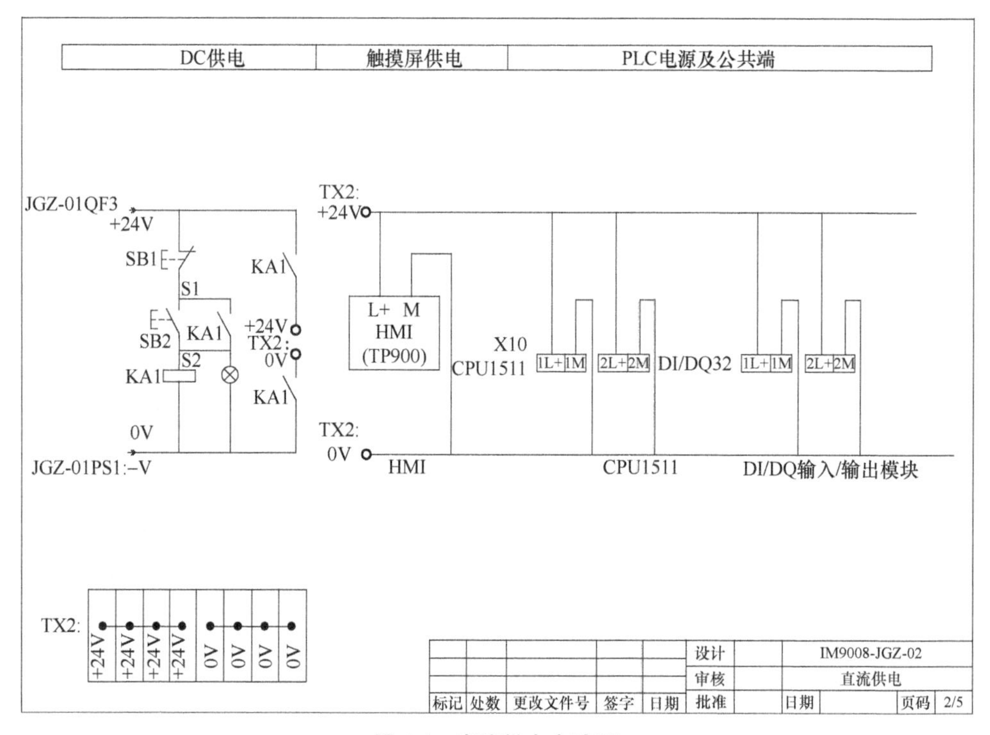

图 4-4　直流供电电路图

2）PLC 输入/输出信号主要是车床与铣床门与夹具的交互信号，并且与机器人的输入/输出关联到一起，进而实现 PLC 与机器人对门与夹具的双向控制，PLC 输入/输出电路图如图 4-5 所示。

4. 通信端口分配

1）通信端口分配见表 4-1。

表 4-1　通信端口分配

端口	定义	端口	定义
I0. 0	车床_开门到位	I0. 7	铣床_关夹具到位
I0. 1	车床_关门到位	I1. 0	急停
I0. 2	车床_开夹具到位	Q0. 0	车床开关门
I0. 3	车床_关夹具到位	Q0. 1	铣床开关门
I0. 4	铣床_开门到位	Q0. 2	车床开关夹具
I0. 5	铣床_关门到位	Q0. 3	铣床开关夹具
I0. 6	铣床_开夹具到位		

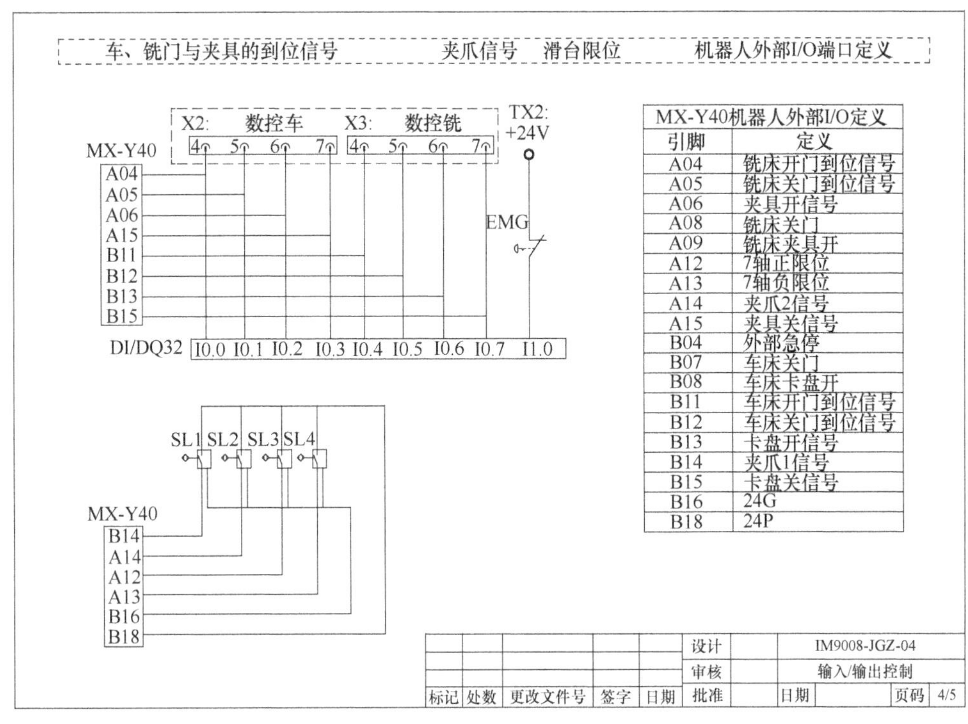

图 4-5　PLC 输入/输出电路图

2）网络连接分配是将各设备用网线连接至本站的交换机，进而实现组网，网络连接图如图 4-6 所示。

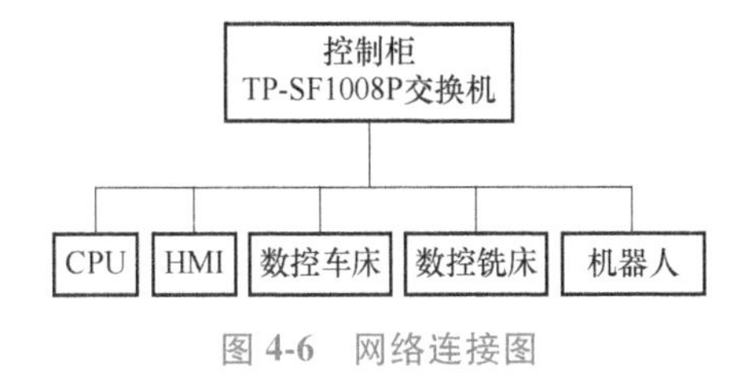

图 4-6　网络连接图

任务一　智能加工单元控制程序设计

本任务根据智能加工单元的工作原理和功能，对智能加工单元控制程序、设备的通信程序，以及人机交互界面进行设计。使学生在了解智能加工单元工作逻辑的基础上，掌握加工单元的控制程序设计方法。本任务的具体实现功能为：当智能加工单元收到车床生产加工指令后，数控车床的门和气动卡盘打开，机器人从物料托盘上取工件送入气动卡盘，气动卡盘夹紧工件，机器人退出车床，车床门关上，CNC 程序启动开始加工，数控车床加工完成后，车床门打开，机器人进入车床夹紧工件，气动卡盘松开，机器人取出工件放回物料托盘；加工中心的生产加工逻辑与数控车床生产加工逻辑相同。

一、实施条件

零部件图样、计算机、NX 1980.0、TIA Portal V16。

二、实施内容

本任务在 PLC 程序设计过程中共包括 9 步：①创建新项目；②硬件组态；③创建变量表；④创建智能加工单元数据块；⑤编写工装夹具程序；⑥编写机器人程序；⑦编写数控机床控制程序；⑧编写数控机床自动加工程序；⑨设计人机交互界面。

1. 流程图

本任务的流程图如图 4-7 所示。

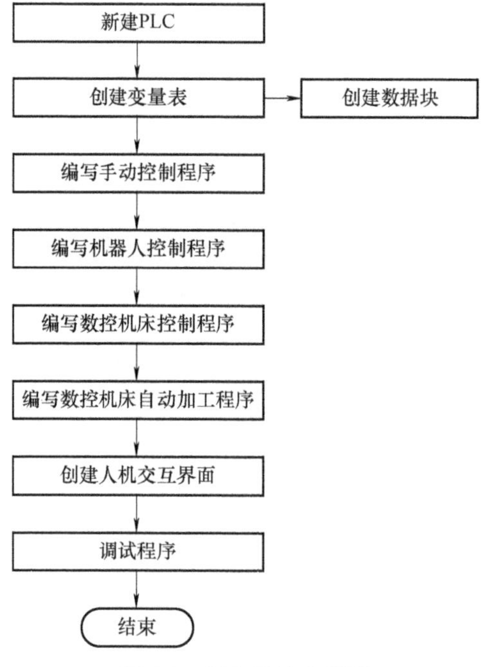

图 4-7　程序设计流程图

2. 变量表

智能加工单元的输入/输出变量表见表 4-2。

表 4-2　输入/输出变量表

名称	数据类型	地址	注释
Lathe_Door open	BOOL	I0.0	车床_开门到位
Lathe_Door close	BOOL	I0.1	车床_关门到位
Lathe_Jig open	BOOL	I0.2	车床_开夹具到位
Lathe_Jig close	BOOL	I0.3	车床_关夹具到位
Mill_Door open	BOOL	I0.4	铣床_开门到位

（续）

名称	数据类型	地址	注释
Mill_Door open	BOOL	I0. 5	铣床_关门到位
Mill_Jig open	BOOL	I0. 6	铣床_开夹具到位
Mill_Jig close	BOOL	I0. 7	铣床_关夹具到位
E_stop	BOOL	I1. 0	急停
Lathe_Door control	BOOL	Q0. 0	车床开关门
Mill_Door control	BOOL	Q0. 1	铣床开关门
Lathe_Jig control	BOOL	Q0. 2	车床开关夹具
Mill_Jig control	BOOL	Q0. 3	铣床开关夹具

3. 智能加工单元数据块的创建

（1）硬件组态

智能加工单元_硬件组态

1）创建 PLC。在“项目树”中双击“添加新设备”命令，单击选择“控制器”→“SIMATIC S7-1500”→“CPU”→“CPU 1212C DC/DC/DC”，订货号设为“6ES7211-1AE40-0XB0”选项。版本选择 V4. 2，单击“确认”按钮完成创建，如图 4-8 所示。

2）设置 IP 地址。双击 PLC 上的网口，选择“以太网地址”选项，将 IP 地址设置为“192. 168. 100. 3”，子网掩码设置为“255. 255. 255. 0”。

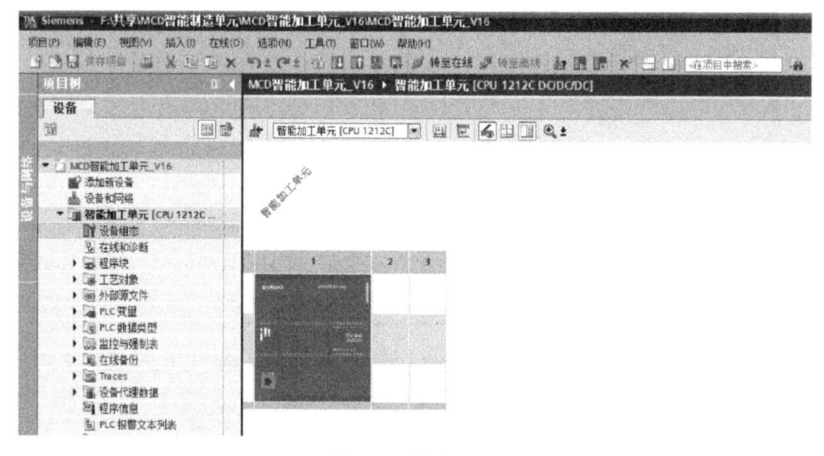

图 4-8　创建 PLC

3）创建 HMI。在“项目树”中双击“添加新设备”命令，单击选择“HMI”→“SIMATIC 精简系列面板”→“7″显示屏”→“KTP700 Basic”→“6AV2 123-2GB03-0AX0”，版本设为“16. 0. 0. 0”。在图 4-9 所示窗口中，双击 HMI 上的网口，选择“以太网地址”选项，将 IP 地址设置为“192. 168. 100. 13”，子网掩码设置为“255. 255. 255. 0”。

4）建立设备连接。在“网络视图”下设置 HMI 连接，单击选择“网络视图”→“连接”→“HMI 连接”，鼠标左键单击 HMI 网口，将其直接拖动至 PLC 网口上，松开鼠标，如图 4-10 所示。

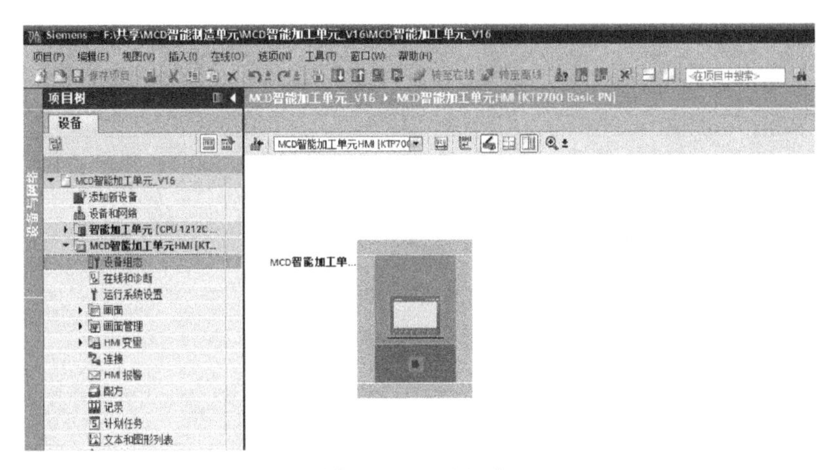

图 4-9　HMI 组态

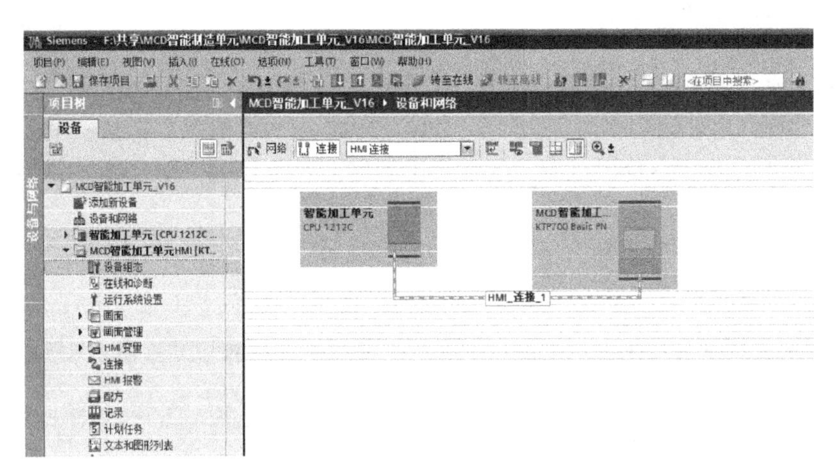

图 4-10　网络组态

（2）创建变量表　根据需要添加如下变量。输入：Lathe_Door open、Lathe_Door close、Lathe_Jig open、Lathe_Jig close、Mill_Door open、Mill_Door close、Mill_Jig open、Mill_Jig close、E_stop；输出：Lathe_Door control、Mill_Door control、Lathe_Jig control、Mill _Jig control，如图 4-11 所示。

MCD智能加工单元_V16 ▸ 智能加工单元 [CPU 1212C DC/DC/DC] ▸ PLC 变量 ▸ 默认变量表 [46]

默认变量表

	名称	数据类型	地址	保持	从 H...	从 H...	在 H...	注释
1	System_Byte	Byte	%MB1	☐	☑	☑	☑	
2	FirstScan	Bool	%M1.0	☐	☑	☑	☑	
3	DiagStatusUpdate	Bool	%M1.1	☐	☑	☑	☑	
4	AlwaysTRUE	Bool	%M1.2	☐	☑	☑	☑	
5	AlwaysFALSE	Bool	%M1.3	☐	☑	☑	☑	
6	Lathe_Door control	Bool	%Q0.0	☐	☑	☑	☑	车床开关门
7	Mill _Door control	Bool	%Q0.1	☐	☑	☑	☑	铣床开关门
8	Lathe_Jig control	Bool	%Q0.2	☐	☑	☑	☑	车床开关夹具
9	Mill _Jig control	Bool	%Q0.3	☐	☑	☑	☑	铣床开关夹具
10	Lathe_Door open	Bool	%I0.0	☐	☑	☑	☑	车床_开门到位
11	Lathe_Door close	Bool	%I0.1	☐	☑	☑	☑	车床_关门到位
12	Lathe_Jig open	Bool	%I0.2	☐	☑	☑	☑	车床_开夹具到位
13	Lathe_Jig close	Bool	%I0.3	☐	☑	☑	☑	车床_关夹具到位
14	Mill_Door open	Bool	%I0.4	☐	☑	☑	☑	铣床_开门到位
15	Mill_Door close	Bool	%I0.5	☐	☑	☑	☑	铣床_关门到位
16	Mill_Jig open	Bool	%I0.6	☐	☑	☑	☑	铣床_开夹具到位
17	Mill_Jig close	Bool	%I0.7	☐	☑	☑	☑	铣床_关夹具到位
18	E_stop	Bool	%I1.0	☐	☑	☑	☑	急停
19	<新增>			☐	☑	☑	☑	

图 4-11　变量表

（3）“MCD_DB”数据块　根据需要添加如下变量。数据类型为“Word”的变量：Robot_runing、Robot_state、R_lathe_Door_control、R_Lathe_Jig_control、Lathe_door_finish、Lathe_Jig_finish、R_Mill_Door_control、R_Mill_Jig_control、Mill_door_finish、Mill_Jig_finish、Lathe_state、Lathe_file_open、Lathe_CNC_program、Lathe_ program_start、Lathe_reset、Mill_state、Mill_file_open、Mill _CNC_program、Mill_ program_start、Mill_reset，如图 4-12 所示。

Siemens - F:\共享\MCD智能制造单元\MCD智能加工单元_V16\MCD智能加工单元_V16

MCD智能加工单元_V16 ▸ 智能加工单元 [CPU 1212C DC/DC/DC] ▸ 程序块 ▸ MCD_DB [DB1]

MCD_DB

	名称	数据...	起始值	保持	从 HMI/OPC...	从 H...	在 HMI...	设定值	注释
1	▾ Static			☐	☐	☐	☐	☐	
2	Robot_runing	Word	16#0	☑	☑	☑	☑	☐	加工站机器人运行
3	Robot_state	Word	16#0	☑	☑	☑	☑	☐	机器人状态
4	R_lathe_Door_control	Word	16#0	☑	☑	☑	☑	☐	ROB_PLC_车床开关门
5	R_Lathe_Jig_control	Word	16#0	☑	☑	☑	☑	☐	ROB_PLC_车床开关夹具
6	Lathe_door_finish	Word	16#0	☑	☑	☑	☑	☐	PLC_ROB_车床开关门到位
7	Lathe_Jig_finish	Word	16#0	☑	☑	☑	☑	☐	PLC_ROB_车床开关夹具到位
8	R_Mill_Door_control	Word	16#0	☑	☑	☑	☑	☐	ROB_PLC_铣床开关门
9	R_Mill_Jig_control	Word	16#0	☑	☑	☑	☑	☐	ROB_PLC_铣床开关夹具
10	Mill_door_finish	Word	16#0	☑	☑	☑	☑	☐	PLC_ROB_铣床开关门到位
11	Mill_Jig_finish	Word	16#0	☑	☑	☑	☑	☐	PLC_ROB_铣床开关夹具到位
12	Lathe_state	Word	16#0	☑	☑	☑	☑	☐	车床状态
13	Lathe_file_open	Word	16#0	☑	☑	☑	☑	☐	车床文件打开中
14	Lathe _CNC_program	Word	16#0	☑	☑	☑	☑	☐	车床当前程序号
15	Lathe_ program_start	Word	16#0	☑	☑	☑	☑	☐	车床程序启动
16	Lathe_reset	Word	16#0	☑	☑	☑	☑	☐	车床程序复位
17	Mill_state	Word	16#0	☑	☑	☑	☑	☐	铣床状态
18	Mill_file_open	Word	16#0	☑	☑	☑	☑	☐	铣床文件打开中
19	Mill _CNC_program	Word	16#0	☑	☑	☑	☑	☐	铣床当前程序号
20	Mill_ program_start	Word	16#0	☑	☑	☑	☑	☐	铣床程序启动
21	Mill_reset	Wo...	16#0	☑	☑	☑	☑	☐	铣床程序复位

图 4-12　“MCD_DB”数据块

（4）“全局数据块”内容　根据需要添加如下变量。数据类型为“Bool”的变量：车床开门、车床关门、铣床开门、铣床关门、车床开夹具、车床关夹具、铣床开夹具、铣床关夹具、车床加工、铣床加工、机器人至车床放料、机器人至车床取料、机器人至铣床放料、机器人至铣床取料、车床自动生产加工、铣床自动生产加工、单机/联机，如图 4-13 所示。

全局数据块

	名称	数据类型	偏移量	起始值	保持	从 HMI/OPC...	从 H...	在 HMI...	设定值
1	▾ Static				☐	☐	☐	☐	☐
2	车床开门	Bool	0.0	false	☐	☑	☑	☑	☐
3	车床关门	Bool	0.1	false	☐	☑	☑	☑	☐
4	铣床开门	Bool	0.2	false	☐	☑	☑	☑	☐
5	铣床关门	Bool	0.3	false	☐	☑	☑	☑	☐
6	车床开夹具	Bool	0.4	false	☐	☑	☑	☑	☐
7	车床关夹具	Bool	0.5	false	☐	☑	☑	☑	☐
8	铣床开夹具	Bool	0.6	false	☐	☑	☑	☑	☐
9	铣床关夹具	Bool	0.7	false	☐	☑	☑	☑	☐
10	车床加工	Bool	1.0	false	☐	☑	☑	☑	☐
11	铣床加工	Bool	1.1	false	☐	☑	☑	☑	☐
12	机器人至车床放料	Bool	1.2	false	☐	☑	☑	☑	☐
13	机器人至车床取料	Bool	1.3	false	☐	☑	☑	☑	☐
14	机器人至铣床放料	Bool	1.4	false	☐	☑	☑	☑	☐
15	机器人至铣床取料	Bool	1.5	false	☐	☑	☑	☑	☐
16	车床自动生产加工	Bool	1.6	false	☐	☑	☑	☑	☐
17	铣床自动生产加工	Bool	1.7	false	☐	☑	☑	☑	☐
18	单机/联机	Bool	2.0	false	☐	☑	☑	☑	☐

图 4-13　全局数据块

4. 工装夹具控制程序设计

该程序段功能为车/铣床门与夹具手动控制。

1）车床门与夹具手动控制程序如图 4-14 所示。该程序段功能为在单机模式下手动控制车床开关门与开关夹具。

2）铣床门与夹具手动控制程序如图 4-15 所示。该程序段功能为在单机模式下手动控制铣床开关门与开关夹具。

智能加工单元_工装夹具

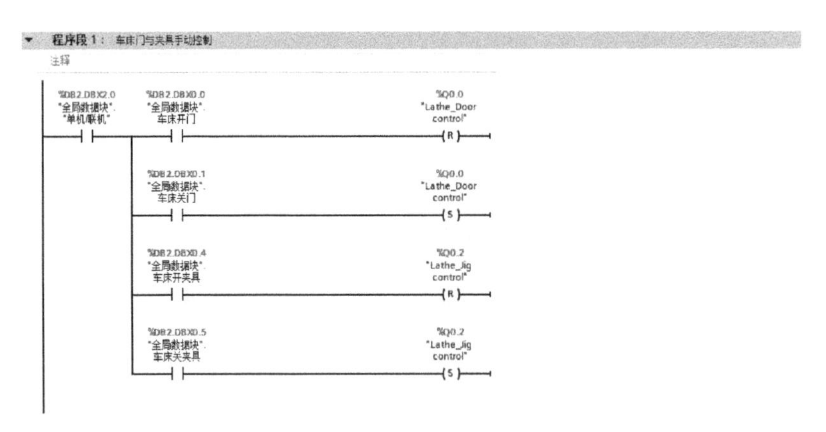

图 4-14　车床门与夹具手动控制程序

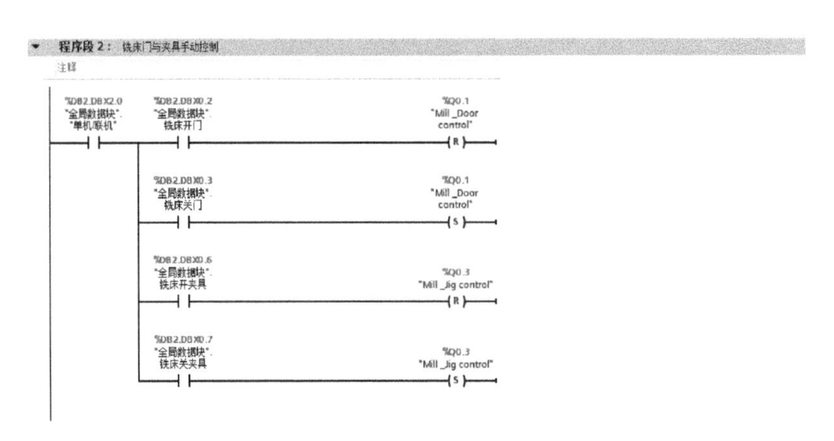

图 4-15　铣床门与夹具手动控制程序

5. 智能加工机器人控制程序设计

该程序段的功能为机器人上下料的手动控制与机器人控制车床门、车床夹具、铣床门、铣床夹具。创建 FB 块背景数据块，如图 4-16 所示。

智能加工单元_机器人

1）机器人程序调用，如图 4-17 所示。该程序段功能为在单机模式下控制机器人从车床取/放料，及从铣床取/放料。

MCD智能检测单元_V16 ▸ MCD智能检测单元 [CPU 1511-1 PN] ▸ 程序块 ▸ 机器人 [FB3]

机器人

	名称	数据类型	默认值	保持	从 HMI/OPC...	从 H...	在 HMI ...	设定值	监控	注释
1	▾ Input				☐	☐	☐	☐		
2	▪ <新增>				☐	☐	☐	☐		
3	▾ Output				☐	☐	☐	☐		
4	▪ <新增>				☐	☐	☐	☐		
5	▾ InOut				☐	☐	☐	☐		
6	▪ <新增>				☐	☐	☐	☐		
7	▾ Static				☐	☐	☐	☐		
8	▪ 机器人运行中	Bool	false	非保持	☑	☑	☑	☑		
9	▾ Temp				☐	☐	☐	☐		
10	▪ <新增>				☐	☐	☐	☐		
11	▾ Constant				☐	☐	☐	☐		
12	▪ <新增>				☐	☐	☐	☐		

图 4-16　FB 块背景数据块

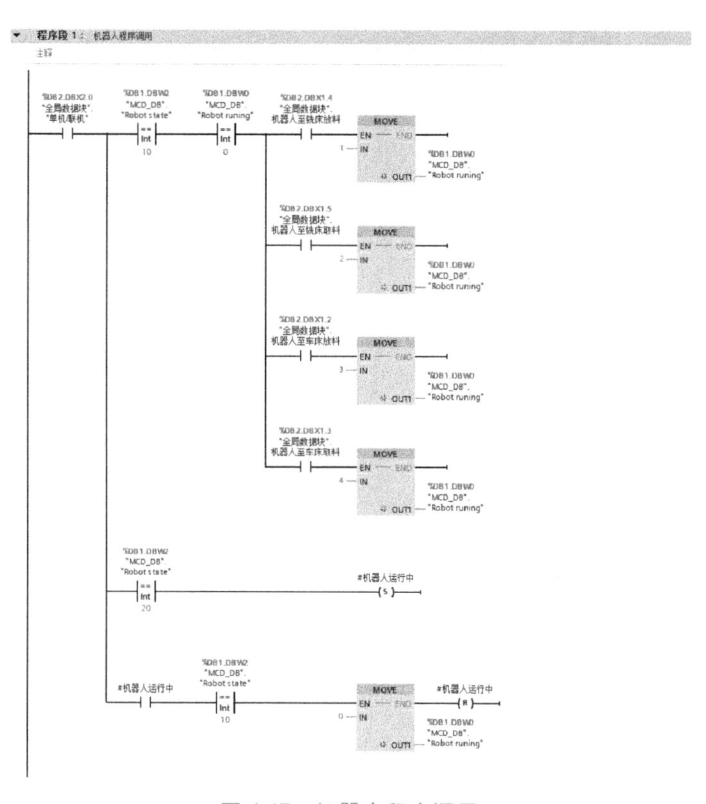

图 4-17　机器人程序调用

2）机器人控制车床开/关门程序如图 4-18 所示。该程序段功能为机器人控制车床门开或关，开/关完成，将门开/关状态反馈给机器人。

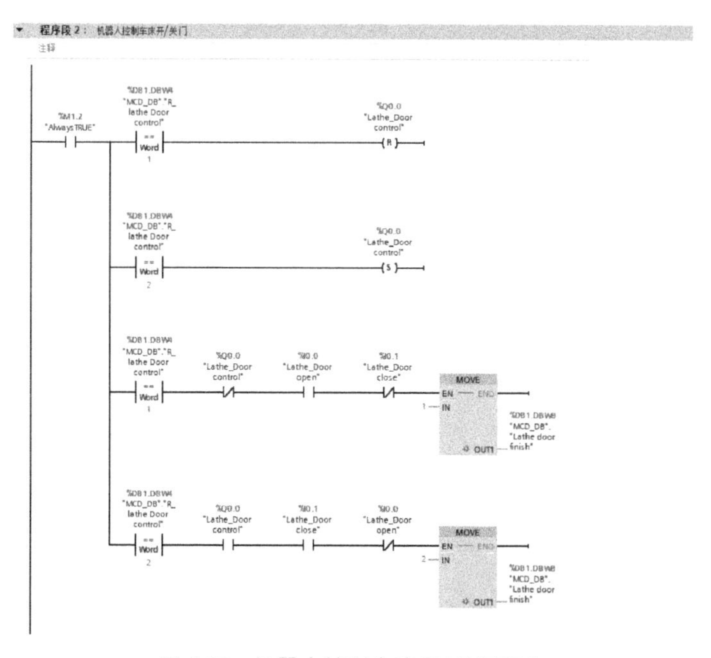

图 4-18　机器人控制车床开/关门程序

3）机器人控制车床开/关夹具程序如图 4-19 所示。该程序段功能为机器人控制车床夹具开或关，开/关完成，将车床夹具状态反馈给机器人。

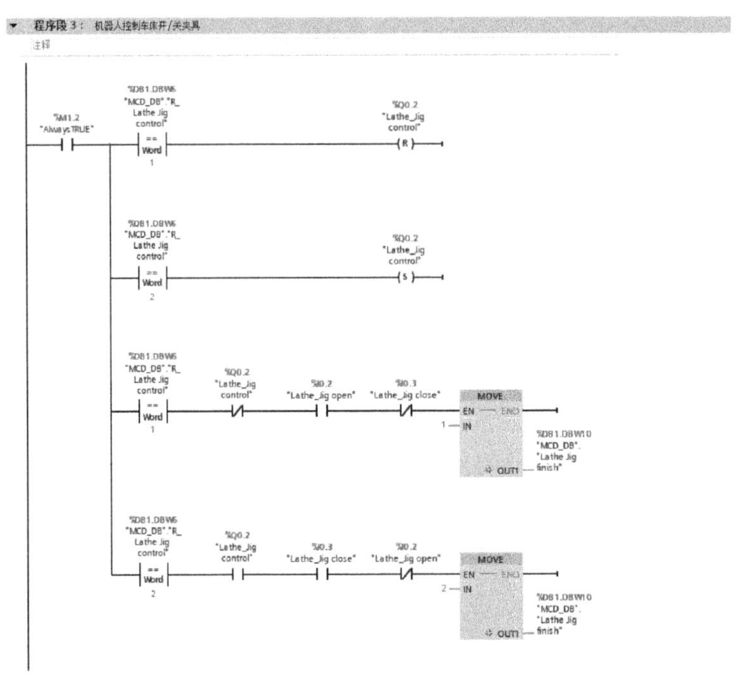

图 4-19　机器人控制车床开/关夹具程序

4）机器人控制铣床开/关门程序如图 4-20 所示。该程序段功能为机器人控制铣床门开或关，开/关完成，将门开/关状态反馈给机器人。

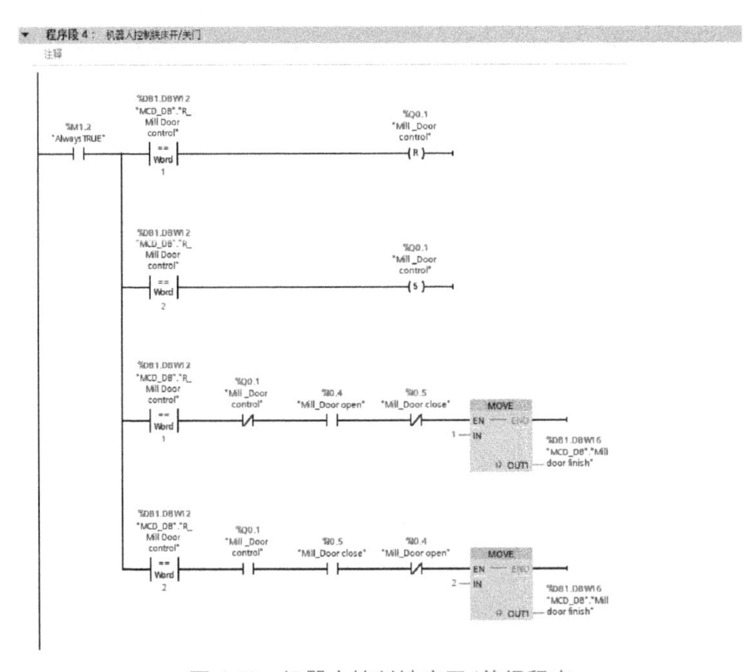

图 4-20　机器人控制铣床开/关门程序

5）机器人控制铣床开/关夹具程序设计，如图 4-21 所示。该程序段功能为机器人控制铣床夹具开或关，开/关完成，将夹具开/关状态反馈给机器人。

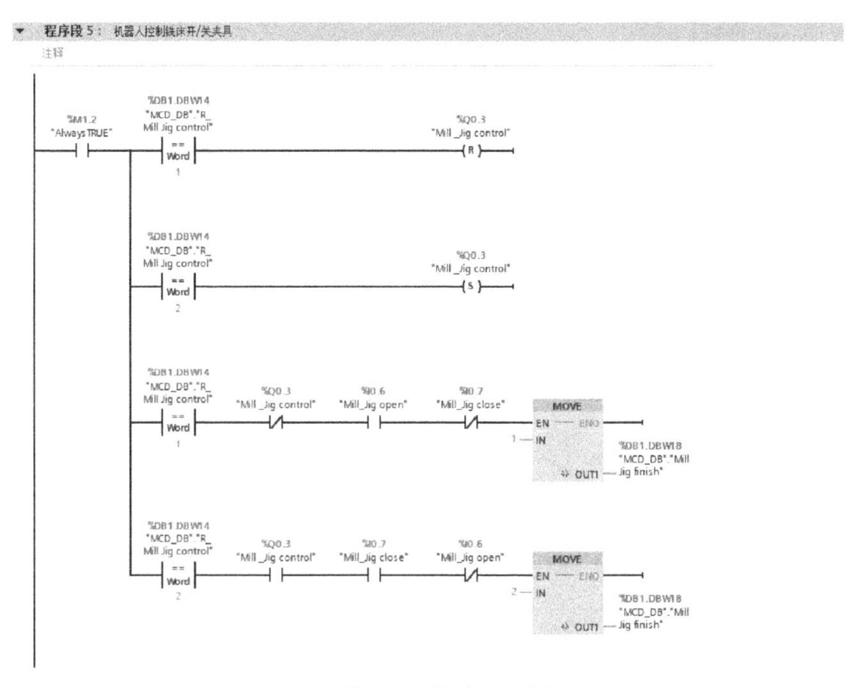

图 4-21　机器人控制铣床开/关夹具程序

6. 数控机床控制程序设计

（1）车铣床加工程序　该程序段功能为手动控制车铣床加工，创建 FB 块，其背景数据定义如图 4-22 所示。

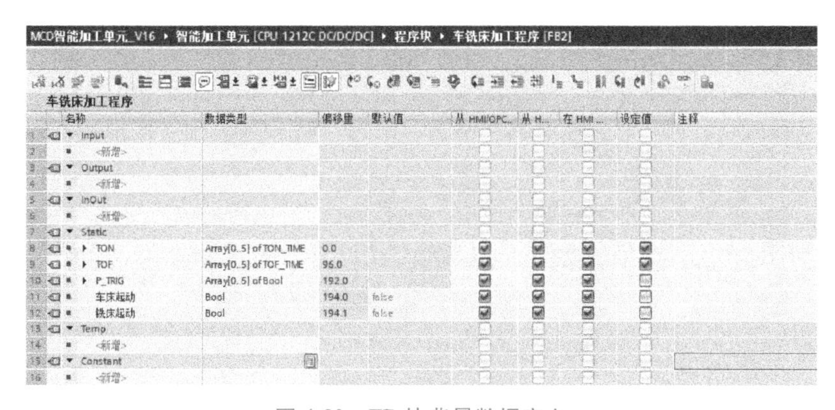
MCD智能加工单元_V16 ▸ 智能加工单元 [CPU 1212C DC/DC/DC] ▸ 程序块 ▸ 车铣床加工程序 [FB2]

车铣床加工程序

	名称	数据类型	偏移量	默认值	从 HMI/OPC...	从 H...	在 HMI...	设定值	注释
1	▼ Input				☐	☐	☐	☐	
2	<新增>				☐	☐	☐	☐	
3	▼ Output				☐	☐	☐	☐	
4	<新增>				☐	☐	☐	☐	
5	▼ InOut				☐	☐	☐	☐	
6	<新增>				☐	☐	☐	☐	
7	▼ Static				☐	☐	☐	☐	
8	▸ TON	Array[0..5] of TON_TIME	0.0		☑	☑	☑	☑	
9	▸ TOF	Array[0..5] of TOF_TIME	96.0		☑	☑	☑	☑	
10	▸ P_TRIG	Array[0..5] of Bool	192.0		☑	☑	☑	☐	
11	车床起动	Bool	194.0	false	☑	☑	☑	☐	
12	铣床起动	Bool	194.1	false	☑	☑	☑	☐	
13	▼ Temp				☐	☐	☐	☐	
14	<新增>				☐	☐	☐	☐	
15	▼ Constant				☐	☐	☐	☐	
16	<新增>				☐	☐	☐	☐	

智能加工单元_
车铣床加工程序

图 4-22　FB 块背景数据定义

车铣床状态：1 为机床就绪、2 为机床运行、4 为运行结束。

1）车床加工程序调用，如图 4-23 所示。该程序段功能为按下“车床加工”按钮，调用车床程序，1s 后车床起动加工，车床运行时状态改为 2，清空程序调用，车床运行结束时状态改为 4，车床复位，1s 后清空复位。

2）铣床加工程序调用，如图 4-24 所示。该程序段功能为按下“铣床加工”按钮，调用铣床程序，1s 后铣床起动加工，铣床运行时状态改为 2，清空程序调用，铣床运行结束时状态改为 4，机床复位，1s 后清空复位。

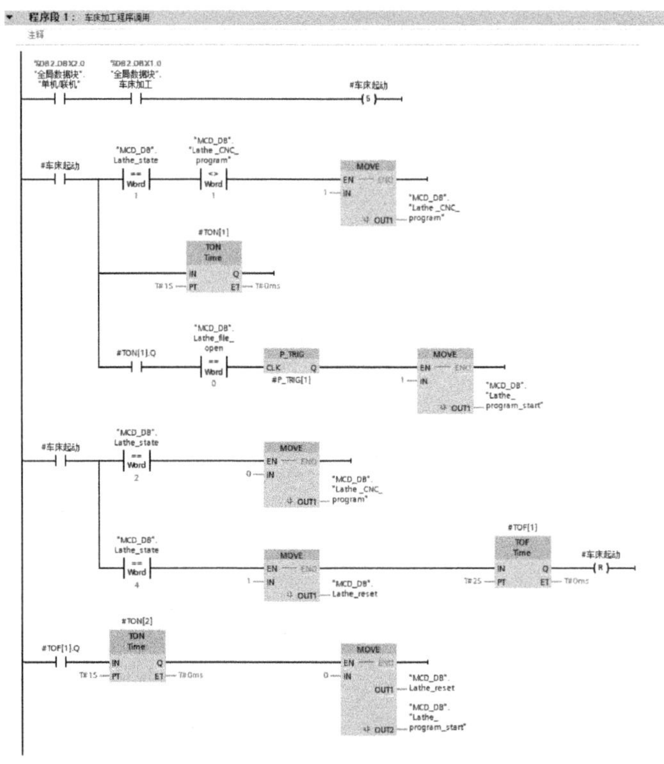

图 4-23　车床加工程序调用

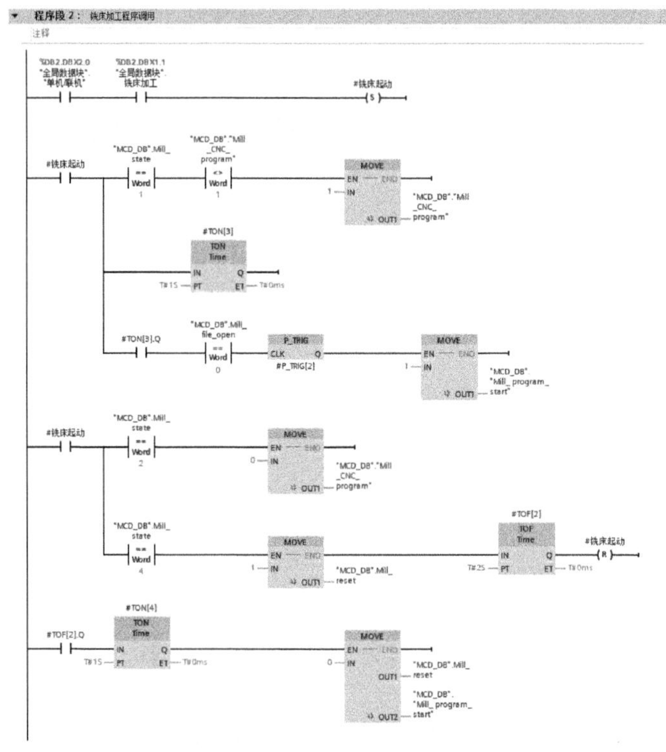

图 4-24　铣床加工程序调用

（2）车铣床自动生产加工程序 该程序段功能为机器人自动上料至车铣床，上料完成后，车铣床自动进行加工，加工完成自动取料。创建 FB 块，其背景数据定义如图 4-25 所示。

智能加工单元_车铣床自动生产加工

1）机器人自动放车床工件程序如图 4-26 所示。该程序段功能为按下“车床自动加工”按钮，机器人自动取料放至车床，放车床工件完成后调用车床自动加工程序。

2）车床自动加工程序如图 4-27 所示。该程序段功能为调用车床自动加工程序，1s 后车床起动加工，车床运行时状态改为 2，清空程序调用，车床运行结束时状态改为 4，机床复位，1s 后清空复位。调用机器人取料程序。

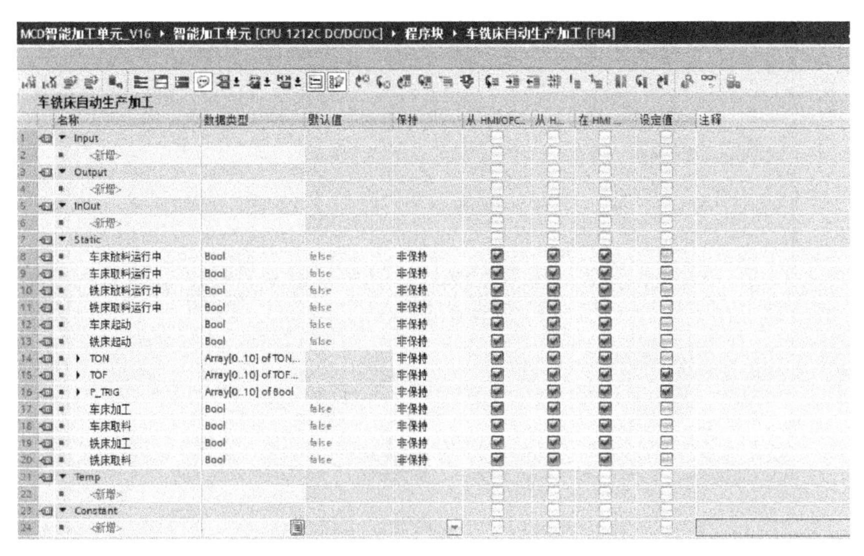

MCD智能加工单元_V16 ▸ 智能加工单元 [CPU 1212C DC/DC/DC] ▸ 程序块 ▸ 车铣床自动生产加工 [FB4]

车铣床自动生产加工

	名称	数据类型	默认值	保持	从 HMI/OPC...	从 H...	在 HMI...	设定值	注释
1	▼ Input				☐	☐	☐	☐	
2	▪ <新增>				☐	☐	☐	☐	
3	▼ Output				☐	☐	☐	☐	
4	▪ <新增>				☐	☐	☐	☐	
5	▼ InOut				☐	☐	☐	☐	
6	▪ <新增>				☐	☐	☐	☐	
7	▼ Static				☐	☐	☐	☐	
8	▪ 车床放料运行中	Bool	false	非保持	☑	☑	☑	☐	
9	▪ 车床取料运行中	Bool	false	非保持	☑	☑	☑	☐	
10	▪ 铣床放料运行中	Bool	false	非保持	☑	☑	☑	☐	
11	▪ 铣床取料运行中	Bool	false	非保持	☑	☑	☑	☐	
12	▪ 车床起动	Bool	false	非保持	☑	☑	☑	☐	
13	▪ 铣床起动	Bool	false	非保持	☑	☑	☑	☐	
14	▸ TON	Array[0..10] of TON...		非保持	☑	☑	☑	☐	
15	▸ TOF	Array[0..10] of TOF...		非保持	☑	☑	☑	☑	
16	▸ P_TRIG	Array[0..10] of Bool		非保持	☑	☑	☑	☑	
17	▪ 车床加工	Bool	false	非保持	☑	☑	☑	☐	
18	▪ 车床取料	Bool	false	非保持	☑	☑	☑	☐	
19	▪ 铣床加工	Bool	false	非保持	☑	☑	☑	☐	
20	▪ 铣床取料	Bool	false	非保持	☑	☑	☑	☐	
21	▼ Temp				☐	☐	☐	☐	
22	▪ <新增>				☐	☐	☐	☐	
23	▼ Constant				☐	☐	☐	☐	
24	▪ <新增>				☐	☐	☐	☐	

图 4-25 FB 块背景数据定义

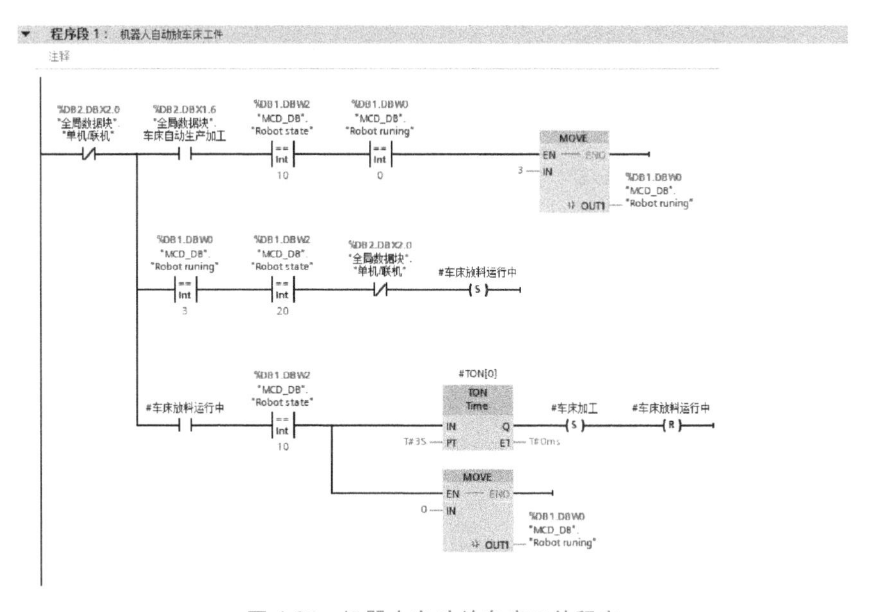

图 4-26 机器人自动放车床工件程序

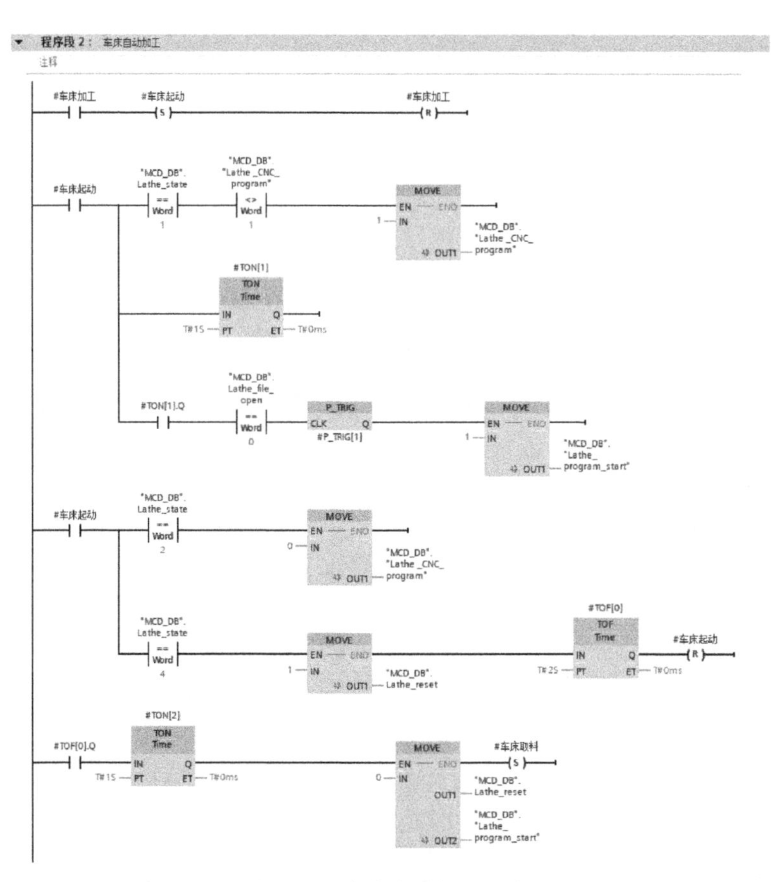

图 4-27　车床自动加工程序

3）机器人自动取车床工件程序如图 4-28 所示。该程序段功能为调用机器人自动取料程序，取车床工件完成后复位所有程序。

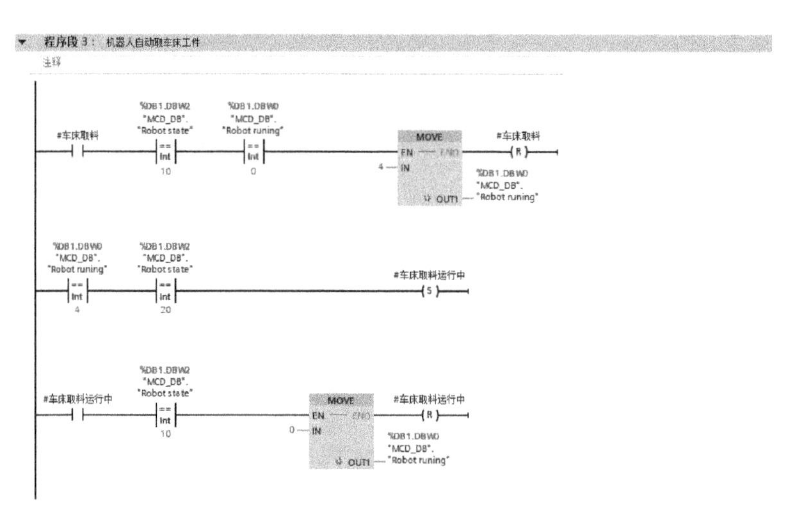

图 4-28　机器人自动取车床工件程序

4）机器人自动放铣床工件程序如图 4-29 所示。该程序段功能为按下“铣床自动加工”按钮，机器人自动取料放至铣床，放铣床工件完成后调用铣床自动加工程序。

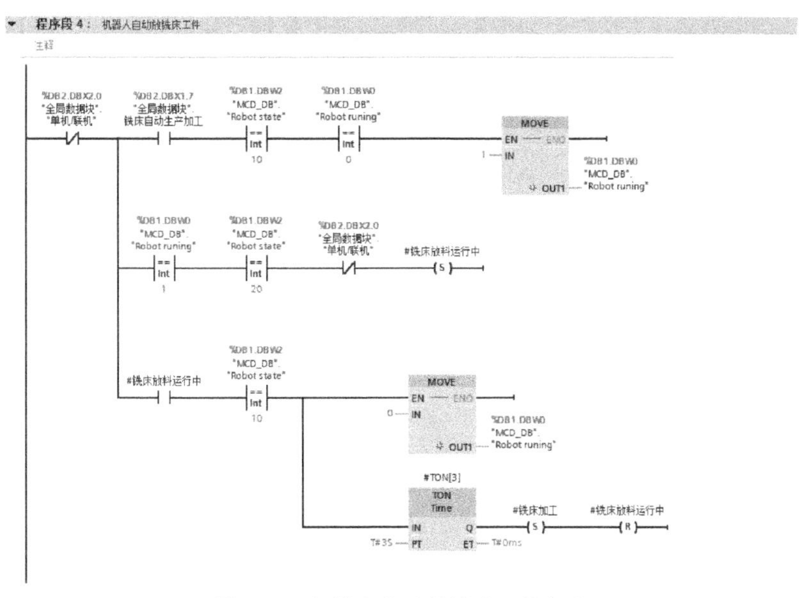

图 4-29 机器人自动放铣床工件程序

5）铣床自动加工程序如图 4-30 所示。该程序段功能为调用铣床自动加工程序，1s 后铣床起动加工，铣床运行时状态改为 2，清空程序调用，铣床运行结束时状态改为 4，铣床复位，1s 后清空复位。调用机器人取料程序。

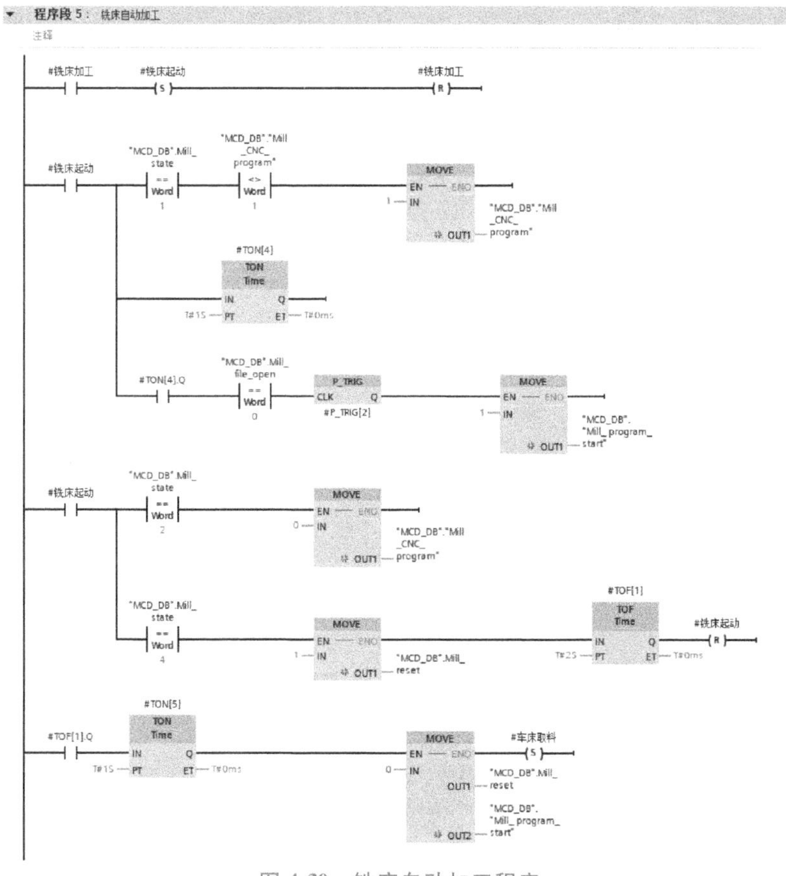

图 4-30 铣床自动加工程序

6）机器人自动取铣床工件程序如图 4-31 所示。该程序段功能为调用机器人自动取铣床工件程序，取铣床工件完成后复位所有程序。

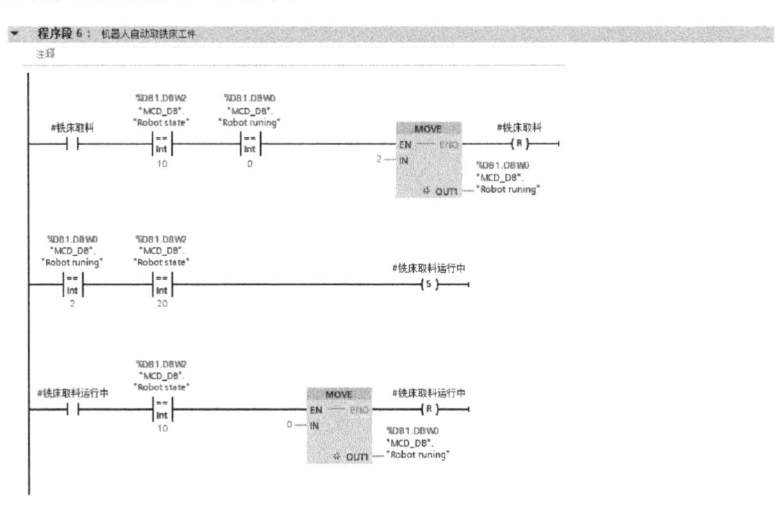

图 4-31　机器人自动取铣床工件程序

7）主程序调用，如图 4-32 所示。

图 4-32　主程序调用

7. 人机交互界面的设计

根据需要添加如下按钮和指示灯。车床按钮：车床开门、车床关门、车床开夹具、车床关夹具；铣床按钮：铣床开门、铣床关门、铣床开夹具、铣床关夹具；机器人动作按钮：机器人至车床放料、机器人至车床取料、机器人至铣床放料、机器人至铣床取料；车铣床加工按钮：车床加工、铣床加工、车床自动加工、铣床自动加工；状态监控指示灯：机器人运行中、车床加工完成、铣床加工完成、车床门、铣床门，如图 4-33 所示。

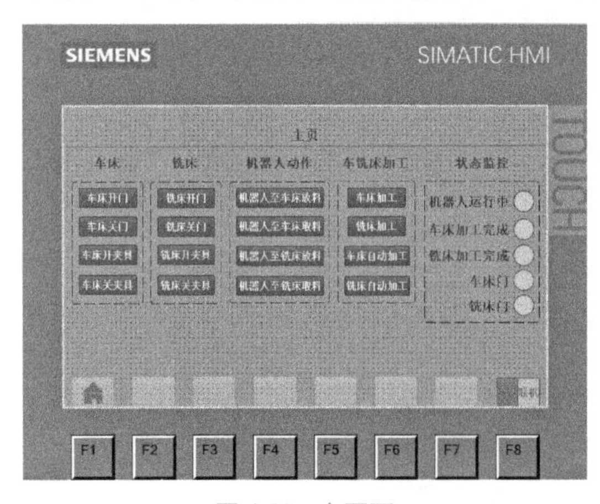

图 4-33　主页面

智能加工单元_HMI 画面

智能加工单元_HMI 变量匹配

任务二　智能加工单元机电联合仿真调试

本任务是搭建智能加工单元 MCD 机电联合调试平台，应用设计好的智能生产单元的控制程序与 NX 软件中虚拟设备进行信号对接，通过在 HMI 上进行操作，验证控制程序的安全性和逻辑性，从而进行控制程序的优化。

一、实施条件

加工站模型文件、计算机、NX 1980.0、TIA Portal V16、SIMATIC_NET_PC_Software_V16。

二、实施内容

智能加工单元_创建 PC

1. 创建 PC station

(1) 添加新设备

1) 在“项目树”中双击“添加新设备”命令。系统弹出“添加新设备”对话框，在左侧选中“PC 系统”选项卡，然后在右侧展开“常规 PC”选项，单击其下的“PC station”选项，最后单击“确定”按钮，完成 PC station 创建，如图 4-34 所示。

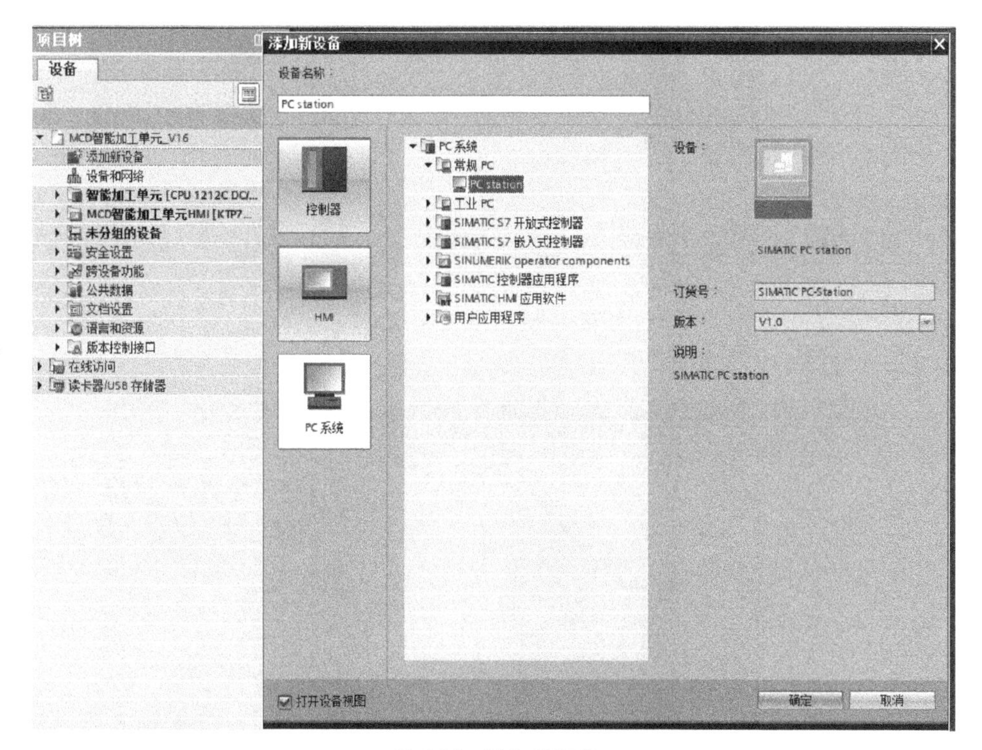

图 4-34　添加新设备

2) 单击选中最右侧的“硬件目录”选项卡，如图 4-35 所示。

3) 拖动“常规 IE”选项到中间界面中，生成“IE general_1”，如图 4-36 所示。

4) 拖动“OPC 服务器”选项到中间位置中，生成“OPC Server_1”，如图 4-37 所示。

图 4-35　添加常规 IE

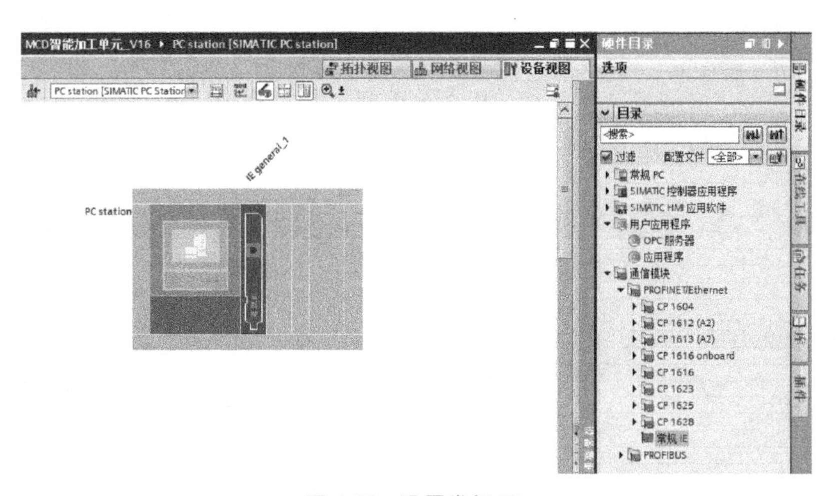

图 4-36　设置常规 IE

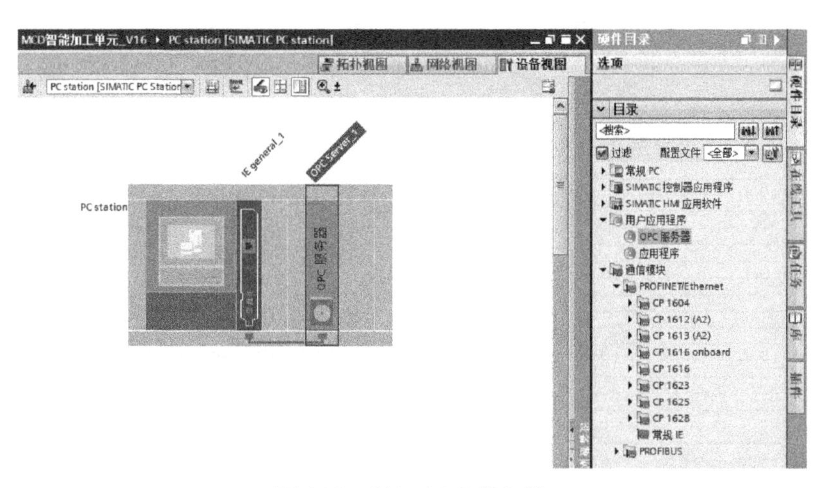

图 4-37　添加 OPC 服务器

5）在中间图示位置右击，在弹出的菜单中单击“更改设备”命令，如图 4-38 所示。

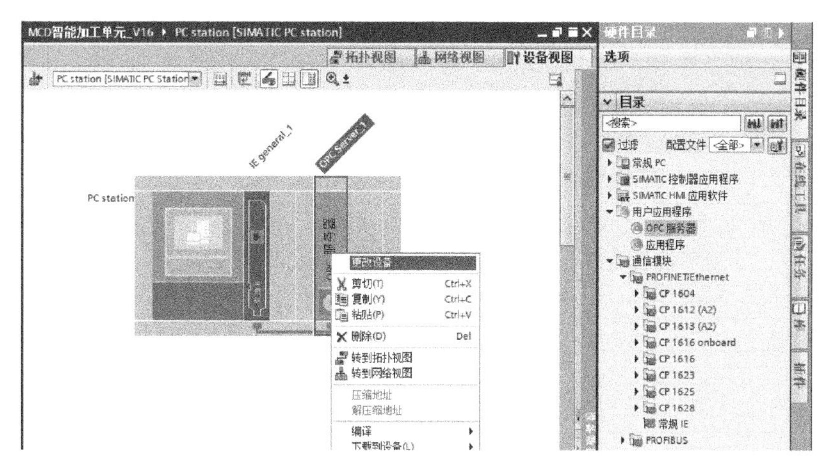

图 4-38　更改 OPC 服务器版本

6）在“更改设备”对话框中更改设备版本为“SW V8.0”，单击“确定”按钮完成更改，如图 4-39 所示。

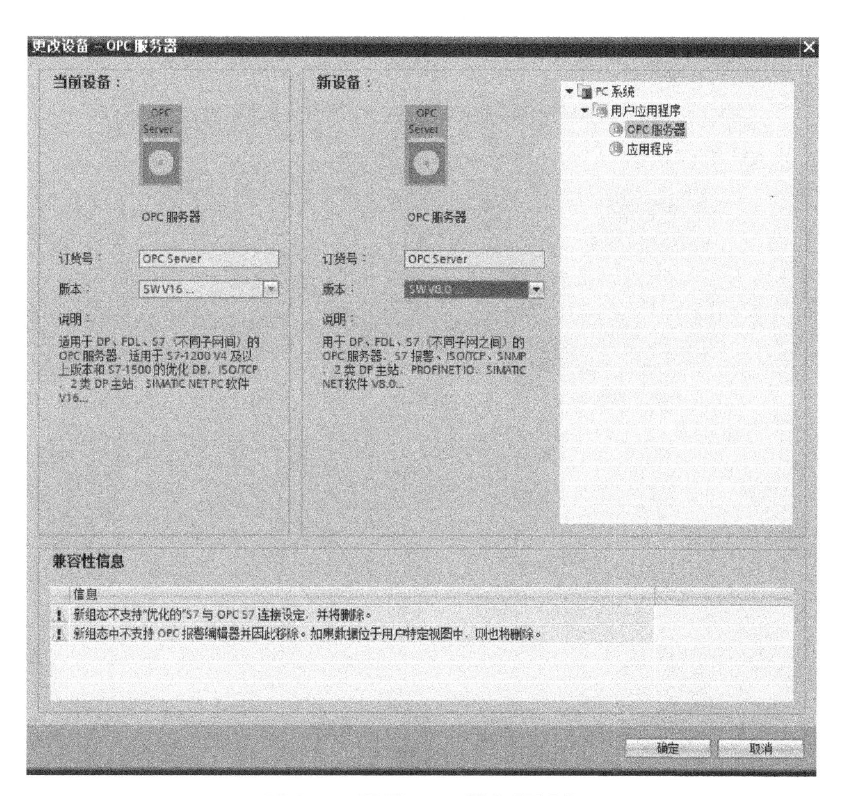

图 4-39　设置 OPC 服务器版本

（2）编辑网络连接

1）单击选中“IE general_1”的网口，然后单击选中“属性”选项卡，在“常规”中单击“以太网地址”选项，单击“添加新子网”按钮，添加新子网。

2）输入 IP 地址：192. 168. 100. 23，子网掩码：255. 255. 255. 0，如图 4-40 所示。

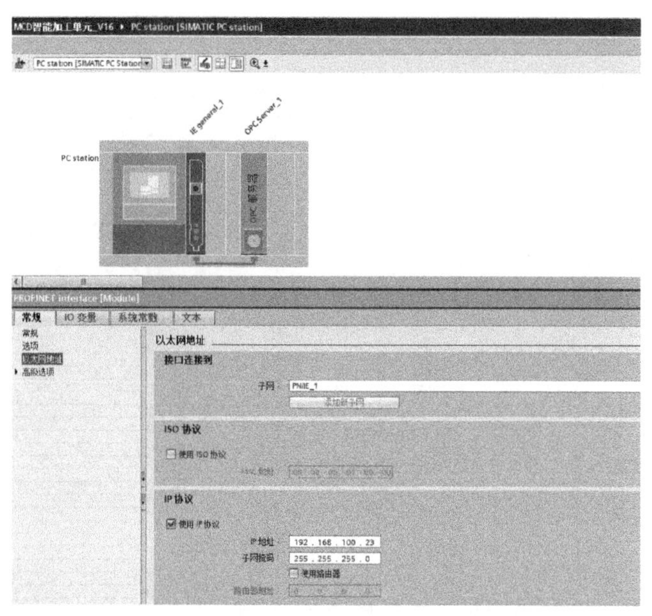

图 4-40　设置 IP 地址

3）单击选中“网络视图”选项卡，在中间的画面中选择“连接”选项，并在其后的下拉列表框中选择“S7 连接”选项，在两个端口之间按住鼠标左键拖动建立连接，如图 4-41 所示。

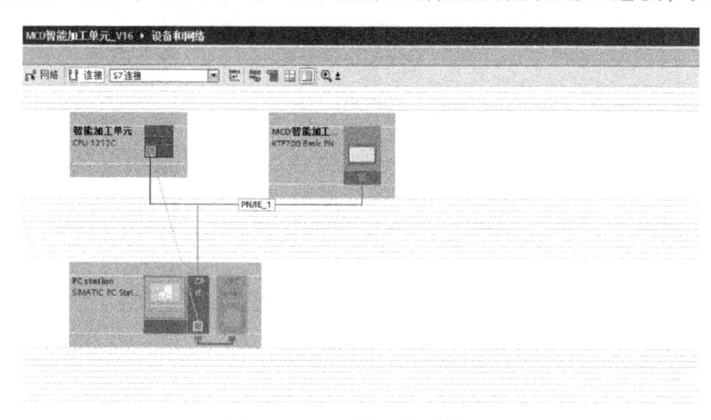

图 4-41　设置网络连接 1

4）连接效果图，如图 4-42 所示。

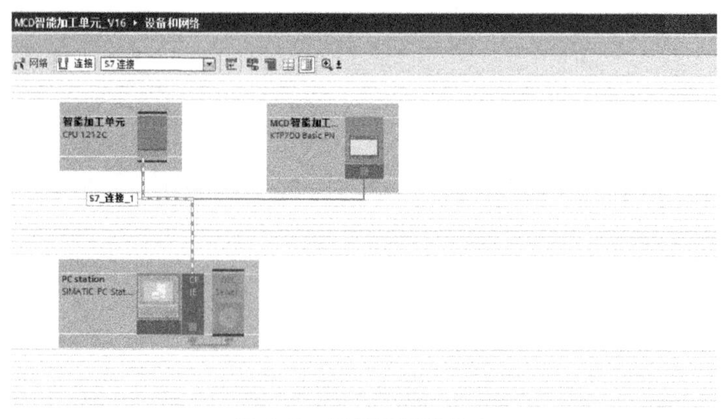

图 4-42　设置网络连接 2

5）单击中间图标“OPC Server”后，再单击“常规”选项卡中的“OPC符号”选项，在右侧选项区域中单击选中“全部”单选框，如图4-43所示。

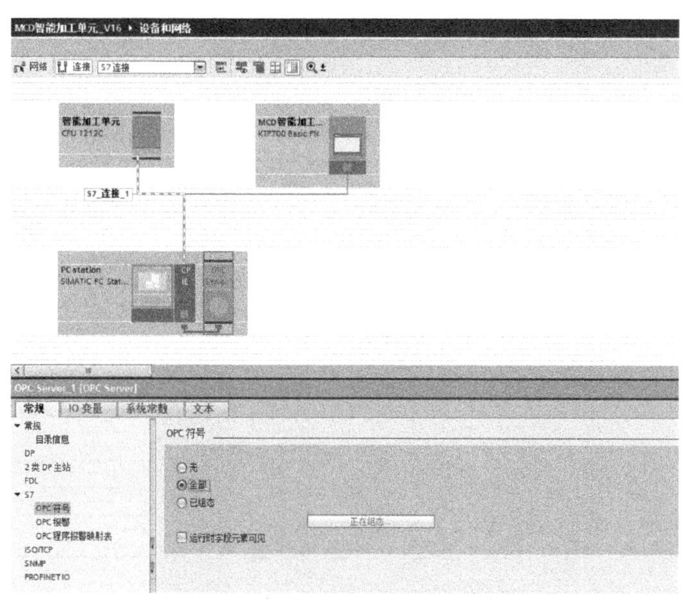

图4-43　OPC服务参数设置

6）单击“S7_连接_1”查看连接属性，如图4-44所示。

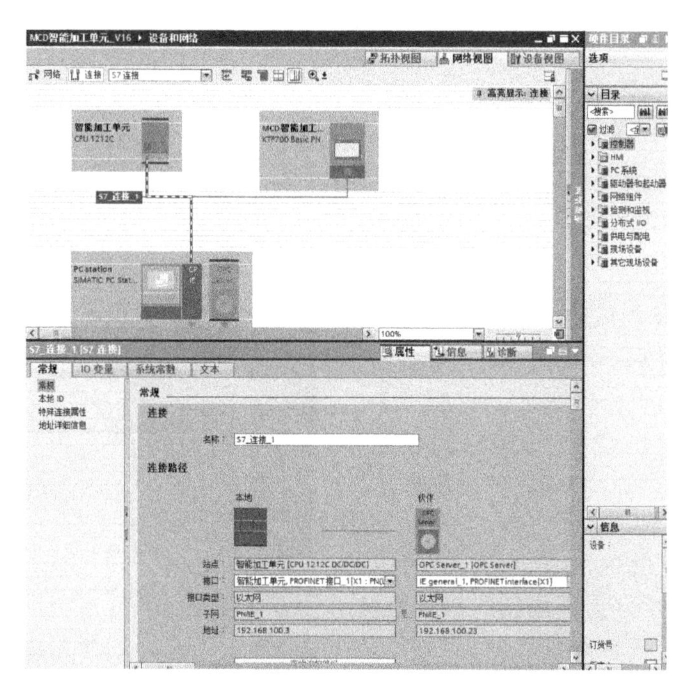

图4-44　查看连接属性

7）单击选中“拓扑视图”选项卡，单击“PC station”设备，再在“常规”选项卡中选中“XDB组态”选项，然后选中“生成XDB文件”复选框；最后单击“XDB文件路径”后的“浏览”按钮，生成“.\PC station. xdb”文件，如图4-45所示。

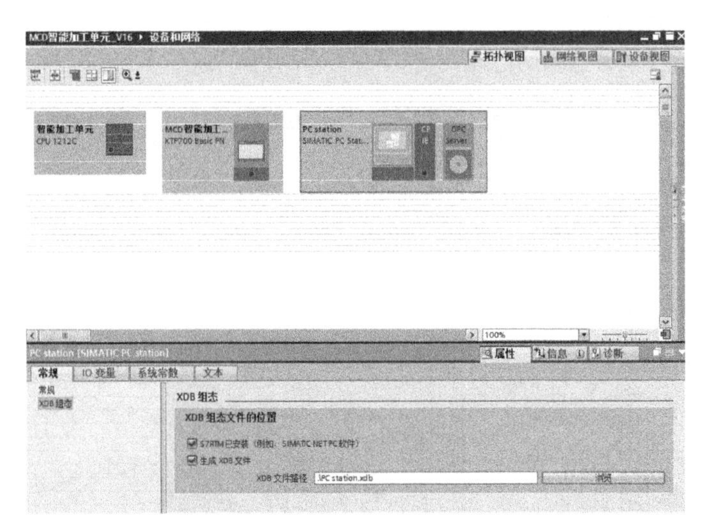

图 4-45　查看 XDB 文件路径

8）将“XDB 文件”放入 PLC 程序文件夹中，单击“保存”按钮，如图 4-46 所示。

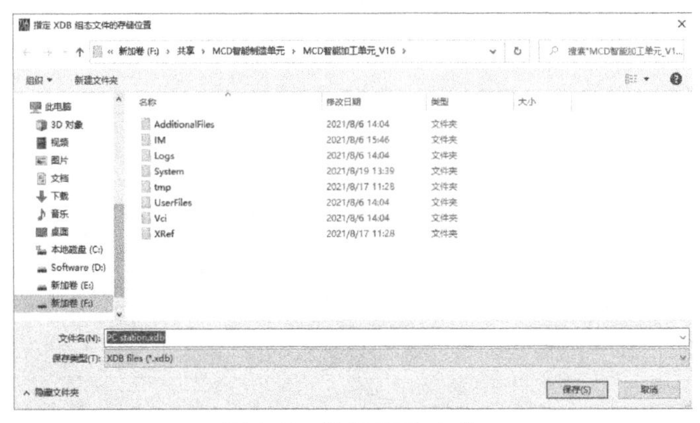

图 4-46　保存 XDB 文件

2. SIMATIC_NET_PC_Software_V16 软件

建立虚拟仿真须先建立调试环境，电脑安装 NX 1980.0、TIA Portal V16、SIMATIC_NET_PC_Software_V16 软件（此软件安装完成后会分为 Station Configurator 和 OPC Scout V10 两款软件）。电脑和真实的 PLC 用网线进行连接，其中电脑网络适配器 IP 地址设置为 100 网段，例如，192.168.100.×××，×××为不相同的任意整数，其值与“PC station” IP 地址相同。

1）打开 Station Configurator 软件，等待软件启动完成，如图 4-47 所示。

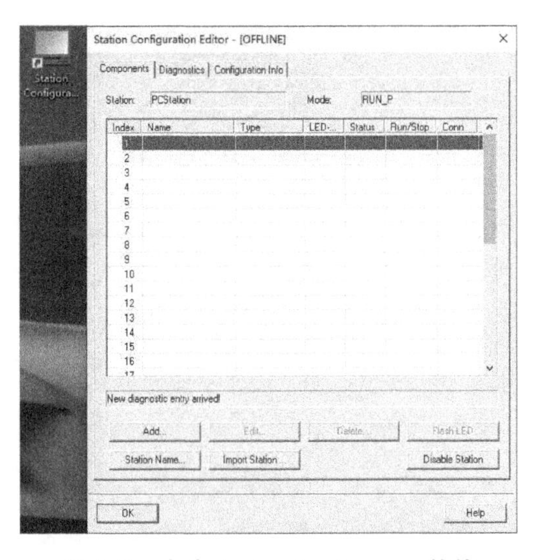

图 4-47　启动 Station Configurator 软件

2）在 Station Configurator 软件里面右击“index (1)”选项后，单击“Add”选项，如图 4-48 所示。

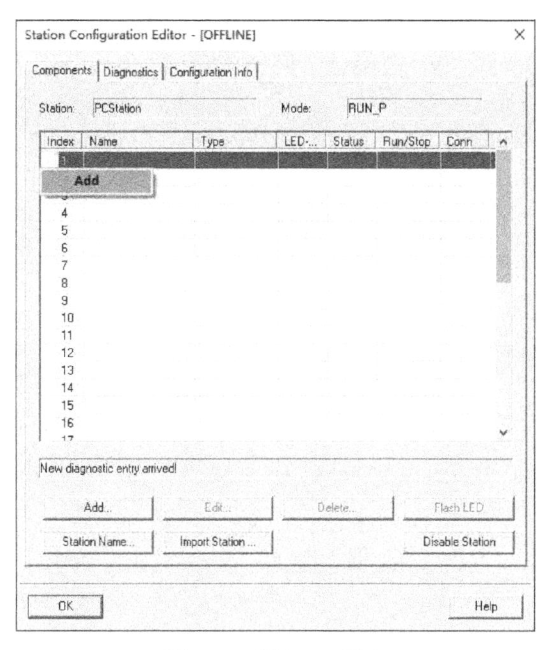

图 4-48　添加 IE 网卡

3）在“Add Component”对话框中选中“IE General”选项。在“Parameter assig”下拉列表中选择电脑主板网卡，单击“OK”按钮，如图 4-49 所示。

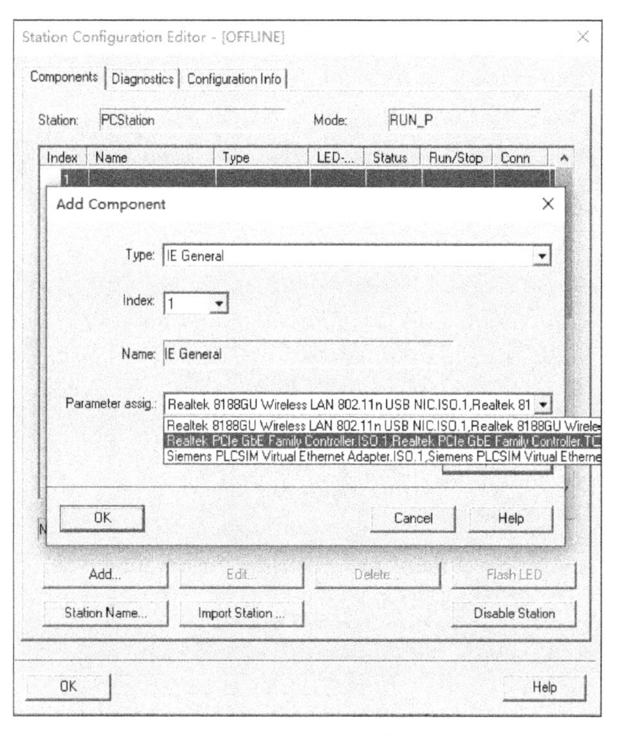

图 4-49　设置网卡

4）在弹出的对话框中继续单击“OK”按钮，如图 4-50 所示。

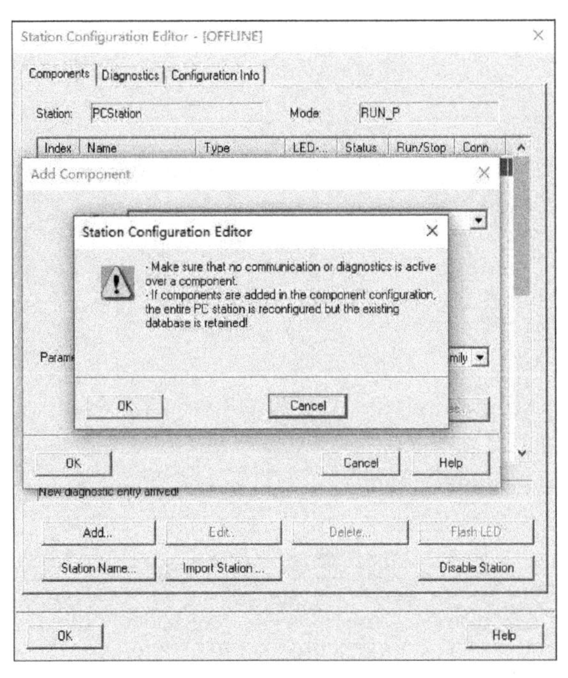

图 4-50　设置网卡参数

5）在弹出的对话框中继续单击“OK”按钮（注意检查对话框中的“IP address”是否为设置的网络适配器中的 IP），如图 4-51 所示。

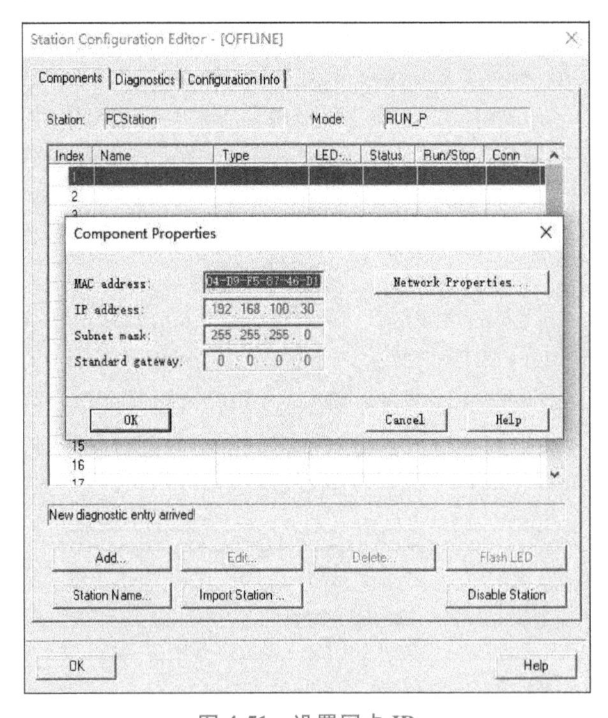

图 4-51　设置网卡 IP

6）在 Station Configurator 软件中找到“Index（3）”，右键后单击“Add”选项，如图 4-52 所示。

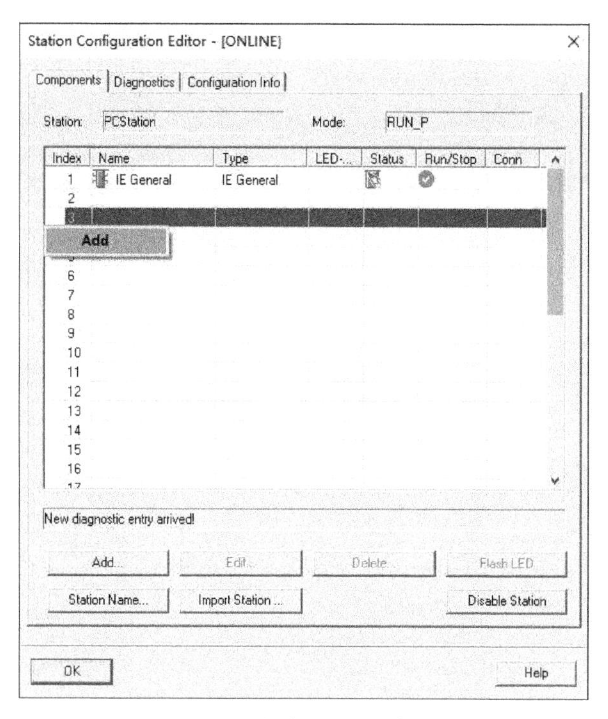

图 4-52　添加 OPC 服务器

7）在弹出的对话框中选中“OPC Server”选项，单击“OK”按钮，如图 4-53 所示。

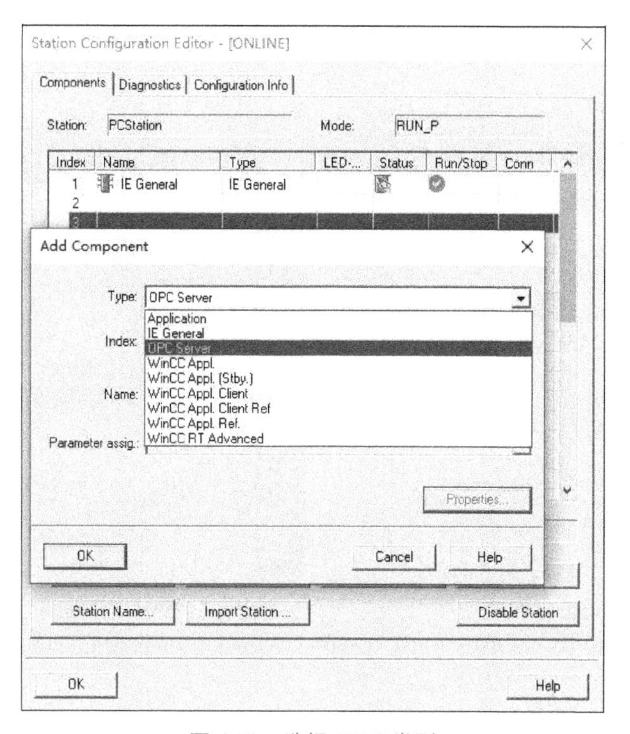

图 4-53　选择 OPC 类型

8）在弹出对话框中，单击“OK”按钮，如图 4-54 所示。

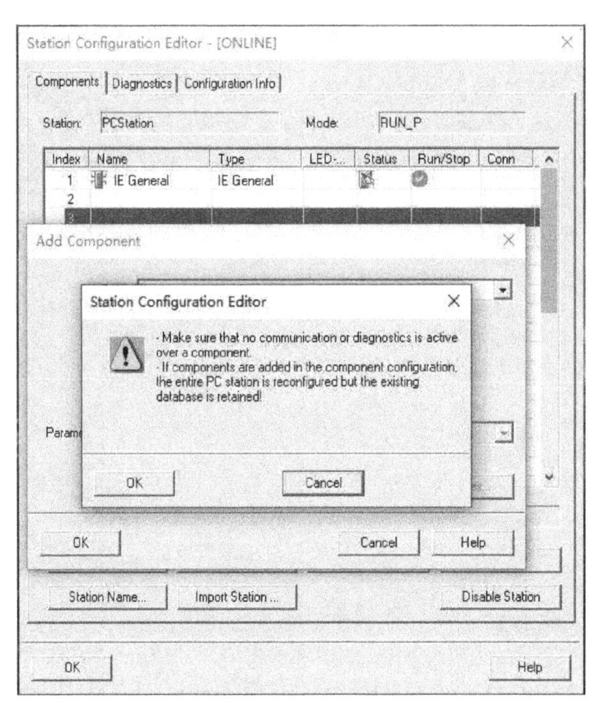

图 4-54　设置参数

9）Station Configurator 软件设置完成的界面如图 4-55 所示。

10）打开 OPC Scout V10 软件，等待软件启动完成，如图 4-56 所示。

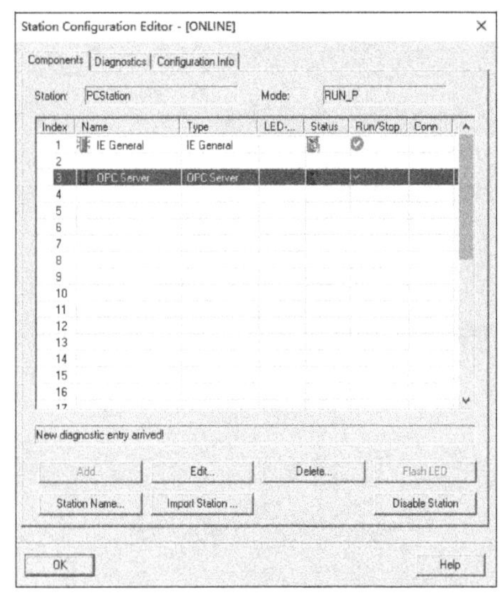

图 4-55　软件设置完成

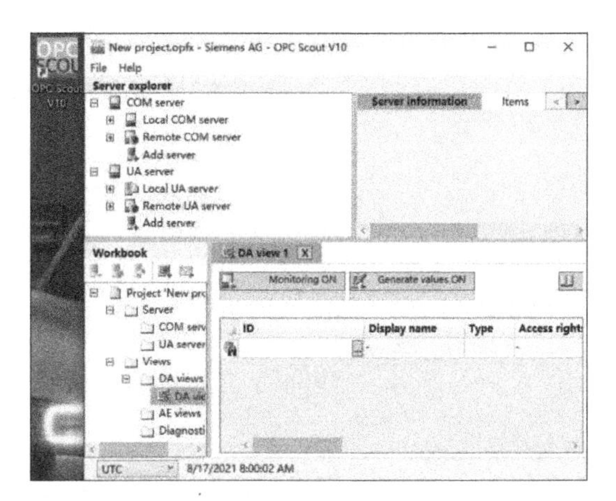

图 4-56　打开 OPC Scout V10 程序服务器界面

3. 下载程序

1）在博图软件中下载 PLC 程序到 PLC 中，选择“MCD 智能加工单元”选项，完成下载。

2）HMI 下载。

① 选择“MCD 智能加工单元 HMI”选项，单击“仿真”按钮，等待启动完成，如图 4-57 所示。

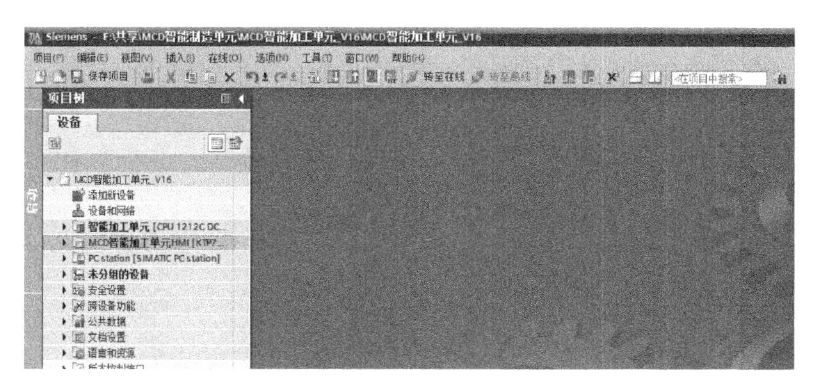

图 4-57　启动 HMI

② 启动 HMI 仿真后的界面如图 4-58 所示。

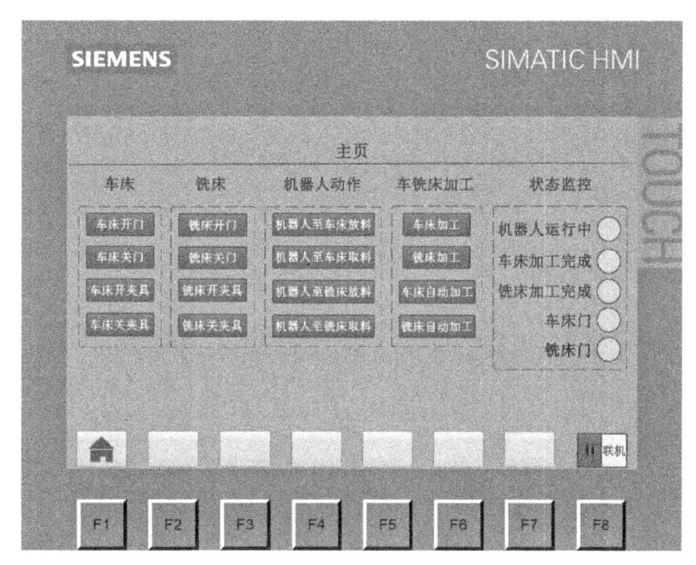

图 4-58　HMI 操作界面

3）将 PC station 下载到 Station Configurator 软件。

① 选择“PC station”选项，单击“下载”按钮，如图 4-59 所示。

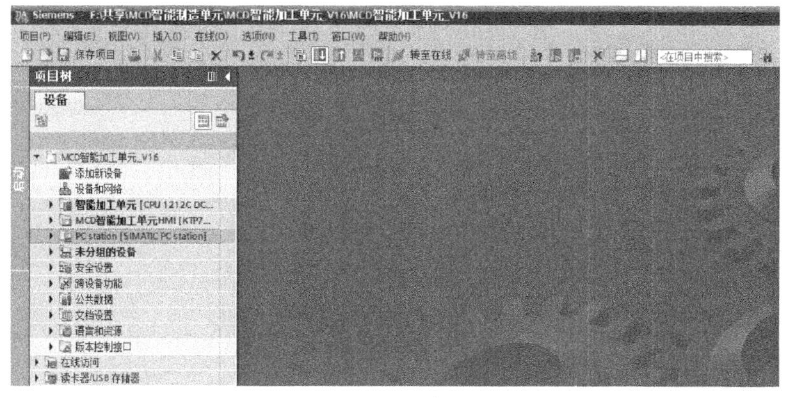

图 4-59　装载程序

② PC station 成功下载到 Station Configurator 软件后，软件状态如图 4-60 所示。

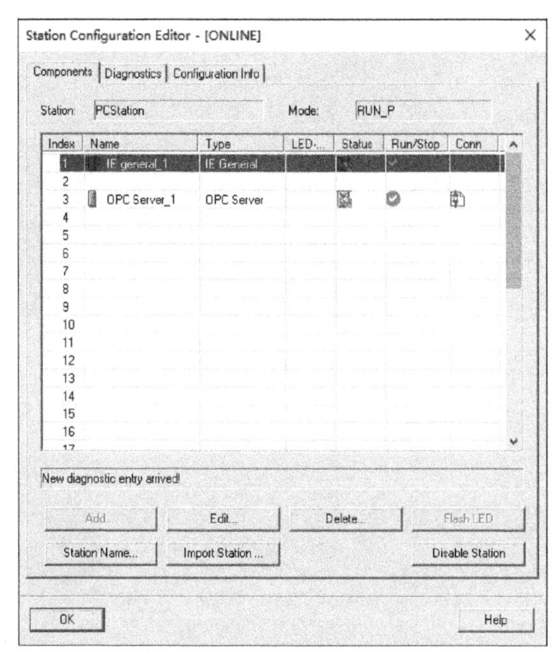

图 4-60　下载完成

4）设置 OPC Scout V10 软件。

① 单击 OPC Scout V10 软件右侧 “COM server”→“Local COM server”→“OPC. SimaticNET”→“\SYM:”→“S7-1200 station_1”→“智能加工单元 PLC” 选项，如图 4-61 所示。

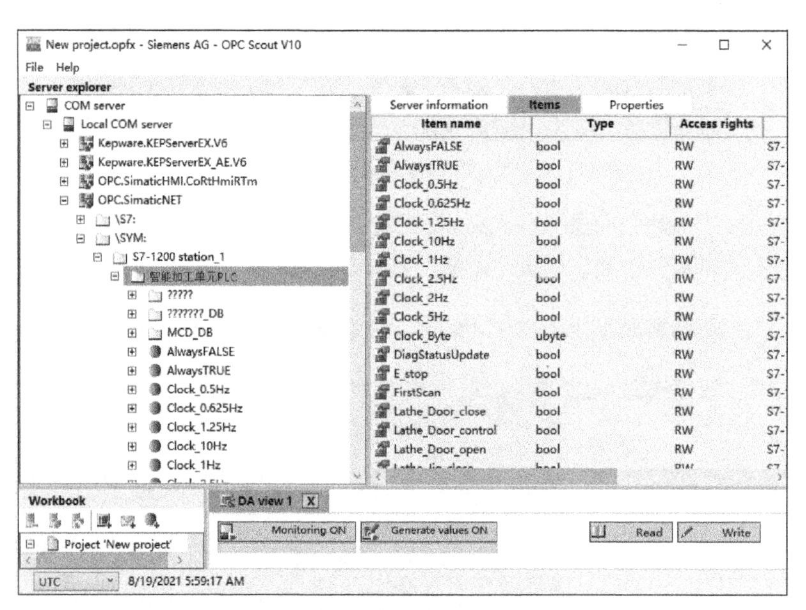

图 4-61　配置 OPC Scout V10

② 在 “Server explorer” 列表框下定位到智能加工单元 PLC 变量 “FirstScan”，如图 4-62 所示。

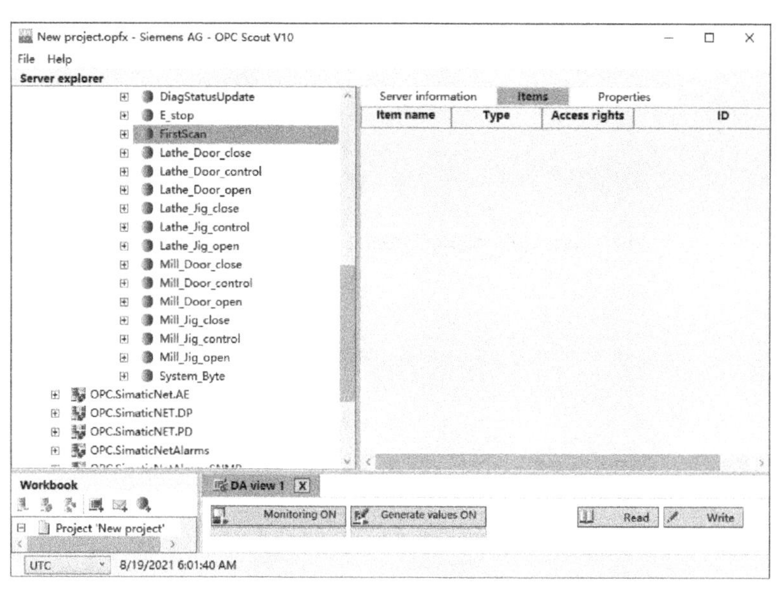

图 4-62　定位变量

③ 左键把 FirstScan 到 System_Byte 之间所有的变量拖到“DA view 1”列表框下，如图 4-63 所示。

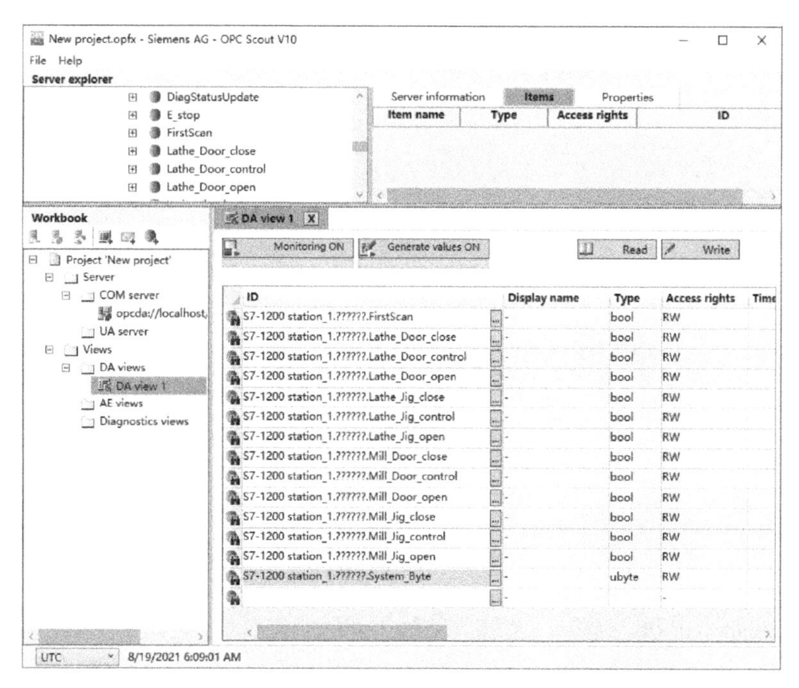

图 4-63　监视变量

④ 在“Server explorer”列表框下定位到智能加工单元 PLC 变量，MCD_DB 变量块，如图 4-64 所示。

⑤ 展开 MCD_DB 变量块，把所有的变量左键拖到“DA view 1”列表框下，如图 4-65 所示。

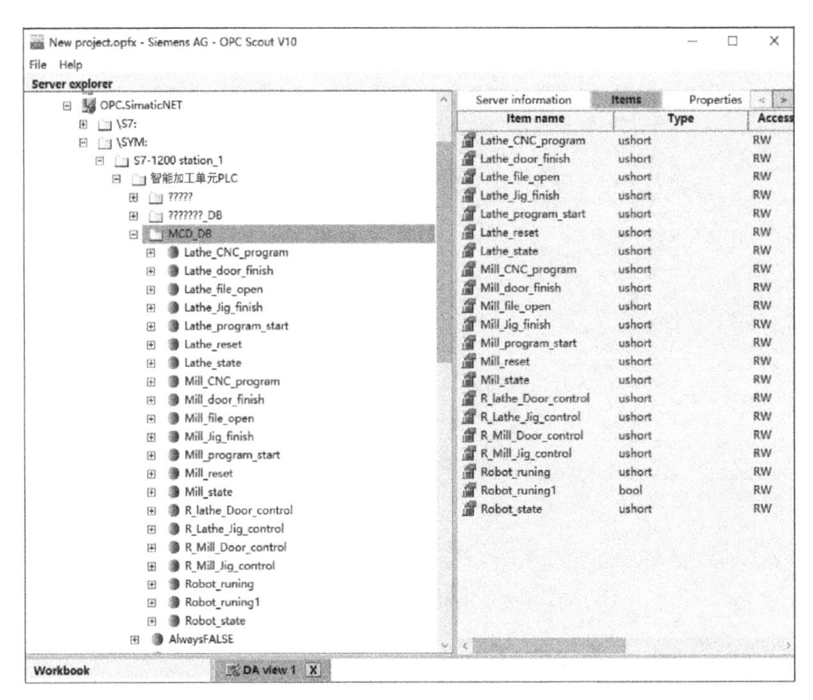

图 4-64　定位 MCD_DB 变量块

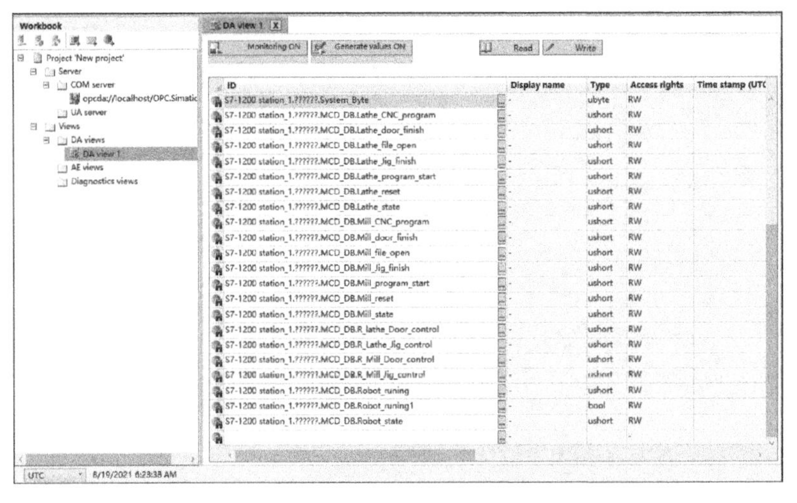

图 4-65　监视变量

⑥ 单击“Monitoring ON”按钮，监视智能加工站的所有变量。

⑦ 观察“Quality”和“Result”两列监控列表分别为“good”和“S_OK”即可，如图 4-66 所示。

4. 加载模型文件

1）打开 NX 软件，等待软件加载完成。

2）在 NX 软件工具栏中单击“打开”命令，选中“3 智能生产加工单元 . prt”模型文件，单击“确定”按钮，如图 4-67 所示，等待模型加载完成。

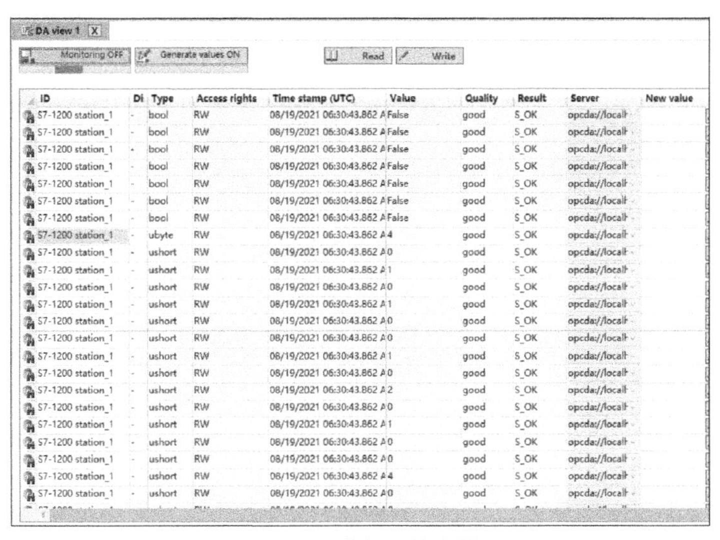

ID	Di	Type	Access rights	Time stamp (UTC)	Value	Quality	Result	Server	New value
S7-1200 station_1	-	bool	RW	08/19/2021 06:30:43.862 A	False	good	S_OK	opcda://localh	
S7-1200 station_1	-	bool	RW	08/19/2021 06:30:43.862 A	False	good	S_OK	opcda://localh	
S7-1200 station_1	-	bool	RW	08/19/2021 06:30:43.862 A	False	good	S_OK	opcda://localh	
S7-1200 station_1	-	bool	RW	08/19/2021 06:30:43.862 A	False	good	S_OK	opcda://localh	
S7-1200 station_1	-	bool	RW	08/19/2021 06:30:43.862 A	False	good	S_OK	opcda://localh	
S7-1200 station_1	-	bool	RW	08/19/2021 06:30:43.862 A	False	good	S_OK	opcda://localh	
S7-1200 station_1	-	bool	RW	08/19/2021 06:30:43.862 A	False	good	S_OK	opcda://localh	
S7-1200 station_1	-	ubyte	RW	08/19/2021 06:30:43.862 A	4	good	S_OK	opcda://localh	
S7-1200 station_1	-	ushort	RW	08/19/2021 06:30:43.862 A	0	good	S_OK	opcda://localh	
S7-1200 station_1	-	ushort	RW	08/19/2021 06:30:43.862 A	1	good	S_OK	opcda://localh	
S7-1200 station_1	-	ushort	RW	08/19/2021 06:30:43.862 A	0	good	S_OK	opcda://localh	
S7-1200 station_1	-	ushort	RW	08/19/2021 06:30:43.862 A	1	good	S_OK	opcda://localh	
S7-1200 station_1	-	ushort	RW	08/19/2021 06:30:43.862 A	0	good	S_OK	opcda://localh	
S7-1200 station_1	-	ushort	RW	08/19/2021 06:30:43.862 A	0	good	S_OK	opcda://localh	
S7-1200 station_1	-	ushort	RW	08/19/2021 06:30:43.862 A	1	good	S_OK	opcda://localh	
S7-1200 station_1	-	ushort	RW	08/19/2021 06:30:43.862 A	0	good	S_OK	opcda://localh	
S7-1200 station_1	-	ushort	RW	08/19/2021 06:30:43.862 A	2	good	S_OK	opcda://localh	
S7-1200 station_1	-	ushort	RW	08/19/2021 06:30:43.862 A	0	good	S_OK	opcda://localh	
S7-1200 station_1	-	ushort	RW	08/19/2021 06:30:43.862 A	1	good	S_OK	opcda://localh	
S7-1200 station_1	-	ushort	RW	08/19/2021 06:30:43.862 A	0	good	S_OK	opcda://localh	
S7-1200 station_1	-	ushort	RW	08/19/2021 06:30:43.862 A	0	good	S_OK	opcda://localh	
S7-1200 station_1	-	ushort	RW	08/19/2021 06:30:43.862 A	4	good	S_OK	opcda://localh	
S7-1200 station_1	-	ushort	RW	08/19/2021 06:30:43.862 A	0	good	S_OK	opcda://localh	

图 4-66　监视后的变量

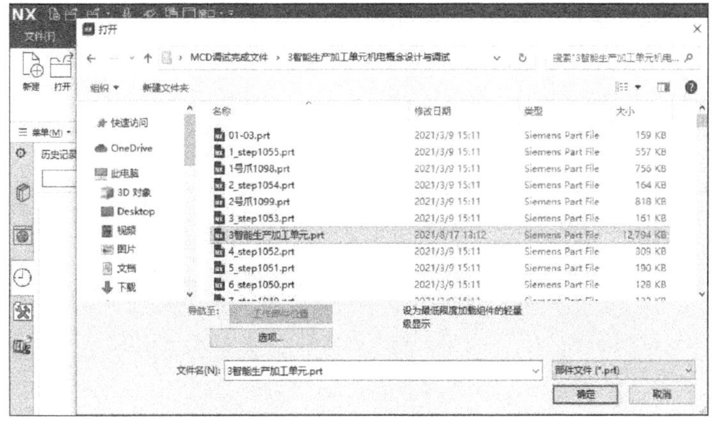

图 4-67　加载模型文件

5. 设置“外部信号配置”

1）配置外部信号。在 NX 软件的工具栏中找到“外部信号配置”命令，单击进入设置界面，如图 4-68 所示。

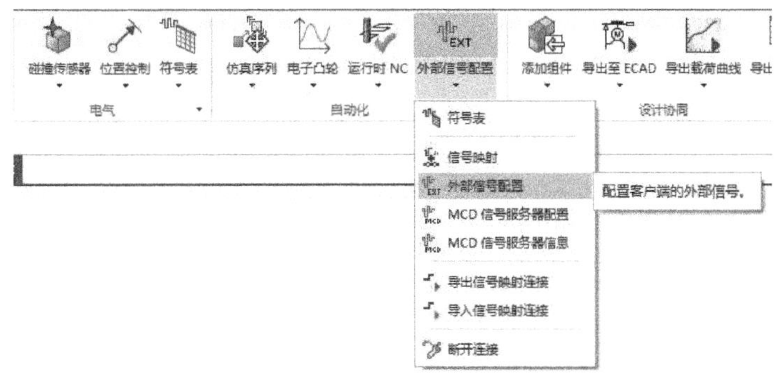

图 4-68　选择“外部信号配置”

2）新建 OPC DA 服务器。在“外部信号配置”对话框的“OPC DA”选项卡中找“服务器信息”选项，在右侧“+”中添加新服务器，如图 4-69 所示。

图 4-69 “外部信号配置”对话框

3）设置 OPC DA 服务器，如图 4-70 所示。

①“服务器类型”设置为“本地”。

② 服务器“名称”选择“OPC. SimaticNET. 1”选项，单击“确定”按钮。

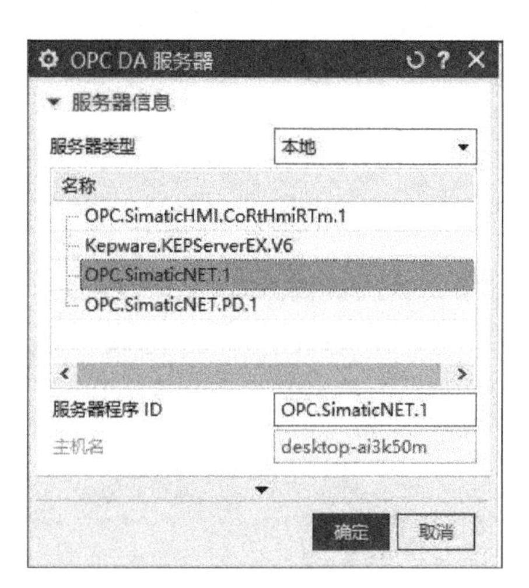

图 4-70 设置 OPC DA 服务器

4）设置外部信号，如图 4-71 所示。

在“外部信号配置”对话框中的“标记”栏中，单击选中“OPC_Server”→“智能加工单元”下的“Lathe_Door_control”~“Mill_Jig_close”之间的变量。

5）在“外部信号配置”对话框中的“标记”栏中单击选中“OPC_Server”→“智能加工单元 PLC 变量”的 MCD_DB 块中间变量，并单击“确定”按钮，如图 4-72 所示。

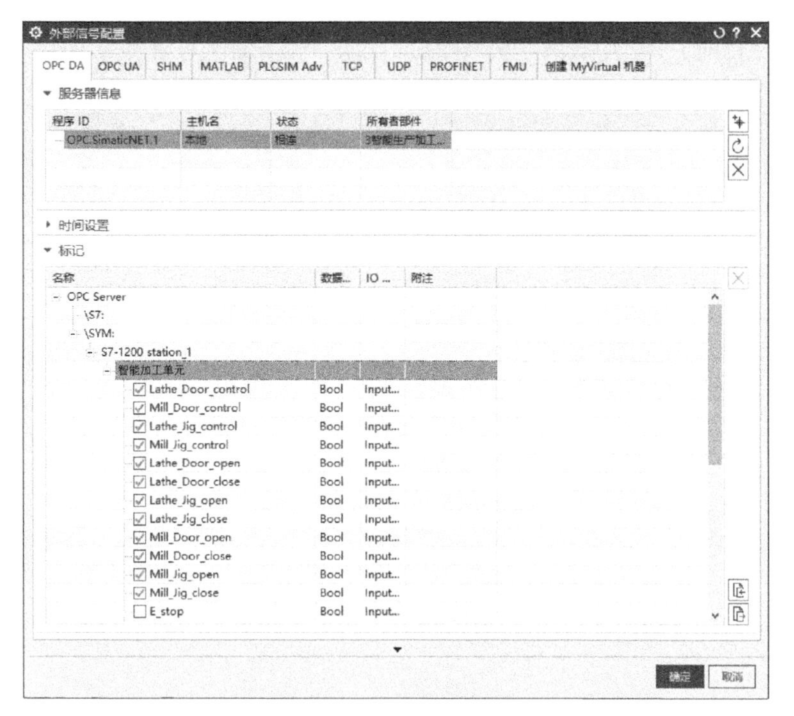

图 4-71　选择变量

图 4-72　选择 MCD_DB 块

6. 建立信号映射

1）在 NX 软件的工具栏中找到“信号映射”命令，单击进入设置界面，如图 4-73 所示。

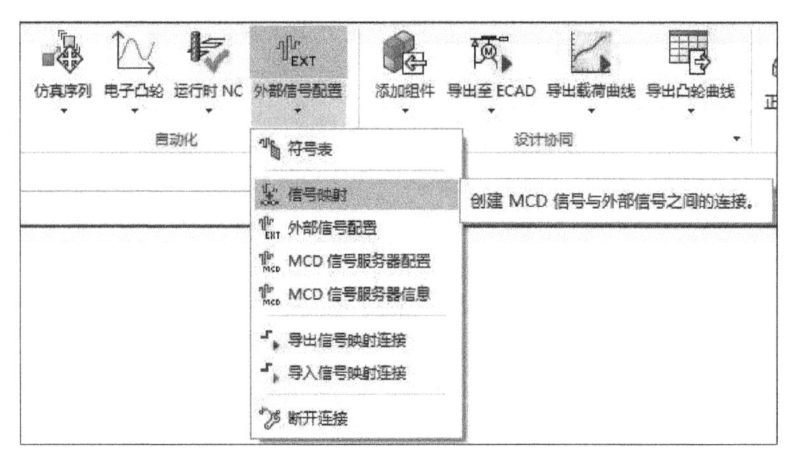

图 4-73　信号映射

2）在设置界面中，外部信号类型选择“OPC DA”选项，如图 4-74 所示。

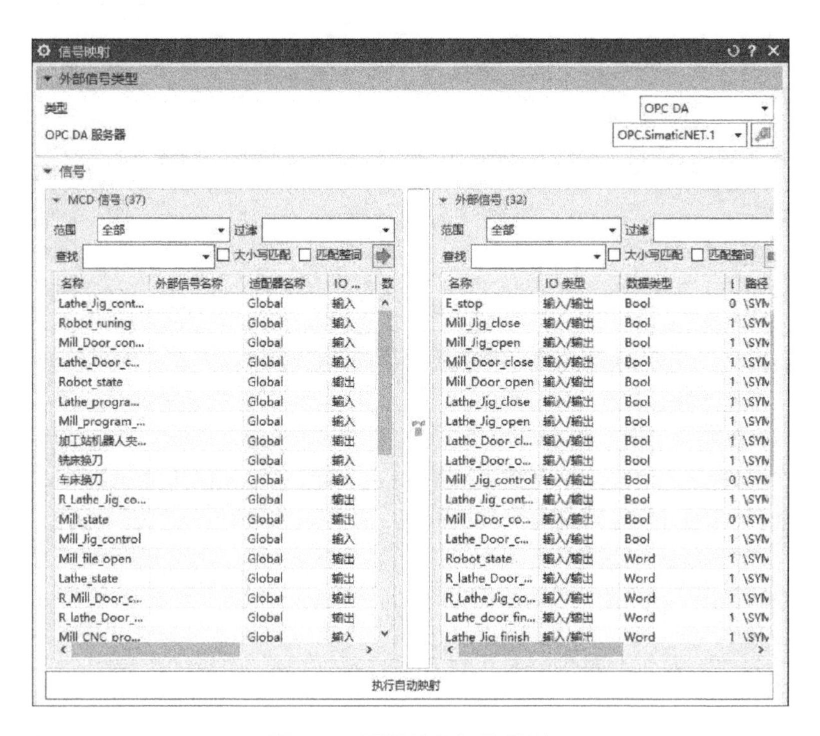

图 4-74　配置外部信号类型

3）OPC DA 服务器选择“OPC. SimaticNET. 1”选项，会出现如图 4-75 所示信号界面。

4）建立信号映射，单击“执行自动映射”按钮，软件会根据信号执行信号映射，单击“确定”按钮，如图 4-76 所示。

5）在 NX 软件的机电导航器中将显示信号连接的列表，如图 4-77 所示。

图 4-75　配置完后的信号界面

图 4-76　执行信号映射

7. 机器人运动轨迹仿真调试

“主页” HMI 界面如图 4-78 所示。

（1）在单机模式下测试

1）按下“车床开门”按钮，MCD 车床门打开，按下“车床关门”按钮，MCD 车床门关闭，按下“车床开夹具”按钮，MCD 车床夹具打开，按下“车床关夹具”按钮，MCD 车床夹具关闭。铣床功能与车床相同。

- 信号连接
  - OPC.SimaticNET.1
    - Global_Lathe_Door_close_Lathe_Door_close 信号映射连接
    - Global_Lathe_Door_control_Lathe_Door_control 信号映射连接
    - Global_Lathe_door_finish_Lathe_door_finish 信号映射连接
    - Global_Lathe_Door_open_Lathe_Door_open 信号映射连接
    - Global_Lathe_file_open_Lathe_file_open 信号映射连接
    - Global_Lathe_Jig_close_Lathe_Jig_close 信号映射连接
    - Global_Lathe_Jig_control_Lathe_Jig_control 信号映射连接
    - Global_Lathe_Jig_finish_Lathe_Jig_finish 信号映射连接
    - Global_Lathe_Jig_open_Lathe_Jig_open 信号映射连接
    - Global_Lathe_reset_Lathe_reset 信号映射连接
    - Global_Lathe_state_Lathe_state 信号映射连接
    - Global_Mill_Door_close_Mill_Door_close 信号映射连接
    - Global_Mill_door_finish_Mill_door_finish 信号映射连接
    - Global_Mill_Door_open_Mill_Door_open 信号映射连接
    - Global_Mill_file_open_Mill_file_open 信号映射连接
    - Global_Mill_Jig_close_Mill_Jig_close 信号映射连接
    - Global_Mill_Jig_finish_Mill_Jig_finish 信号映射连接
    - Global_Mill_Jig_open_Mill_Jig_open 信号映射连接
    - Global_Mill_reset_Mill_reset 信号映射连接
    - Global_Mill_state_Mill_state 信号映射连接
    - Global_R_lathe_Door_control_R_lathe_Door_control 信号映射连接
    - Global_R_Lathe_Jig_control_R_Lathe_Jig_control 信号映射连接
    - Global_R_Mill_Door_control_R_Mill_Door_control 信号映射连接
    - Global_R_Mill_Jig_control_R_Mill_Jig_control 信号映射连接
    - Global_Robot_state_Robot_state 信号映射连接

图 4-77　执行信号映射后的界面

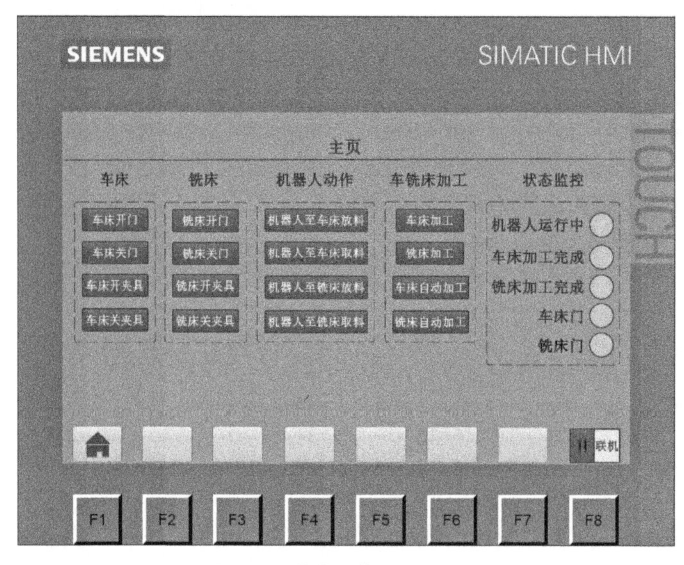

图 4-78　“主页”HMI 界面

2）按下“机器人至车床放料”按钮，查看 MCD 仿真机器人有没有执行相应的动作，如没有执行相应动作，或动作执行错误，请检查 PLC 程序，“机器人至车床取料”按钮、“机器人至铣床放料”按钮、“机器人至铣床取料”按钮，与“机器人至车床放料”按钮功能相同。

3）在车床放料完成后，按下“车床加工”按钮，查看车床是否会运行，如没有执行相应动作，或动作执行错误，请检查 PLC 程序。铣床加工功能与车床相同。

（2）在联机模式下测试　按下“车床自动加工”按钮，查看机器人是否先自动取料，放至车床里面，车床夹具自动夹紧，机器人移出车床外，车床门自动关闭；3s 后车床自动开始加工，加工完成后“车床加工完成”亮绿灯，然后机器人自动至车床取料放至原位，车床自动加工测试完成。铣床自动加工功能与车床相同。

习题

1. 机器人在工业领域中的典型应用有哪些?
2. 简述智能加工单元中的加工设备种类。
3. 简述加工单元在智能生产线中的功能和作用。

项目五

智能检测单元数字化设计与仿真

[知识目标]

■ 了解智能检测单元的机械结构组成。
■ 了解智能检测单元的电气控制原理。
■ 了解智能检测单元的工作原理。
■ 了解智能检测单元的 MCD 机电联合调试平台的组成。

[职业能力目标]

■ 能进行三坐标测量仪的夹具控制程序设计。
■ 能进行三坐标测量仪启动、停止系统控制程序设计。
■ 能进行三坐标测量仪检测结果的采集程序设计。
■ 能进行智能检测单元的通信程序设计。

[重点难点]

■ 检测设备的数据采集程序设计。
■ 智能检测单元的通信程序设计。

在智能制造产线中，质量检测工作站对于所生产的零部件起到质量检测的作用，以确保零部件达到质量合格的要求，是整条产线能够运行的关键环节之一。本项目基于 IM9008 智能制造产线的智能检测单元，包含两个学习任务：智能检测单元控制程序设计、智能检测单元机电联合仿真调试，主要学习智能检测单元的组成、电气控制电路的设计、控制程序的设计，以及搭建机电联合调试平台，通过虚拟调试平台对智能检测单元的控制程序进行调试、功能验证和优化。

项目准备

一、智能检测单元机械结构

智能检测单元由三坐标测量仪、机器人、检测停止站、RFID 读写器、物料缓存区和检测单元控制系统组成。智能检测单元的工作节拍是工件通过传送带进入智能检测单元的停止站，停止站上的 RFID 读写器读取物料托盘上的 RFID 编码，判断是否是本工作站上的任务，当确认是本工作站任务时，机器人把载有工件的托盘拿到缓存区，机器人再把缓存区物料托盘上的工件送到三坐标测量仪上进行检测，检测完成后机器人把工件从三坐标测量仪里面取出放到缓存区托盘上，当有下个空物流转托盘进入停止站时，机器人把放有已检测工件的托盘放入流转托盘里面送入仓储站。智能检测单元设备组成如图 5-1 所示。

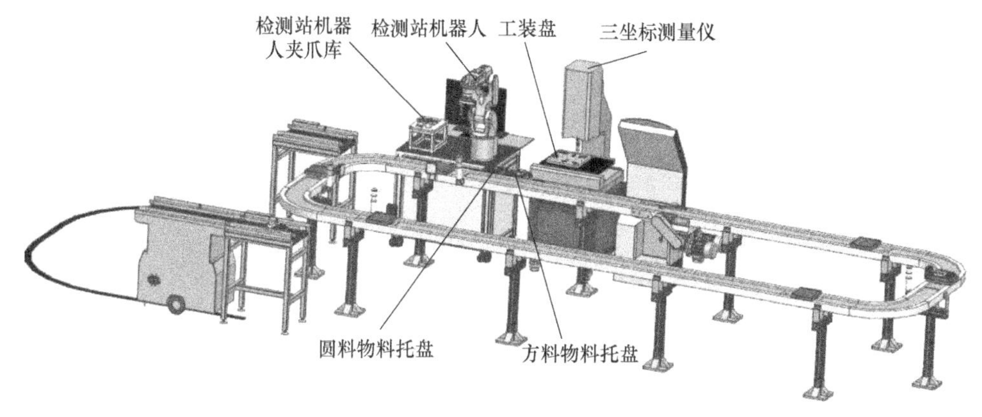

图 5-1　智能检测单元设备组成

二、智能检测单元电气控制

1. 电源控制

电源控制主要实现电源接入和分配的功能。交流 220V 电源经过主电路开关和断路器，再经过滤波器滤波之后给检测单元供电。该单元附带的电源负载较多，在控制柜内部给开关电源与交换机供电通过外部插座来给外部设备供电，主要的供电设备有三坐标测量仪、控制计算机、机器人。电源供电电路图如图 5-2 所示。

2. 夹具控制

检测站夹具安装在三坐标测量仪台面上，由机器人控制。机器人输出控制继电器，进而控制夹具电磁阀。夹具阀为单向阀，默认通气夹紧，电磁阀上电松开。机器人带两副快换夹爪，由机器人内置电磁阀控制，夹爪库上对应的每个夹具都安装有相应的位置检测开关。夹具控制电路图如图 5-3 所示。

3. 输入/输出控制

1）直流供电（DC 24V）电路是对 PLC 系统中 CPU 模块、DI/DQ 输入/输出模块、触摸屏供电。通过互锁电路控制供电，按下 SB2 按钮，继电器吸合并自锁，完成供电，同时绿色的电源指示灯亮起，按下 SB1 按钮则断开供电，电路图如图 5-4 所示。

2）PLC 输入/输出控制电路的信号主要是三坐标测量仪和 PLC 的交互信号。由于三坐标测

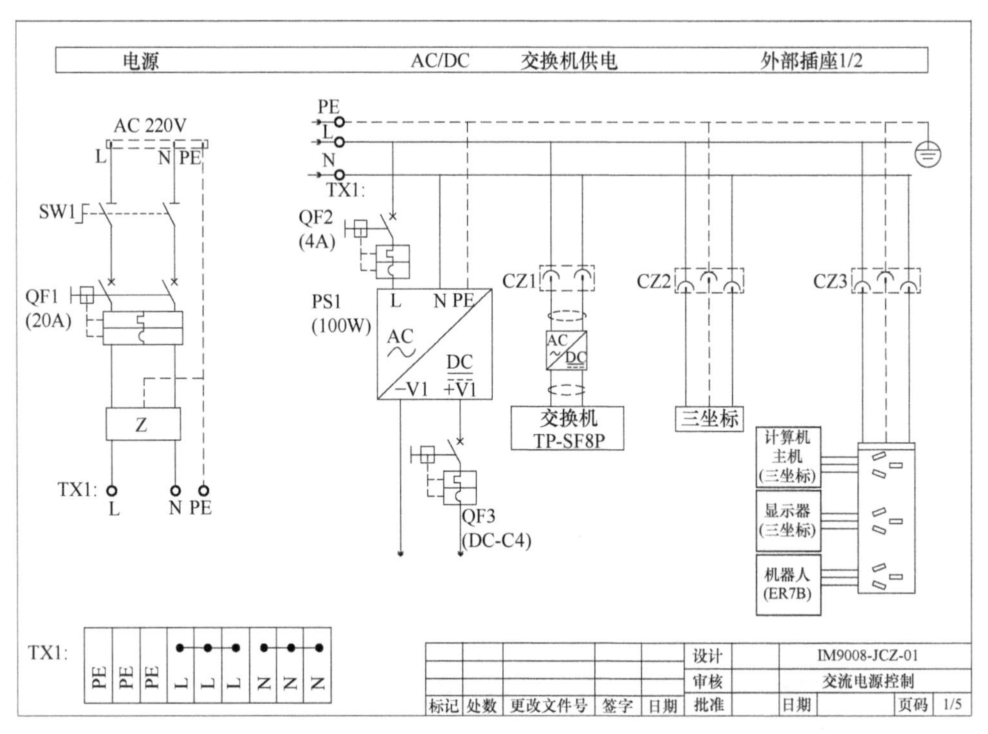

图 5-2　电源供电电路图

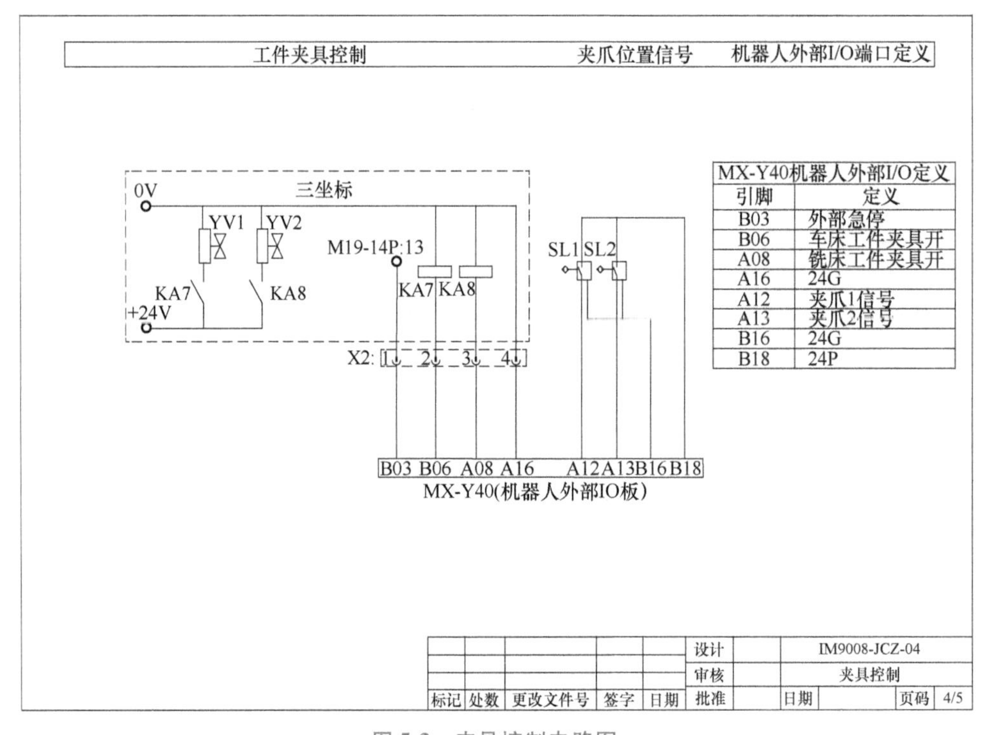

图 5-3　夹具控制电路图

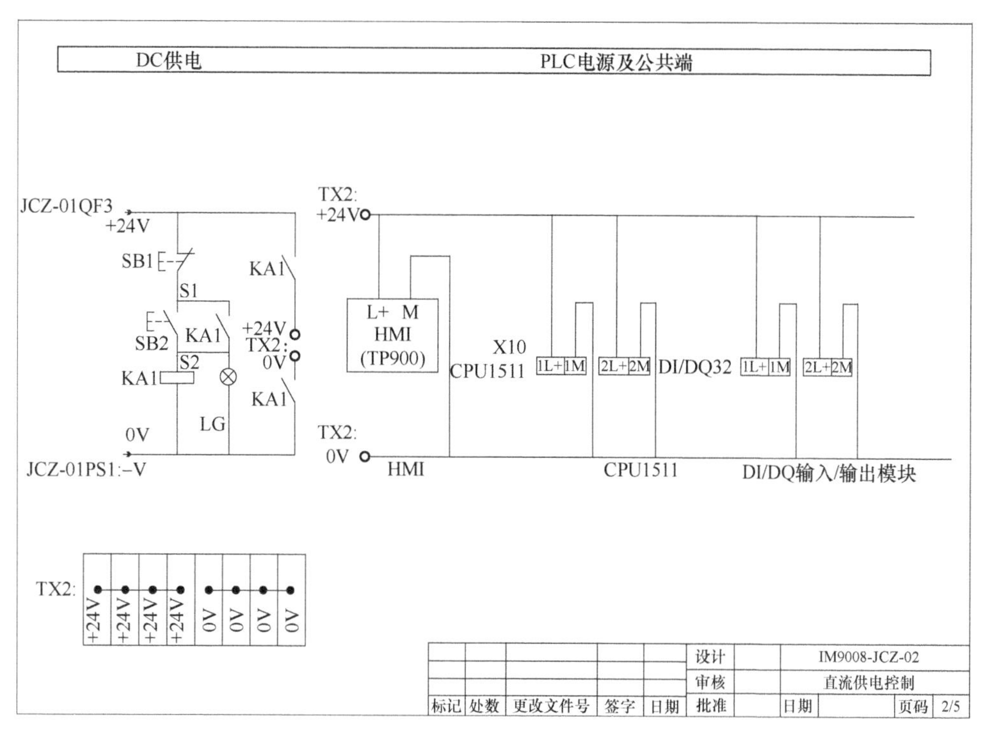

图 5-4　直流供电控制电路图

量仪的输入/输出信号都是低电平，而 PLC 的输入/输出都是高电平，所以电路中使用继电器进行转化，电路图如图 5-5 所示。

4. 通信端口分配

1）通信端口分配主要是 PLC 的输入/输出端口分配，用于和三坐标测量仪以及机器人进行信号交互，见表 5-1。

表 5-1　通信端口分配

端口	定义	端口	定义
I0. 0	急停	Q0. 0	机器人急停
I0. 1	检测不合格	Q0. 1	三坐标急停
I0. 2	检测合格	Q0. 2	程序运行
I0. 3	程序运行状态	Q0. 3	程序号 1
I0. 4	方料夹具开到位	Q0. 4	程序号 2
I0. 5	方料夹具关到位	Q0. 5	检测方料夹具
I0. 6	圆料夹具开到位	Q0. 6	检测圆料夹具
I0. 7	圆料夹具关到位		

2）网络连接分配是将各设备用网线连接至本站的交换机，进而实现组网，网络连接图如图 5-6 所示。

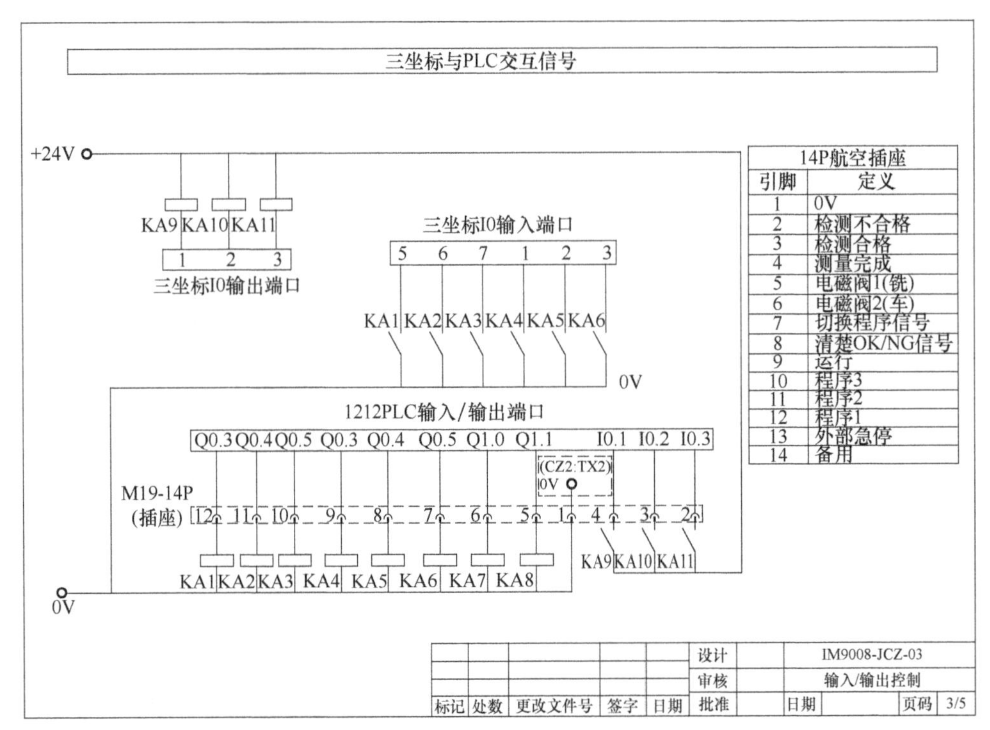

图 5-5　PLC 输入/输出控制电路图

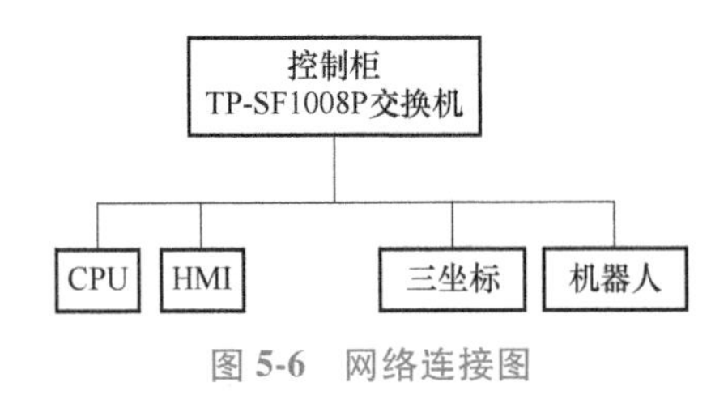

图 5-6　网络连接图

任务一　智能检测单元控制程序设计

本任务根据智能检测单元的工作原理和功能，对智能检测单元控制程序、设备的通信程序、测量数据的采集程序，以及人机交互界面进行设计。让学生在了解智能检测单元工作逻辑的基础上，掌握智能检测单元控制程序的设计方法。本任务的具体实现功能为，当智能检测单元收到指定工件检测指令后，三坐标工作台上相应的气动夹具打开并且工作台移动到固定上下料位置，机器人从物料托盘上取工件送入夹具，气动夹具夹紧工件，机器人退出三坐标工作台，相应的检测程序启动开始检测，工件检测完成后，反馈检测结果并移动工作台固定上下料位置，气动夹具松开，机器人夹紧工件取出放回物料托盘。

一、实施条件

零部件图样、计算机、NX 1980.0、TIA Portal V16。

二、实施内容

本任务模块在 PLC 程序设计过程中共包括 9 步：①创建新项目；②硬件组态；③创建变量表；④智能检测单元数据块的创建；⑤编写手动控制程序；⑥编写机器人控制程序；⑦编写三坐标测量仪控制程序；⑧编写三坐标测量仪自动检测程序；⑨设计人机交互界面。

1. 流程图

本任务的流程图如图 5-7 所示。

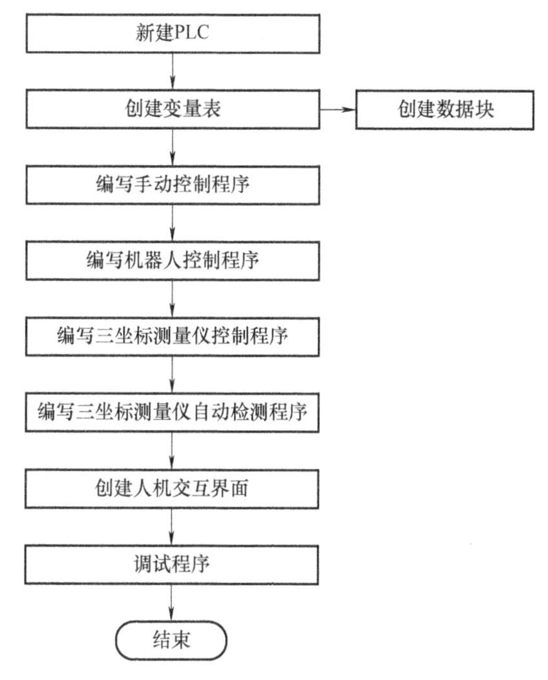

图 5-7　智能检测单元控制程序设计流程图

2. 变量表

智能检测单元的输入/输出变量见表 5-2。

表 5-2　输入/输出变量表

名称	数据类型	地址	名称	数据类型	地址
急停	BOOL	I0. 0	机器人急停	BOOL	Q0. 0
检测不合格	BOOL	I0. 1	三坐标急停	BOOL	Q0. 1
检测合格	BOOL	I0. 2	程序运行	BOOL	Q0. 2
程序运行状态	BOOL	I0. 3	程序号 1	BOOL	Q0. 3
方料夹具开到位	BOOL	I0. 4	程序号 2	BOOL	Q0. 4
方料夹具关到位	BOOL	I0. 5	检测方料夹具	BOOL	Q0. 5
圆料夹具开到位	BOOL	I0. 6	检测圆料夹具	BOOL	Q0. 6
圆料夹具关到位	BOOL	I0. 7			

3. 智能检测单元数据块的创建

智能检测单元_硬件组态

（1）硬件组态

1）创建 PLC。在“项目树”中双击“添加新设备”命令，单击选择“控制器”→“SIMATIC S7-1500”→“CPU”→“CPU 1511-1 PN”→“6ES7511-1AK02-0AB0”。版本选择“V2.8”，单击“确认”按钮完成创建，如图 5-8 所示。

2）添加 I/O 模块。在“硬件目录”下选择“DI/DQ”选项，单击 DI/DQ 输入/输出模块“DI 16x24VDC/DQ 16x24VDC/0.5A BA”，订货号设置为“6ES7 523-1BL00-0AA0”。

3）设置 IP 地址。双击 PLC 上的网口，选择“以太网地址”选项，将 IP 地址设置为 192.168.100.4，子网掩码设置为 255.255.255.0。

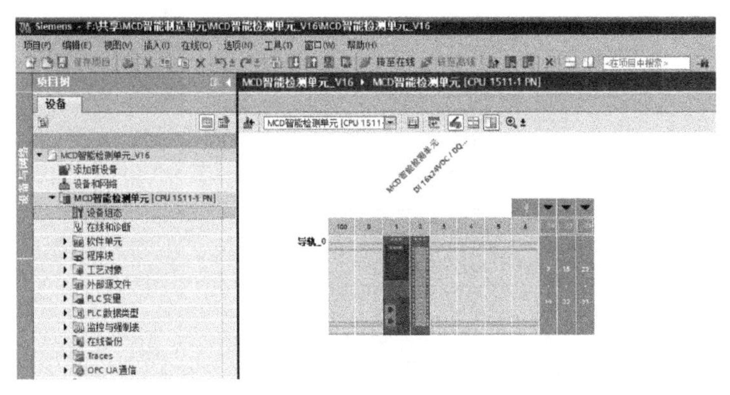

图 5-8 PLC 组态

4）创建 HMI。在“项目树”中双击“添加新设备”命令，单击选择“HMI”→“SIMATIC 精简系列面板”→“7″显示屏”→“KTP700 Basic”→“6AV2 123-2GB03-0AX0”，版本为“16.0.0.0”。图 5-9 所示，双击 HMI 上的网口，选择“以太网地址”选项，在“IP 协议”下将 IP 地址设置为 192.168.100.14，子网掩码设置为 255.255.255.0。

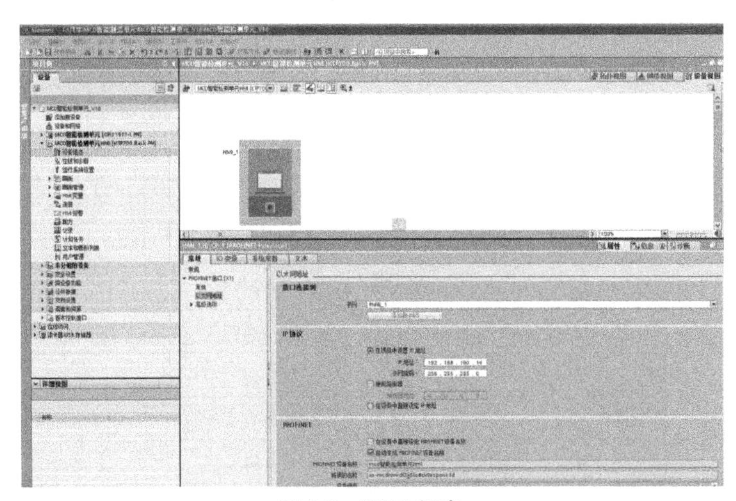

图 5-9 HMI 组态

5）建立设备连接。在“网络视图”下设置HMI连接，首先单击“网络视图”→“连接”选项，再选择“HMI连接”选项，最后单击HMI网口，按住鼠标左键直接拖动至PLC网口上，松开鼠标，完成网络连接，如图5-10所示。

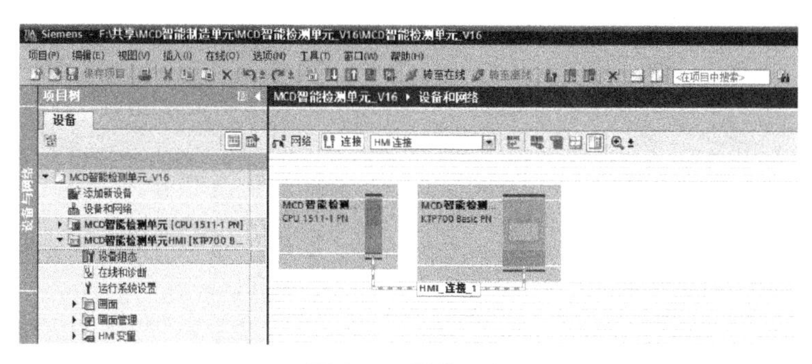

图 5-10　网络组态

（2）创建变量表　根据需要添加如下变量，输入：急停、检测不合格、检测合格、程序运行状态、方料夹具开到位、方料夹具关到位、圆料夹具开到位、圆料夹具关到位；输出：机器人急停、三坐标急停、程序运行、程序号1、程序号2、检测方料夹具、检测圆料夹具，如图5-11所示。

MCD智能检测单元_V16 ▸ MCD智能检测单元 [CPU 1511-1 PN] ▸ PLC变量 ▸ 默认变量表 [66]

默认变量表

	名称	数据类型	地址
1	急停	Bool	%I0.0
2	检测不合格	Bool	%I0.1
3	检测合格	Bool	%I0.2
4	程序运行状态	Bool	%I0.3
5	方料夹具开到位	Bool	%I0.4
6	方料夹具关到位	Bool	%I0.5
7	圆料夹具开到位	Bool	%I0.6
8	圆料夹具关到位	Bool	%I0.7
9	机器人急停	Bool	%Q0.0
10	三坐标急停	Bool	%Q0.1
11	程序运行	Bool	%Q0.2
12	程序号1	Bool	%Q0.3
13	程序号2	Bool	%Q0.4
14	检测方料夹具	Bool	%Q0.5
15	检测圆料夹具	Bool	%Q0.6
16	System_Byte	Byte	%MB1
17	FirstScan	Bool	%M1.0
18	DiagStatusUpdate	Bool	%M1.1
19	AlwaysTRUE	Bool	%M1.2
20	AlwaysFALSE	Bool	%M1.3

图 5-11　变量表

（3）“MCD_DB”数据块内容　根据需要添加如下变量，数据类型为“Word”的变量：检测站机器人运行、机器人状态、ROB_PLC_开关夹具方料、ROB_PLC_开关夹具圆料、PLC_ROB_开关夹具方料反馈、PLC_ROB_开关夹具圆料反馈，如图5-12所示。

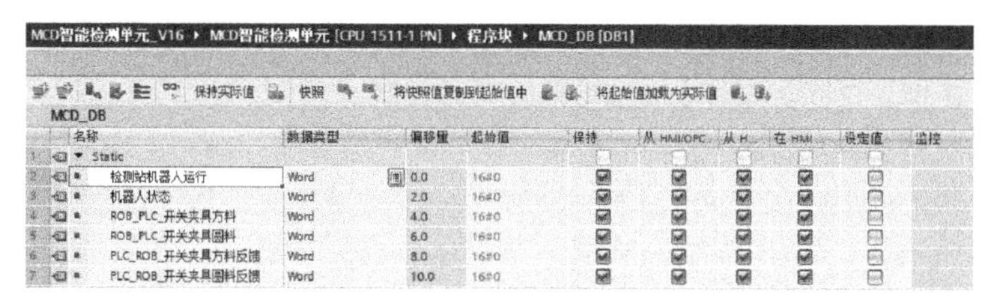
MCD智能检测单元_V16 ▸ MCD智能检测单元 [CPU 1511-1 PN] ▸ 程序块 ▸ MCD_DB [DB1]

MCD_DB

	名称	数据类型	偏移量	起始值
1	▼ Static			
2	检测站机器人运行	Word	0.0	16#0
3	机器人状态	Word	2.0	16#0
4	ROB_PLC_开关夹具方料	Word	4.0	16#0
5	ROB_PLC_开关夹具圆料	Word	6.0	16#0
6	PLC_ROB_开关夹具方料反馈	Word	8.0	16#0
7	PLC_ROB_开关夹具圆料反馈	Word	10.0	16#0

图 5-12　“MCD_DB”数据块

（4）“全局数据块”内容　根据需要添加如下变量，数据类型为“Bool”的变量：单机/联机、放长板至三坐标检测、至三坐标检测取长板、放圆柱至三坐标检测、至三坐标检测取圆柱、开方料夹具、开圆料夹具、关方料夹具、关圆料夹具、三坐标检测、三坐标检测_长板、三坐标检测_圆柱；数据类型为“Int”的变量：检测结果；数据类型为“Word”的变量：触发值，如图 5-13 所示。

MCD智能检测单元_V16 ▸ MCD智能检测单元 [CPU 1511-1 PN] ▸ 程序块 ▸ 全局数据块 [DB2]

保持实际值　快照　将快照值复制到起始值中　将起始值加载为实际值

全局数据块

	名称	数据类型	偏移量	起始值	保持	从 HMI/OPC...	从 H...	在 HMI ...	设定值	监控
1	▼ Static				☐	☐	☐	☐	☐	
2	单机/联机	Bool	0.0	false	☐	☑	☑	☑	☐	
3	放长板至三坐标检测	Bool	0.1	false	☐	☑	☑	☑	☐	
4	至三坐标检测取长板	Bool	0.2	false	☐	☑	☑	☑	☐	
5	放圆柱至三坐标检测	Bool	0.3	false	☐	☑	☑	☑	☐	
6	至三坐标检测取圆柱	Bool	0.4	false	☐	☑	☑	☑	☐	
7	开方料夹具	Bool	0.5	false	☐	☑	☑	☑	☐	
8	开圆料夹具	Bool	0.6	false	☐	☑	☑	☑	☐	
9	关方料夹具	Bool	0.7	false	☐	☑	☑	☑	☐	
10	关圆料夹具	Bool	1.0	false	☐	☑	☑	☑	☐	
11	检测结果	Int	2.0	0	☐	☑	☑	☑	☐	
12	触发值	Word	4.0	16#0	☐	☑	☑	☑	☐	
13	三坐标检测	Bool	6.0	false	☐	☑	☑	☑	☐	
14	三坐标检测_长板	Bool	6.1	false	☐	☑	☑	☑	☐	
15	三坐标检测_圆柱	Bool	6.2	false	☐	☑	☑	☑	☐	

图 5-13　全局数据块

4. 工装夹具控制程序设计

三坐标夹具手动控制程序如图 5-14 所示。该程序段功能为在单机模式下实现三坐标夹具的手动控制。

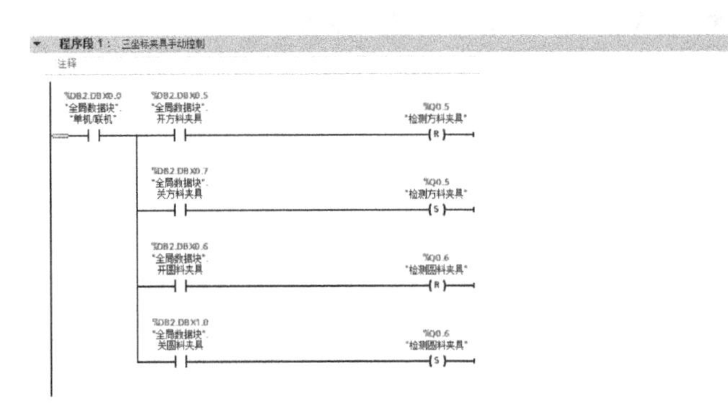

图 5-14　三坐标夹具手动控制程序

智能检测单元_工装夹具

5. 智能加工机器人控制程序设计

1）机器人调用程序如图 5-15 所示。该程序段功能为在单机模式下控制机器人放料至三坐标测量仪和从三坐标测量仪取料。

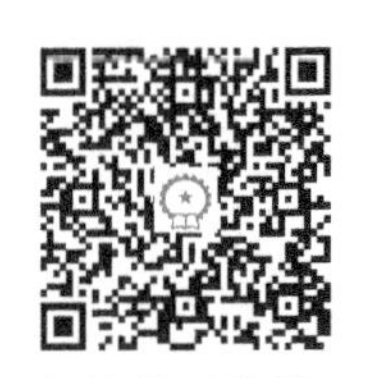

智能检测单元_机器人程序调用

2）铣床零件检测夹具控制程序如图 5-16 所示。该程序段功能为机器人控制方料夹具开或关，开关完成后反馈给机器人方料夹具状态。

3）车床零件检测夹具控制程序如图 5-17 所示。该程序段功能为机器人控制圆料夹具开或关，开关完成后反馈给机器人圆料夹具状态。

6. 三坐标检测控制程序设计

1）三坐标检测的功能为三坐标检测程序的调用，创建 FB 块，其背景数据定义如图 5-18 所示。

智能检测单元_三坐标检测

① 零件检测程序调用如图 5-19 所示。该程序段功能为在单机模式下判断机器人放置到三坐标测量仪的工件为方料或圆料，根据机器人放置条件调用相应的程序，3s 后调用程序运行，检测完成复位所有程序。

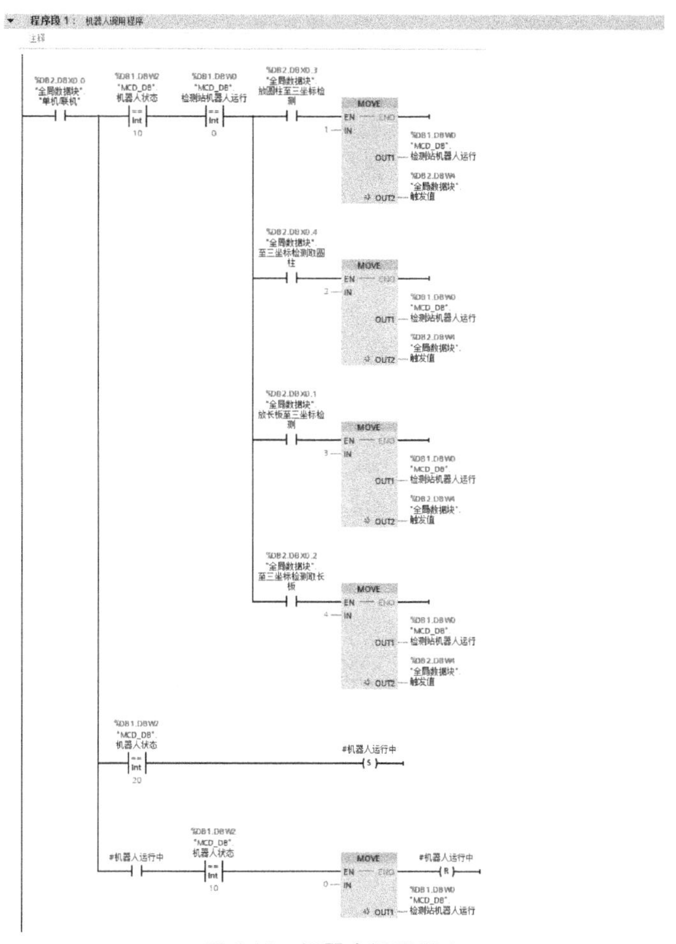

图 5-15　机器人调用程序

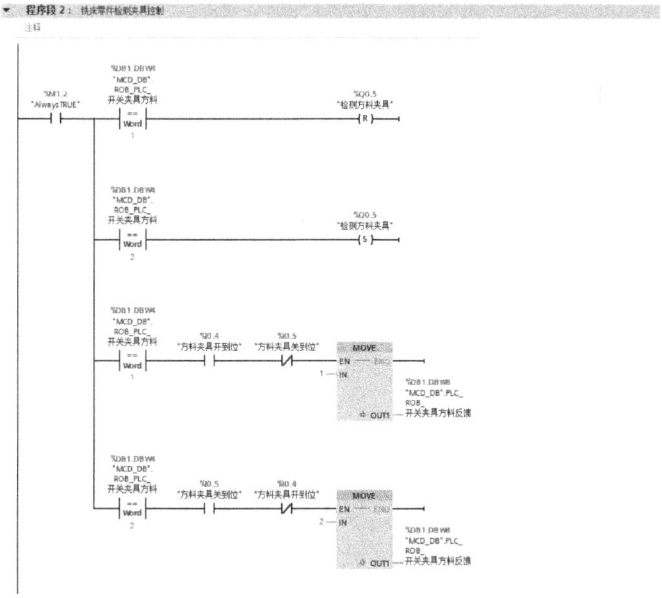

程序段 2： 铣床零件检测夹具控制
注释
%M1.2 "AlwaysTRUE"
%DB1.DBW4 "MCD_DB". ROB_PLC_开关夹具方料
%Q0.5 "检测方料夹具"
%I0.4 "方料夹具开到位"
%I0.5 "方料夹具关到位"
MOVE
EN ENO
IN
OUT1
%DB1.DBW8 "MCD_DB".PLC_ROB_开关夹具方料反馈

图 5-16　铣床零件检测夹具控制程序

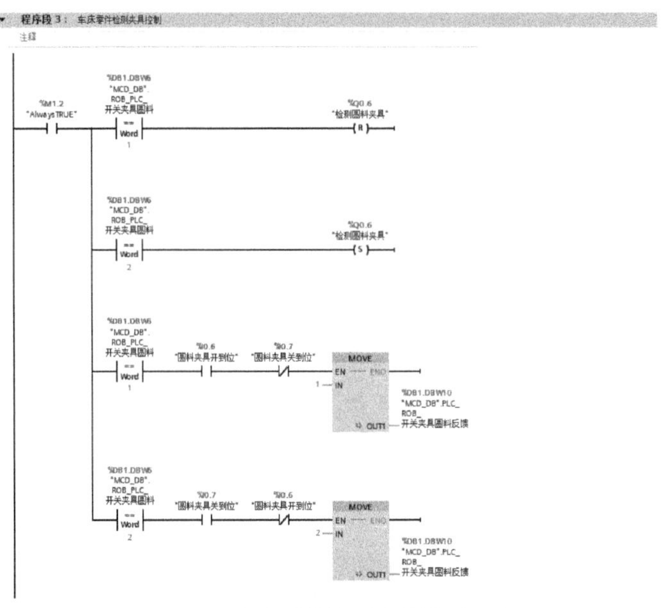

图 5-17　车床零件检测夹具控制程序

MCD智能检测单元_V16 ▸ MCD智能检测单元 [CPU 1511-1 PN] ▸ 程序块 ▸ 三坐标检测 [FB2]

三坐标检测

	名称	数据类型	默认值	保持	从 HMI/OPC...	从 H...	在 HMI...	设定值	监控	注释
1	▼ Input				☐	☐	☐	☐		
2	<新增>				☐	☐	☐	☐		
3	▼ Output				☐	☐	☐	☐		
4	<新增>				☐	☐	☐	☐		
5	▼ InOut				☐	☐	☐	☐		
6	<新增>				☐	☐	☐	☐		
7	▼ Static				☐	☐	☐	☐		
8	程序启动	Bool	false	非保持	☑	☑	☑	☐		
9	▸ TON	TON_TIME		非保持	☑	☑	☑	☐		
10	P_TRIG	Bool	false	非保持	☑	☑	☑	☐		
11	N_TRIG	Bool	false	非保持	☑	☑	☑	☐		
12	步	Int	0	非保持	☑	☑	☑	☑		
13	▼ Temp				☐	☐	☐	☐		
14	<新增>				☐	☐	☐	☐		
15	▼ Constant				☐	☐	☐	☐		
16	<新增>				☐	☐	☐	☐		

图 5-18　FB 块背景数据定义

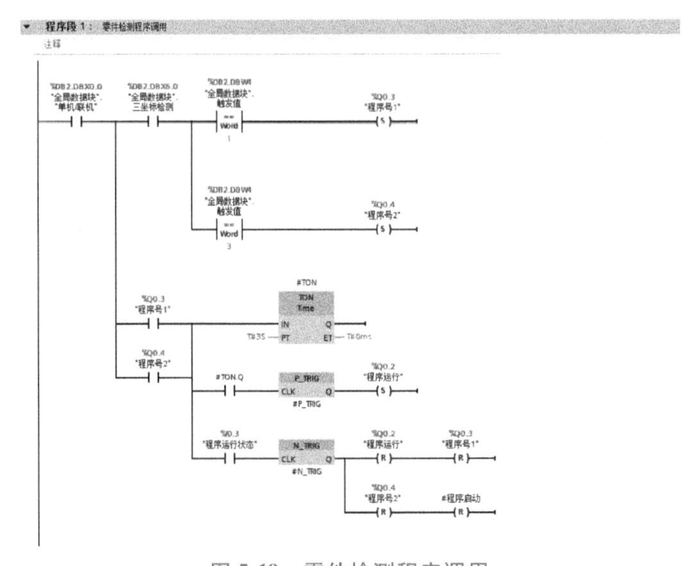

图 5-19　零件检测程序调用

② 检测结果输出程序如图 5-20 所示。该程序段功能为根据检测结果输出合格或不合格。

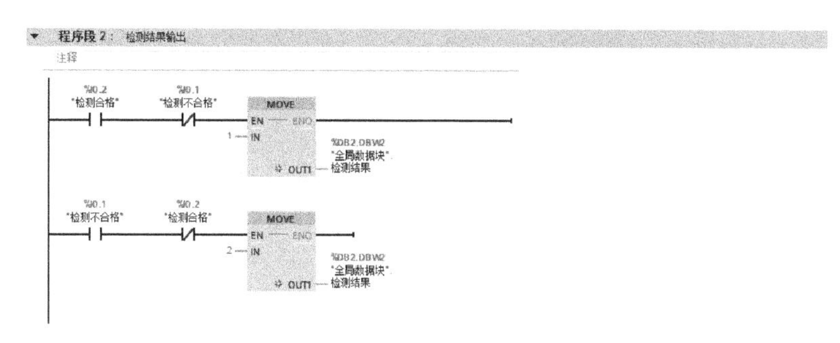

图 5-20　检测结果输出程序

2）三坐标自动检测的功能为机器人自动放料至三坐标测量仪，放料完成后三坐标测量仪自动检测，检测完成后机器人自动取料，创建 FB 块，其背景数据定义如图 5-21 所示。

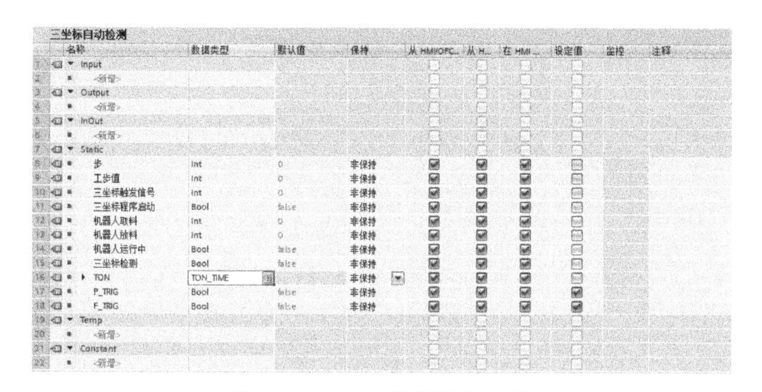

三坐标自动检测

	名称	数据类型	默认值	保持	从 HMI/OPC...	从 H...	在 HMI ...	设定值	监控	注释
1	▼ Input				☐	☐	☐	☐		
2	<新增>				☐	☐	☐	☐		
3	▼ Output				☐	☐	☐	☐		
4	<新增>				☐	☐	☐	☐		
5	▼ InOut				☐	☐	☐	☐		
6	<新增>				☐	☐	☐	☐		
7	▼ Static				☐	☐	☐	☐		
8	步	Int	0	非保持	☑	☑	☑	☐		
9	工步值	Int	0	非保持	☑	☑	☑	☐		
10	三坐标触发信号	Int	0	非保持	☑	☑	☑	☐		
11	三坐标程序启动	Bool	false	非保持	☑	☑	☑	☐		
12	机器人取料	Int	0	非保持	☑	☑	☑	☐		
13	机器人放料	Int	0	非保持	☑	☑	☑	☐		
14	机器人运行中	Bool	false	非保持	☑	☑	☑	☐		
15	三坐标检测	Bool	false	非保持	☑	☑	☑	☐		
16	▶ TON	TON_TIME		非保持	☑	☑	☑	☐		
17	P_TRIG	Bool	false	非保持	☑	☑	☑	☑		
18	F_TRIG	Bool	false	非保持	☑	☑	☑	☑		
19	▼ Temp				☐	☐	☐	☐		
20	<新增>				☐	☐	☐	☐		
21	▼ Constant				☐	☐	☐	☐		
22	<新增>				☐	☐	☐	☐		

图 5-21　FB 块背景数据定义

智能检测单元_三坐标自动检测

① 机器人与三坐标调用程序如图 5-22 所示。该程序段功能为在联机模式下按下“自动检测_方料”或“自动检测_圆料”，将机器人调用数据发送至触发值，调用机器人放料程序。

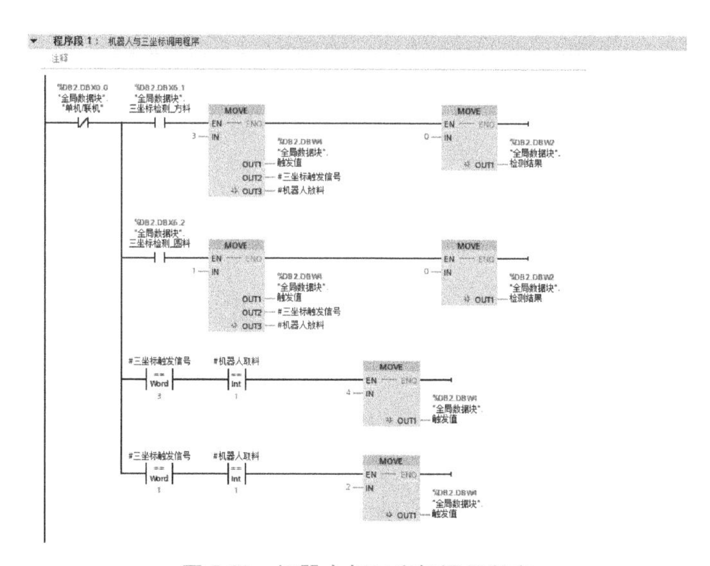

图 5-22　机器人与三坐标调用程序

② 机器人放料程序如图 5-23 所示。该程序段功能为调用机器人放料程序，机器人运行，运行完成后调用三坐标检测程序。

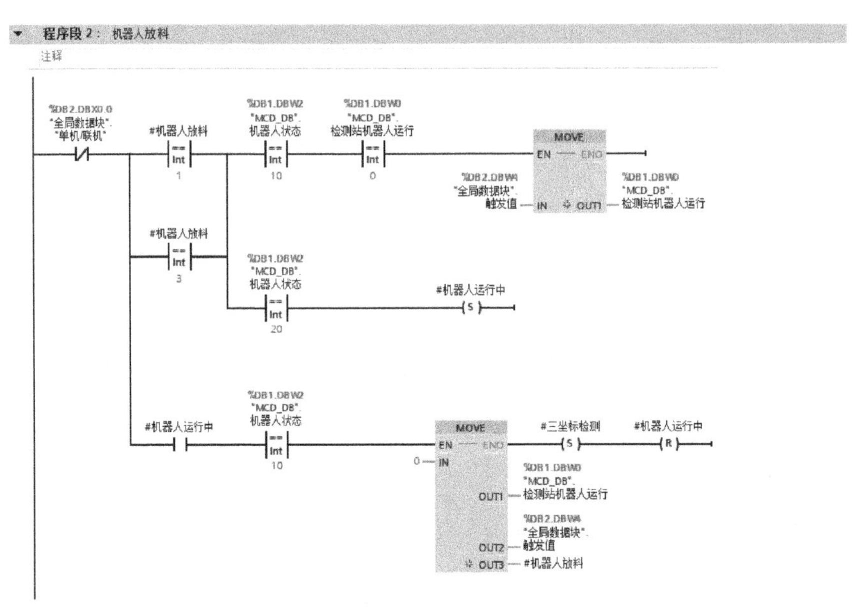

图 5-23 机器人放料程序

③ 三坐标检测程序如图 5-24 所示。该程序段功能为调用三坐标检测程序，3s 后程序运行，运行完成后调用机器人取料程序。

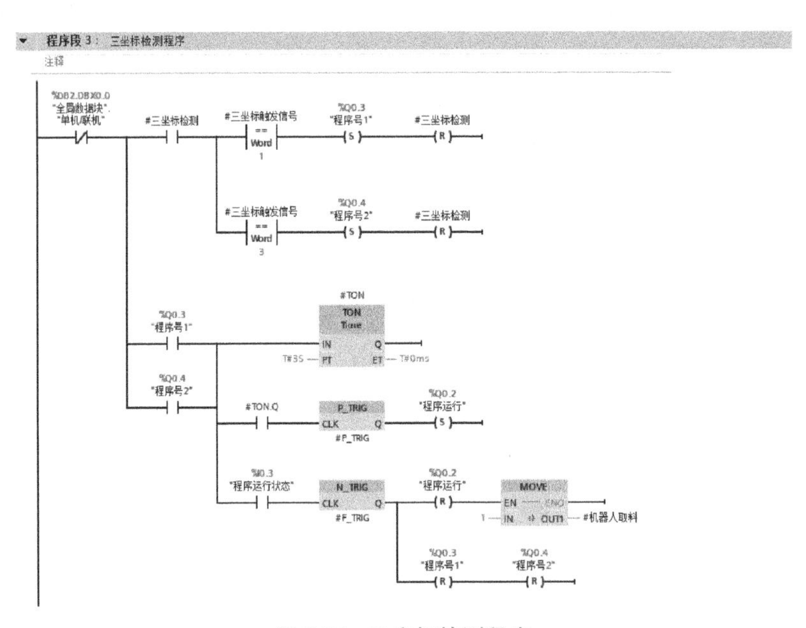

图 5-24 三坐标检测程序

④ 机器人取料程序如图 5-25 所示。该程序段功能为机器人取料程序调用，机器人运行，运行完成后清空所有数据。

⑤ 检测结果输出程序如图 5-26 所示。该程序段功能为根据检测结果输出合格或不合格。

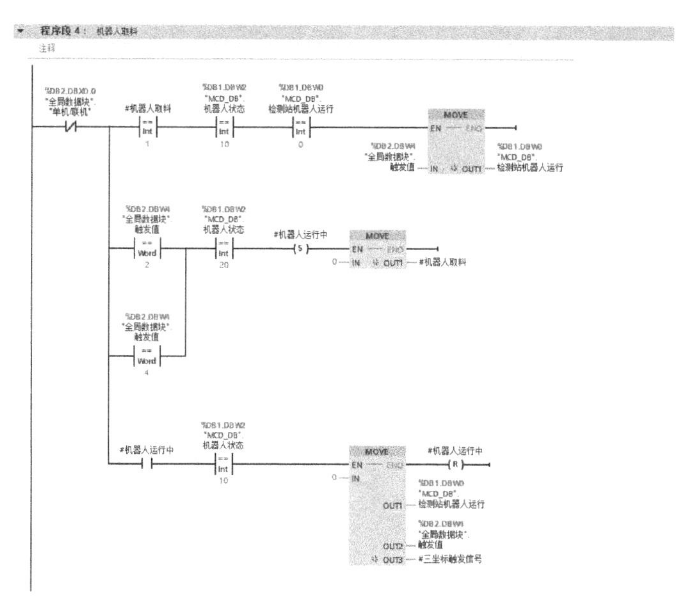

图 5-25　机器人取料程序

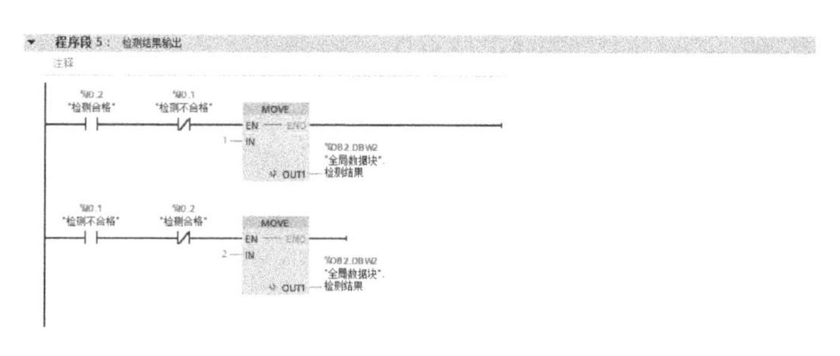

图 5-26　检测结果输出程序

⑥ 主程序调用，如图 5-27 所示。

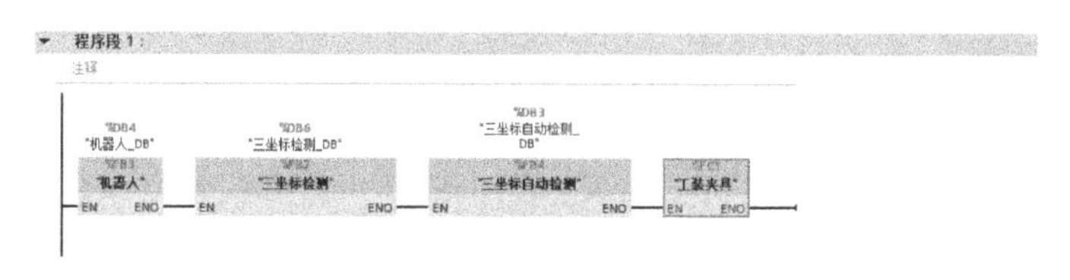

图 5-27　主程序调用

7. 人机交互界面的设计

根据需要添加如下按钮和指示灯，三坐标按钮：开夹具 1、关夹具 1、开夹具 2、关夹具 2；机器人动作按钮：机器人放料_长板、机器人取料_长板、机器人放料_钢柱、机器人取料_钢柱；三坐标检测按钮：三坐标检测、自动检测_长板、自动检测_钢柱；状态监控指示灯：机器人状态、三坐标状态、夹具 1、夹具 2、检测结果（OK 或 NG），如图 5-28 所示。

智能检测单元_HMI 创建

智能检测单元_HMI 变量匹配

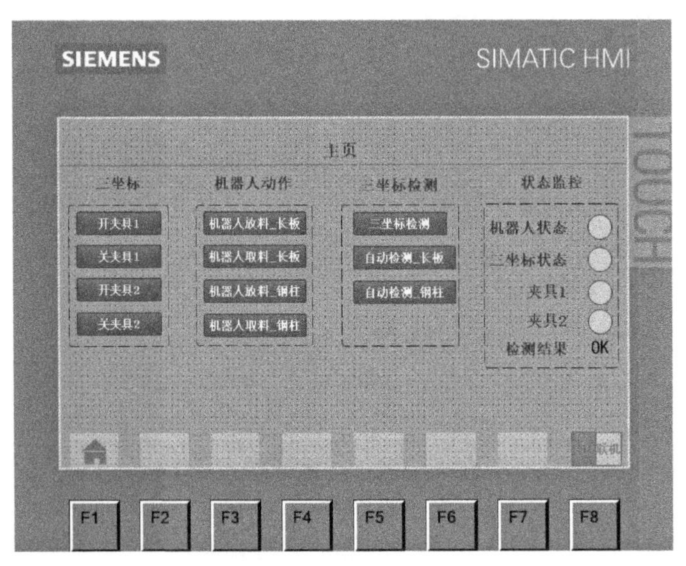

图 5-28　主页面

任务二　智能检测单元机电联合仿真调试

本任务是搭建智能检测单元 MCD 机电联合调试平台，应用设计好的智能检测单元的控制程序与 NX 中虚拟设备进行信号对接，通过在 HMI 上进行操作验证控制程序的安全性和逻辑性，从而优化控制程序。

一、实施条件

检测站模型文件、计算机两台、网线一根、NX 1980.0、TIA Portal V16、S7-PLCSIM Advanced V3.0。

二、实施内容

1. 设置虚拟 PLC

首先建立虚拟调试环境，一台电脑安装 NX 软件和 S7-PLCSIM Advanced 软件，另一台电脑安装 TIA Portal 软件，两台电脑用网线连接，网络适配器 IP 地址设置为 100 网段，例如，192.168.100.×××，×××为不相同的任意整数。

设置虚拟 PLC 步骤如下：

① 双击打开“S7-PLCSIM Advanced V3.0”软件，等待软件启动完成。

② 将“Online Access”下面的“PLCSIM”滑块移动到右侧，“TCP/IP communication with”下拉列表框中选择“以太网”选项。

③ 在“Instance name”设置为“plc-1”（此名称可以随意设置）。

④“IP address [X1]”设置为“192.168.100.22”。

⑤“Subnet mask”设置为“255.255.255.0”。

⑥“Default gateway”设置为空。

⑦“PLC type”选择为“Unspecified CPU 1500”。

⑧ 单击“Start”按钮，等待 PLC 建立完成。

⑨“1 Active PLC Instance（s）”显示为黄色，如图 5-29 所示。

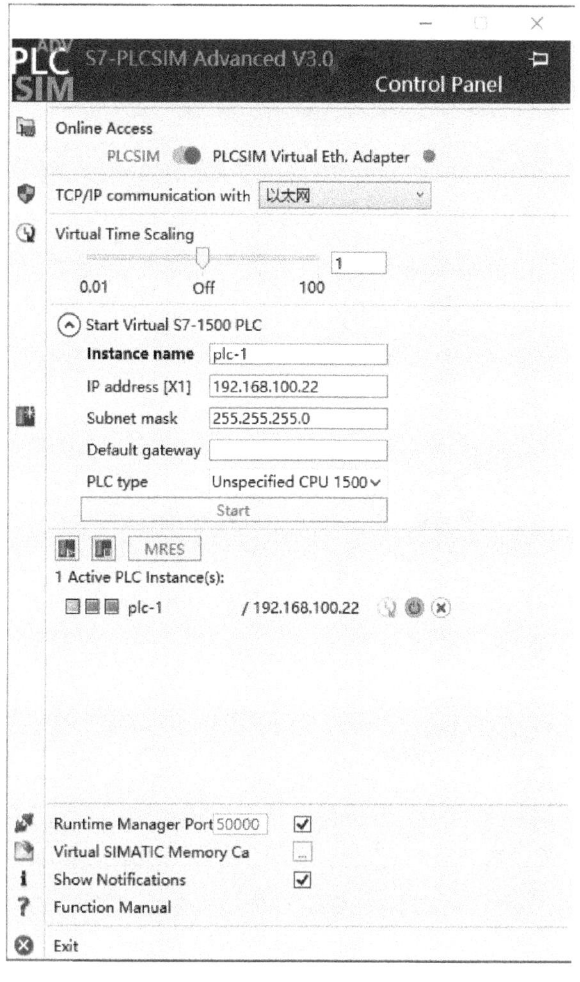

图 5-29　设置虚拟 PLC

2. 下载 PLC 程序到 S7-PLCSIM Advanced 中

1）选择 MCD 智能检测单元，下载到虚拟 PLC 控制器中。下载完成后，“1 Active PLC Instance（s）”显示为绿色，如图 5-30 所示。

2）HMI 下载。

① 选择“MCD 智能检测单元 HMI”，单击“仿真”按钮，等待启动完成，如图 5-31 所示。

② 启动完成后的界面如图 5-32 所示。

3. 加载模型文件

1）打开 NX 软件，等待软件加载完成。

2）在 NX 软件的工具栏中单击“打开”选项，选择“4 智能检测单元 . prt”模型文件，单击“确定”按钮，等待模型加载完成，如图 5-33 所示。

4. 设置外部信号配置

1）在 NX 软件的工具栏中找到“外部信号配置”选项，单击进入设置界面，如图 5-34 所示。

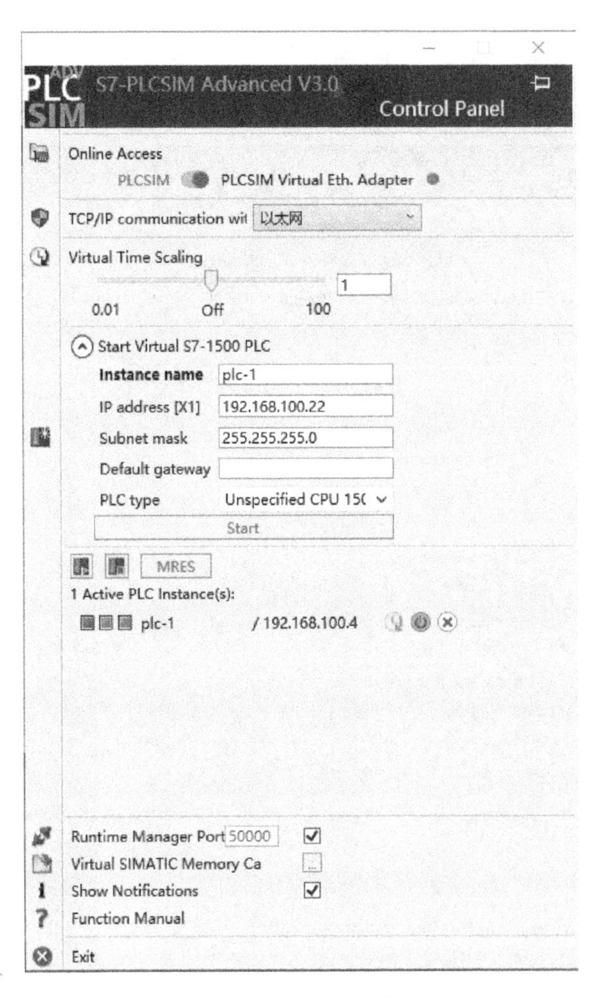

图 5-30　PLC 程序下载完成

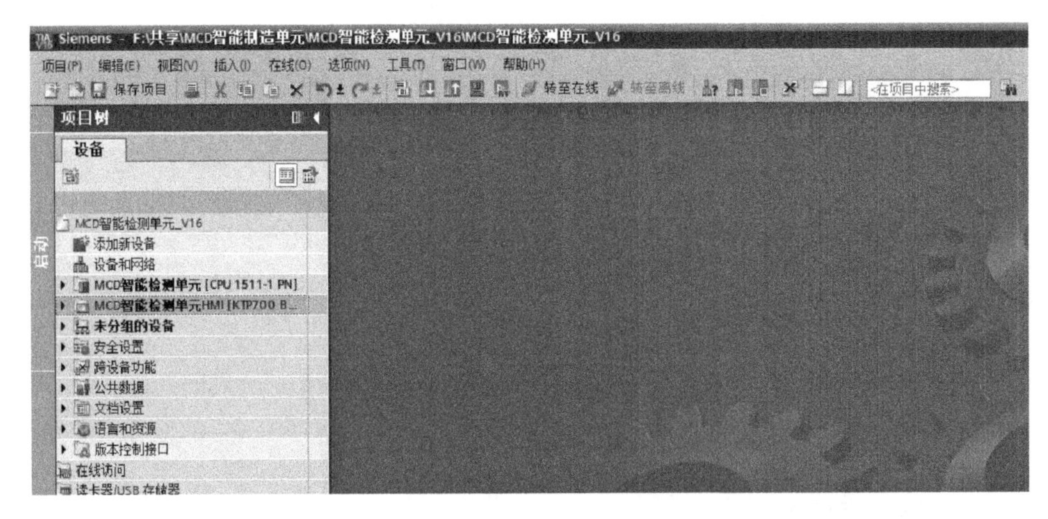

图 5-31　启动 HMI

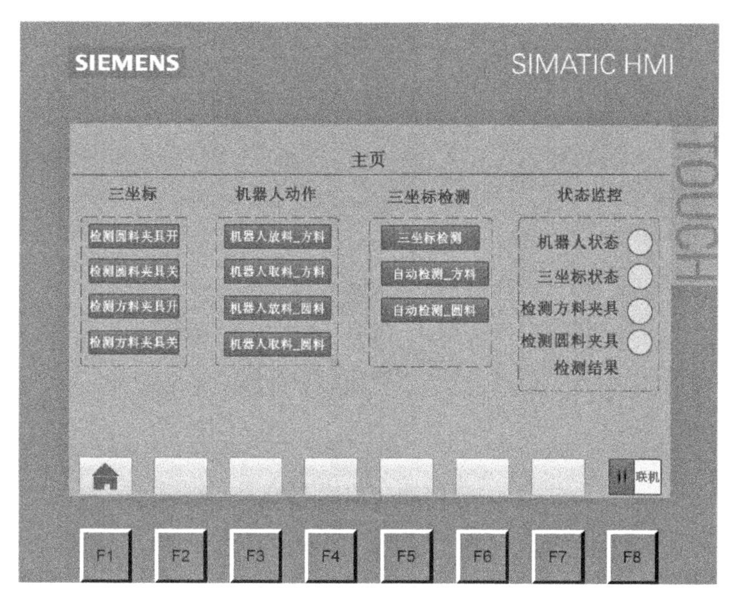

图 5-32　“主页”HMI 界面

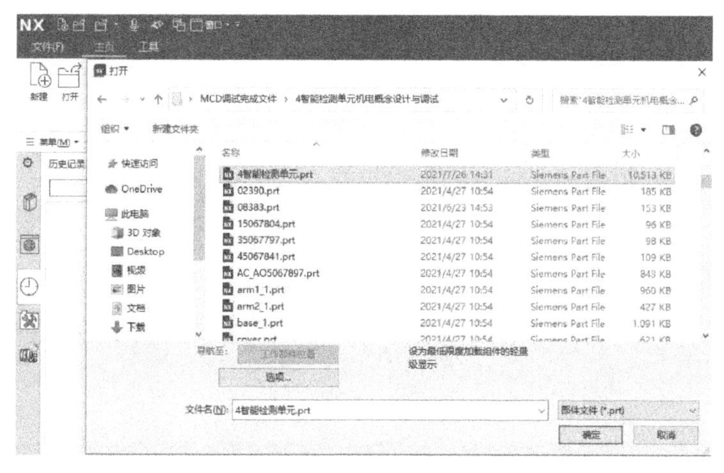

图 5-33　加载模型文件

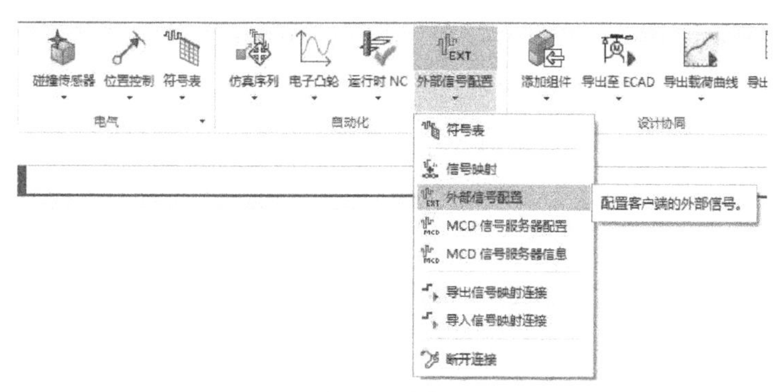

图 5-34　打开“外部信号配置”

2）在“PLCSIM Advanced”标签栏中，找到“实例”列表框，在右侧“+”中添加实例，如图 5-35 所示。

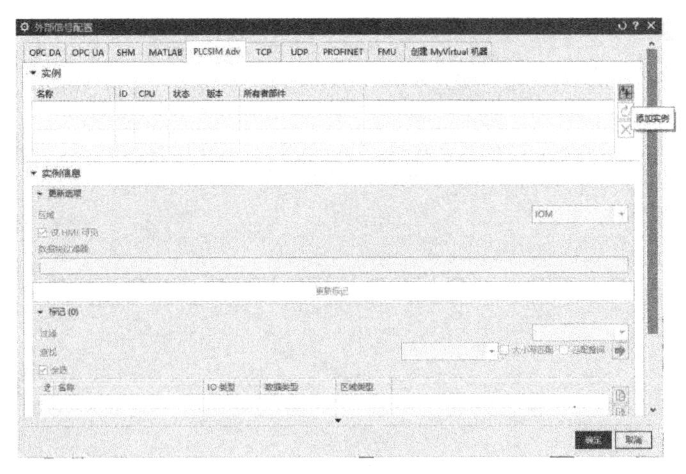

图 5-35　添加实例

3）在“实例”中设置实例名称为“PLC_1”，单击“确定”按钮，实例添加完成，如图 5-36 所示。

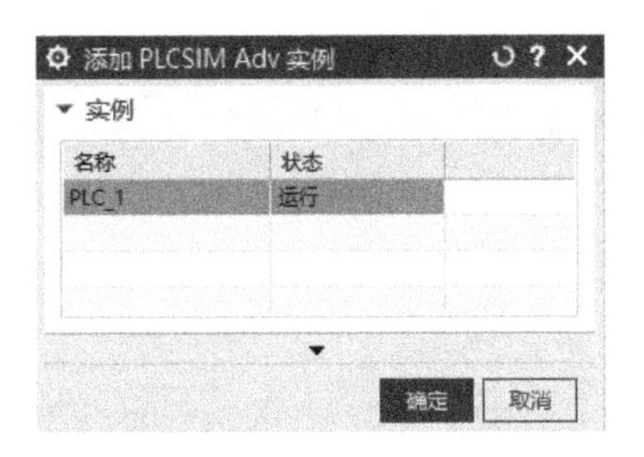

图 5-36　设置实例名称

4）在“实例信息”菜单下的“更新选项”中，单击“区域”的下拉列表框，选择“IOMDB”选项，单击“更新标识”按钮，如图 5-37 所示。

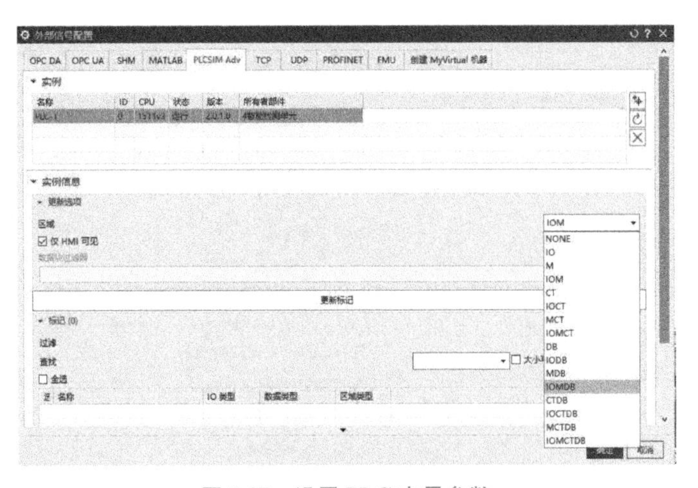

图 5-37　设置 PLC 变量参数

5）单击“全选”单选框，在标记栏中显示全部 PLC 变量。单击“确定”按钮，将变量导入，如图 5-38 所示。

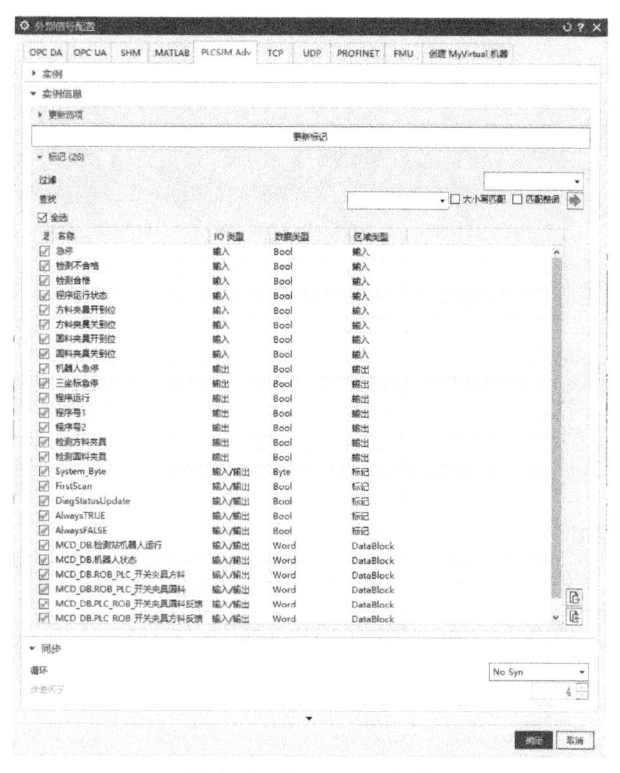

图 5-38　导入 PLC 变量

5. 信号映射

在 NX 软件的工具栏中找到“信号映射”命令，单击进入设置界面，完成信号映射，如图 5-39 所示。

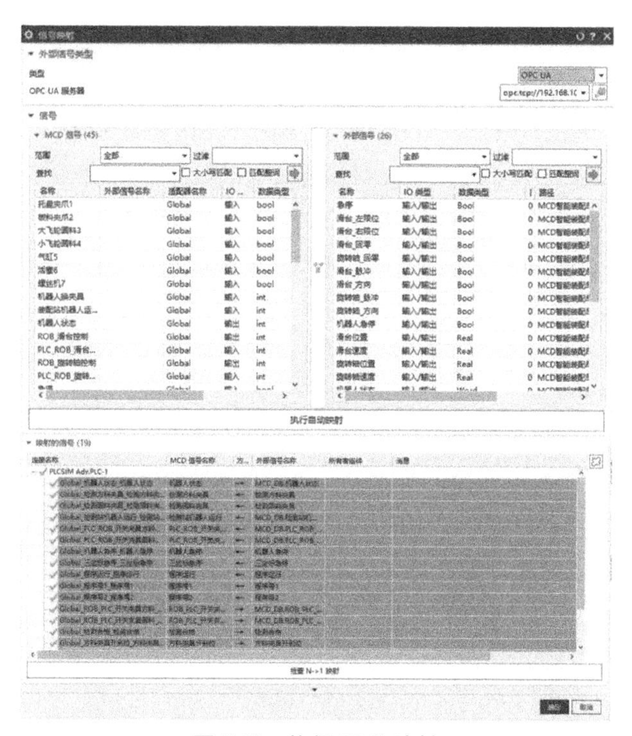

图 5-39　执行 PLC 映射

6. 检测单元仿真调试

主页界面如图 5-40 所示。

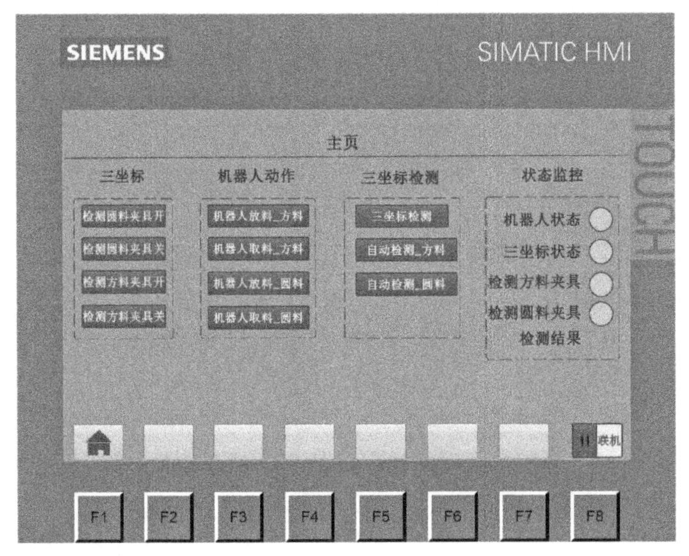

图 5-40　主页界面

（1）在单机模式下测试

1）按下“检测圆料夹具开”按钮，三坐标圆料夹具打开；按下“检测圆料夹具关”按钮，三坐标圆料夹具关闭；“检测方料夹具开”按钮和“检测方料夹具关”按钮与检测圆料夹具开/关按钮的测试步骤相同。

2）按下“机器人放料_方料”按钮，查看 MCD 仿真机器人有没有执行相应的动作，如没有执行相应动作，或动作执行错误，请检查 PLC 程序。机器人放料完成后，按下“三坐标检测”按钮查看三坐标是否执行检测，如没有执行相应动作，或动作执行错误，请检查 PLC 程序（机器人取料_方料、机器人放料_圆料、机器人取料_圆料与机器人放料_方料测试方式相同）。

（2）在联机模式下测试　按下“自动检测_方料”按钮，查看机器人是否先自动取料，放至三坐标夹具，三坐标夹具自动夹紧，机器人移出三坐标测量仪外。3s 后三坐标测量仪自动开始检测，检测完成后“检测结果”输出“OK”，然后机器人自动移至三坐标测量仪取料并放至原位，三坐标自动检测测试完成。

习题

1. 简单描述质量检测在零件生产加工中的作用。
2. 三坐标测量仪的主要功能是什么？
3. 简述质量检测手段有哪些？
4. 简述机器人在智能检测站中的作用。

项目六

智能装配单元数字化设计与仿真

项目目标

[知识目标]

- 了解智能装配单元的电气控制原理。
- 了解智能装配单元的工作原理。
- 了解机器人在智能装配单元中的功能。
- 了解在智能装配单元中的装配工艺。

[职业能力目标]

- 能进行摇摆气缸装配工装的工艺控制程序的设计。
- 能进行视觉系统控制程序的设计。
- 能进行激光打标机运行控制程序的设计。
- 能进行智能装配单元通信程序的设计。

[重点难点]

- 智能装配单元中的设备选型。
- 装配工艺控制程序的设计。

项目描述

在智能制造产线中，装配工作站对于所生产的零件起到组装、打标与视觉检测的作用，以确保零件的结构和质量满足生产要求，是整条产线能够运行的关键环节之一。本项目基于IM9008智能制造产线的智能检测单元，包含两个学习任务：智能装配单元控制程序设计、智能装配单元机电联合仿真调试，主要学习智能装配单元的组成、电气控制电路的设计、控制程序的设计，以及搭建机电联合调试平台，通过虚拟调试平台对智能装配单元的摇摆气缸控制程序进行调试、功能验证和优化。

一、智能装配单元机械结构

智能装配单元由摇摆气缸装配工装、视觉系统、激光打标机、机器人、装配停止站、RFID 读写器、物料缓存区、本地仓库和装配单元控制系统组成，如图 6-1 所示。智能装配单元的工作节拍是物料通过传送带进入智能装配单元的停止站，停止站上的 RFID 读写器读取物料托盘上的 RFID 编码，判断是否为本工作站上的任务，当确认是本工作站的任务时，机器人把载有物料的托盘拿到缓存区，机器人再把缓存区物料托盘上的工件送到摇摆气缸装配工装上进行装配，同时机器人根据装配工艺，在本地仓库取件进行摇摆气缸的其他组件装配，在摇摆气缸组件完成整体装配后，机器人把装配好的成品送入视觉系统下面进行装配完整性和正确性检测，合格后送入激光打标机打码区进行产品编码打印。

完成上述工作后，机器人将摇摆气缸放到缓存区托盘上，当有下个空流转托盘进入停止站时，机器人把载有摇摆气缸的托盘放入流转托盘后送入仓储站，或通过 AGV 把摇摆气缸送入仓储站。

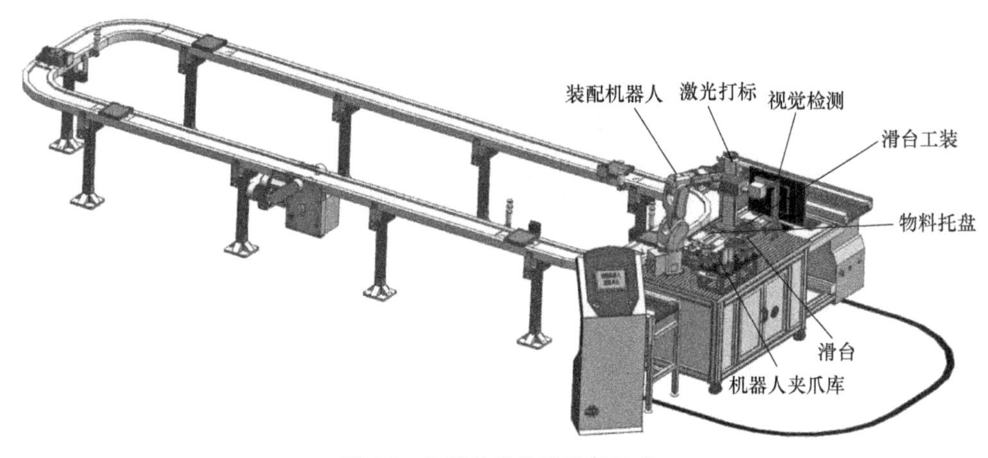

图 6-1　智能装配单元设备组成

二、智能装配单元电气控制

1. 电源控制

（1）主电源供电　电源控制主要实现电源接入和分配的功能，交流 220V 电源经过主电路开关和断路器，再经过滤波器滤波之后给装配单元供电。该单元附带的电源负载较多，在控制柜内安装多个导轨插座给开关电源、交换机、机器人供电。通过外部插排再给外部设备供电，主要的外部设备有视觉控制计算机、激光控制计算机以及激光机箱，如图 6-2 所示。

（2）开关电源供电　装配站中有两个开关电源，PS1 用来给 PLC 及传感器等供电，PS2 主要给滑台电动机与驱动器供电，滑台电动机为步进电动机，驱动器需要 DC 18～40V 电压，这里采用 24V 电压供电。另外装配台还有可翻转的工装，该工装翻转使用 400W 伺服电动机与伺服驱动器，驱动器供电为单相 220V，如图 6-3 所示。

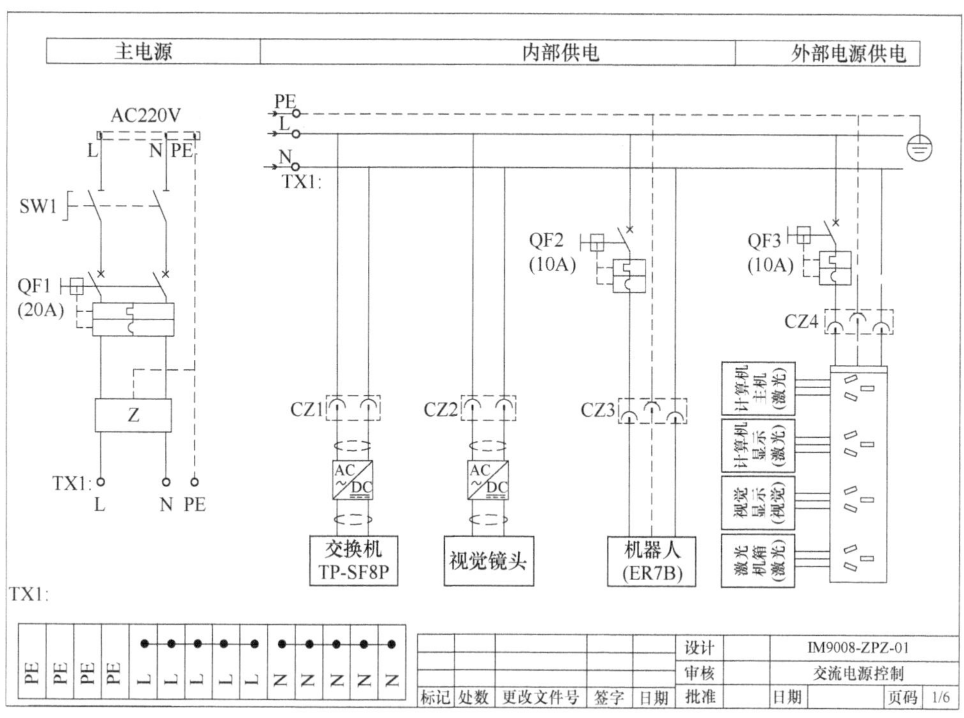

图 6-2　主电源供电电路图

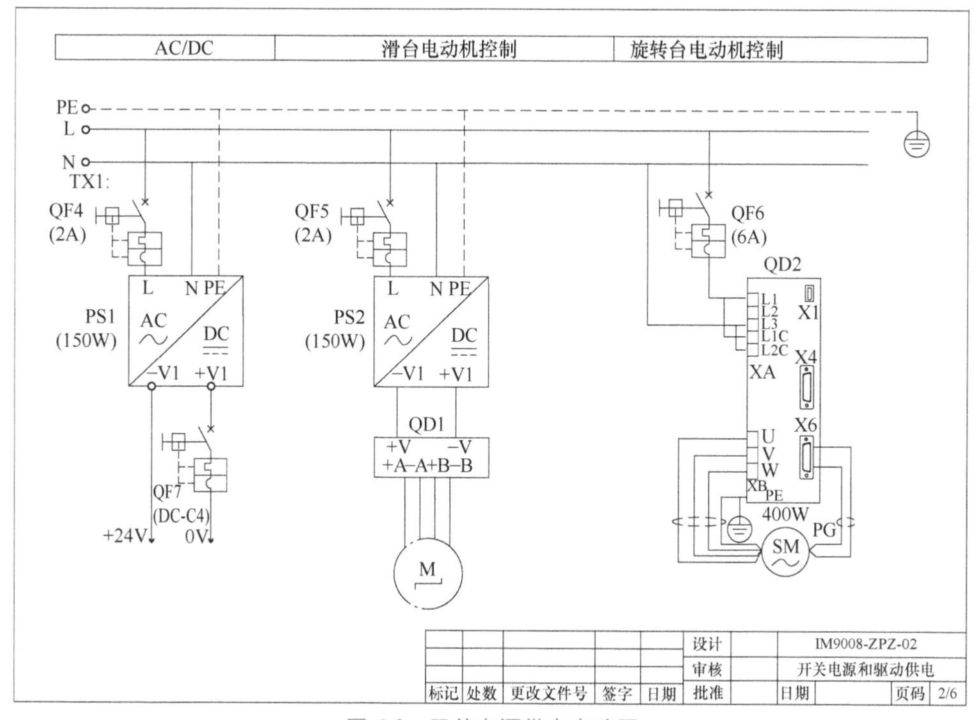

图 6-3　开关电源供电电路图

2. 夹具控制

装配站的装配主要在旋转台上完成，通过旋转台翻转，更换装配面。旋转台上装有辅助气缸，用于零件固定。装配台机器人配 7 套快换夹爪，根据不同需求更换夹爪。在装配站中固定气缸和夹爪都由机器人控制，同时相应的位置信号也传输给机器人，其控制电路如图 6-4 所示。

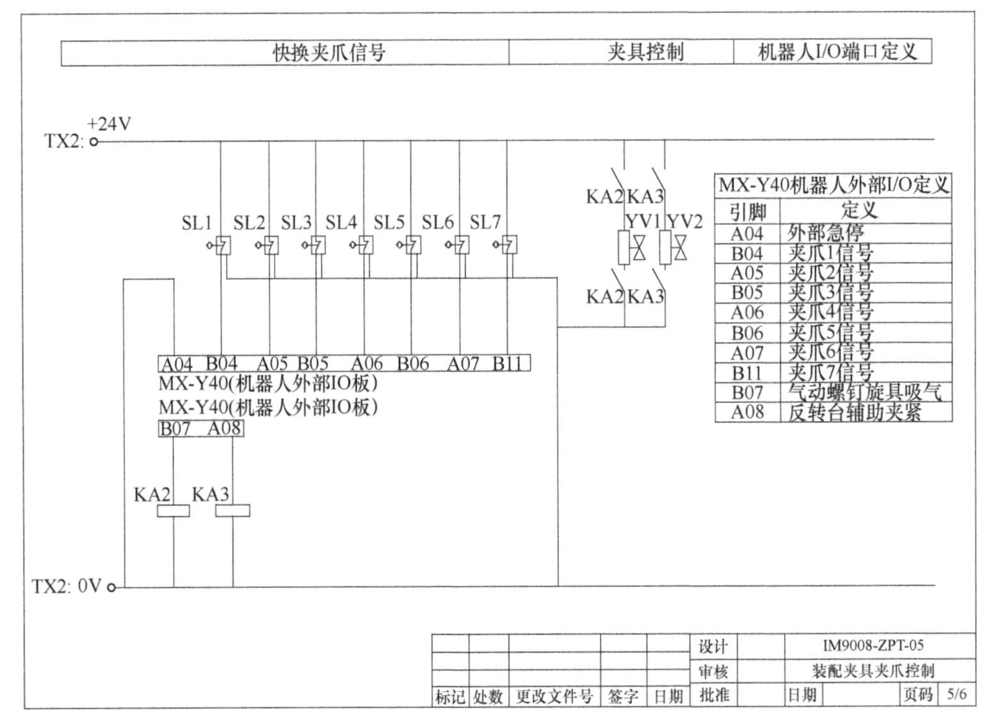

图 6-4 装配夹具夹爪控制电路图

3. 输入/输出控制

（1）PLC 控制器供电　DC 24V 供电电路为 PLC 系统中 CPU 模块、DI/DQ 输入/输出模块、触摸屏视觉光源、视觉主机供电。通过互锁电路控制供电，按下 SB2 按钮，继电器吸合并自锁，完成供电，同时绿色的电源指示灯亮起，按下 SB1 按钮则断开供电，如图 6-5 所示。

（2）输入/输出模块电路　输入/输出模块主要用来控制滑台移动和旋转台翻转，是常规的 PLC 轴运动控制。滑台的驱动器是步进的，脉冲和方向的信号电压为 5V，PLC 的输出为高电平 24V，故需要在这两个信号线中串联一个 2.4kΩ 的电阻。旋转台的驱动器是伺服的，可直接接入高电平 24V 信号。输入/输出模块电路图如图 6-6 所示。

4. 通信端口分配

（1）I/O 口定义　PLC 输入/输出端口信号主要是滑台和旋转台的轴控制信号，滑台信号有左、右限位及回零信号；旋转台做圆周运动，有旋转轴回零信号，通信端口分配见表 6-1。

表 6-1　通信端口分配

端口	定义	端口	定义
I0.0	急停	Q0.0	滑台_脉冲
I0.1	滑台_左限位	Q0.1	滑台_方向
I0.2	滑台_右限位	Q0.2	旋转轴_脉冲
I0.3	滑台_回零	Q0.3	旋转轴_方向
I0.4	旋转轴_回零		

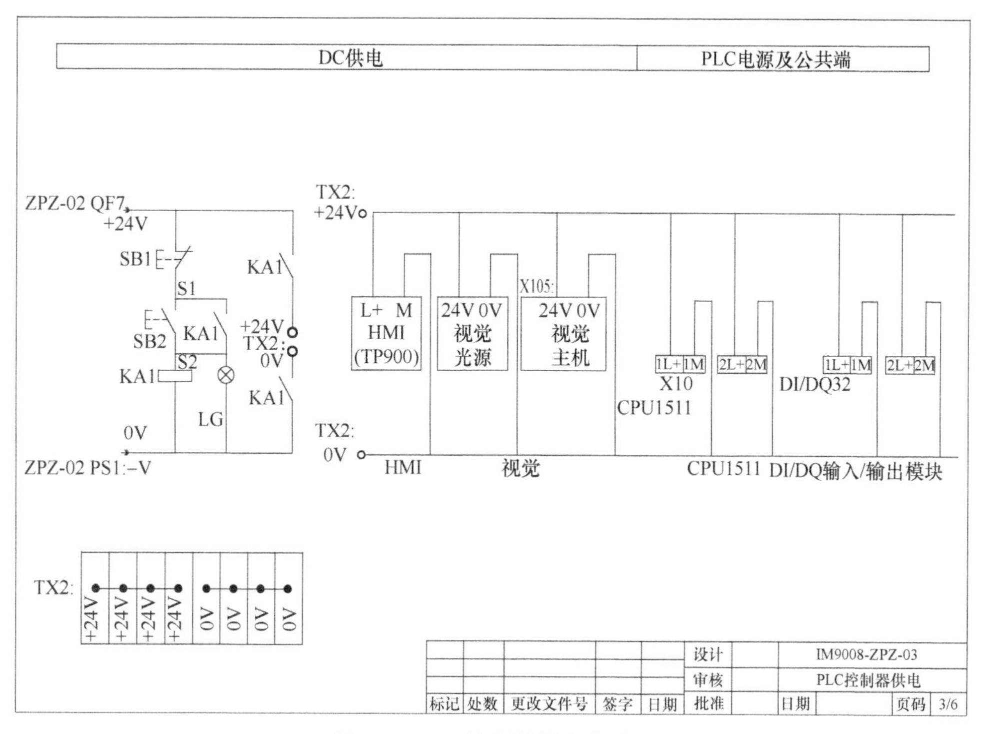

图 6-5 PLC 控制器供电电路图

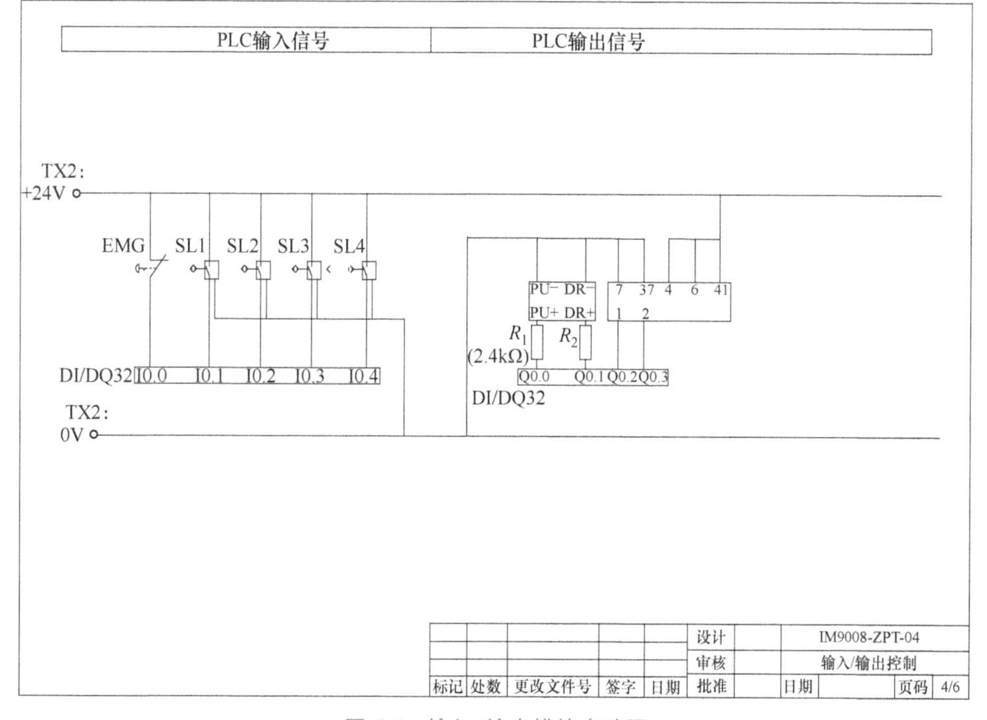

图 6-6 输入/输出模块电路图

（2）通信网络　网络连接分配是将各设备用网线连接至本站的交换机，进而实现组网，如图 6-7 所示。

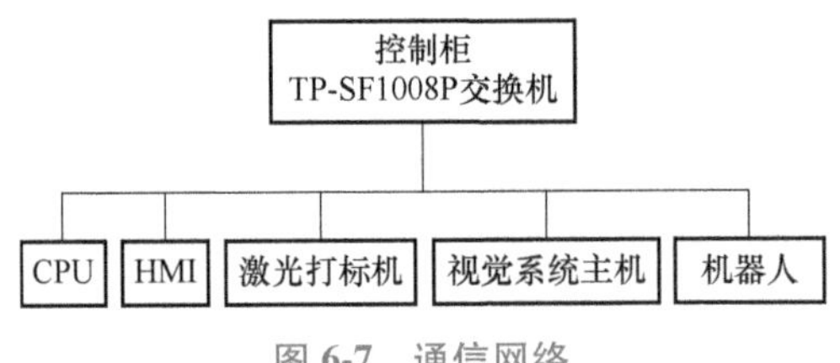

图 6-7　通信网络

项目实施

任务一　智能装配单元控制程序设计

本任务根据智能装配单元的摇摆气缸装配项目，对智能装配单元控制程序、设备的通信程序、测量数据的采集程序、激光打标机产品编码程序，以及人机交互界面进行设计。让学生在了解智能装配单元的工作逻辑的基础上，掌握智能装配单元控制程序的设计方法。本任务实现的工作逻辑为，机器人根据要装配的工件选择不同的机器人夹爪按照活塞装配、气缸装配、小飞轮装配、小飞轮螺钉装配、立板装配、套筒装配、大飞轮装配、大飞轮螺钉装配、装配夹具位置变换和底板装配、底板固定螺钉装配的先后顺序完成装配，然后机器人取装配好的摇摆气缸产品送到移动滑台上，分别进行激光打标和视觉检测。

一、实施条件

零部件图样、计算机、TIA Portal V16 等。

二、实施内容

本任务在 PLC 程序设计过程中共包括 11 步：①创建新项目；②硬件组态；③创建变量表；④智能装配单元数据块的创建；⑤创建轴工艺对象；⑥编写重复块_轴控制程序；⑦编写轴控制程序；⑧编写激光打标机与相机程序；⑨编写机器人程序；⑩编写机器人自动装配程序；⑪设计人机交互界面。

1. 流程图

本任务的流程图如图 6-8 所示。

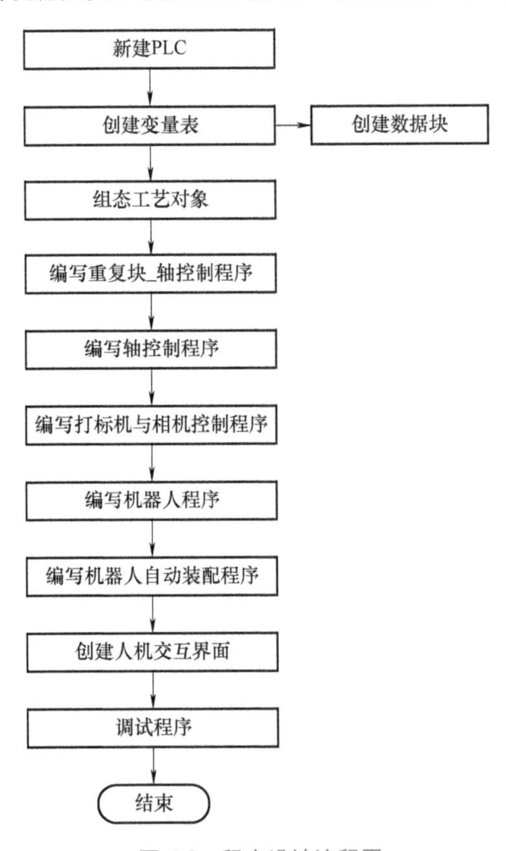

图 6-8　程序设计流程图

2. 变量表

智能装配单元的输入/输出变量表见表 6-2。

表 6-2　输入/输出变量表

名称	数据类型	地址	名称	数据类型	地址
急停	BOOL	I0.0	滑台_脉冲	BOOL	Q0.0
滑台_左限位	BOOL	I0.1	滑台_方向	BOOL	Q0.1
滑台_右限位	BOOL	I0.2	旋转轴_脉冲	BOOL	Q0.2
滑台_回零	BOOL	I0.3	旋转轴_方向	BOOL	Q0.3
旋转轴_回零	BOOL	I0.4	机器人急停	BOOL	Q0.4

3. 智能装配单元数据块的创建

（1）硬件组态

智能装配单元_硬件组态

1）创建 PLC。在“项目树”中双击“添加新设备”命令，单击选择“控制器”→“SIMATIC S7-1500”→“CPU”→“CPU 1511-1 PN”→“6ES7511-1AK02-0AB0”选项。版本选择 V2.8，单击“确认”按钮完成创建，如图 6-9 所示。

2）添加 I/O 模块。在“硬件目录”下选择“DI/DQ”选项，单击选择“DI 16x24VDC/DQ 16x24VDC/0.5A BA”→“6ES7 523-1BL00-0AA0”选项。

3）设置 IP 地址。双击 PLC 上的网口，选择“以太网地址”选项，在“IP 协议”下设置 IP 地址为 192.168.100.5，子网掩码为 255.255.255.0。

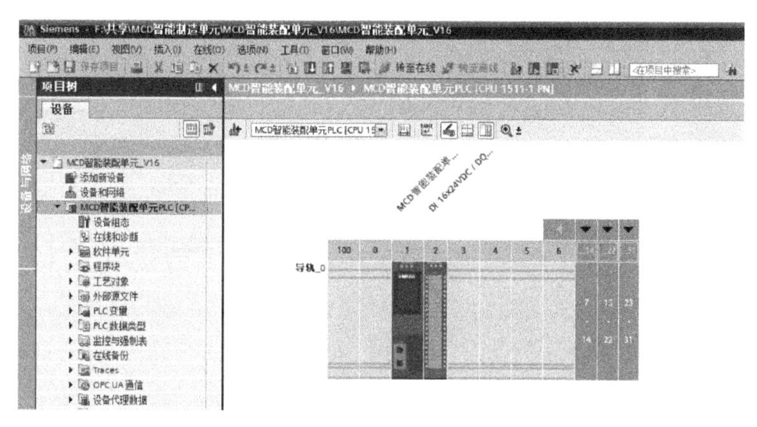

图 6-9　PLC 组态

4）创建 HMI。在“项目树”中双击“添加新设备”命令，单击选择“HMI”→“SIMATIC 精简系列面板”→“7″显示屏”→“KTP700 Basic”→“6AV2 123-2GB03-0AX0”，版本为“16.0.0.0”，如图 6-10 所示。双击 HMI 上的网口，选择“以太网地址”选项，在“IP 协议”下设置 IP 地址为 192.168.100.15，子网掩码为 255.255.255.0。

5）建立设备连接。在“网络视图”下设置 HMI 连接，首先单击选择“网络视图”→“连接”选项，再选择“HMI 连接”，单击 HMI 网口，按住鼠标左键直接拖动至 PLC 网口上，松开鼠标，如图 6-11 所示。

（2）创建变量表　根据需要添加如下变量，输入变量为：急停、滑台_左限位、滑台_右限位、滑台_回零、旋转轴_回零等；输出变量为：滑台_脉冲、滑台_方向、旋转轴_脉冲、旋转轴_方向、机器人急停等，如图 6-12 所示。

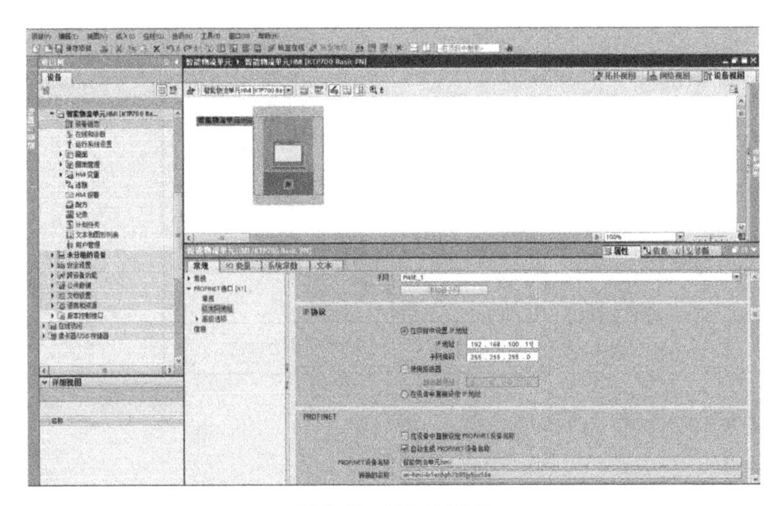

图 6-10　HMI 组态

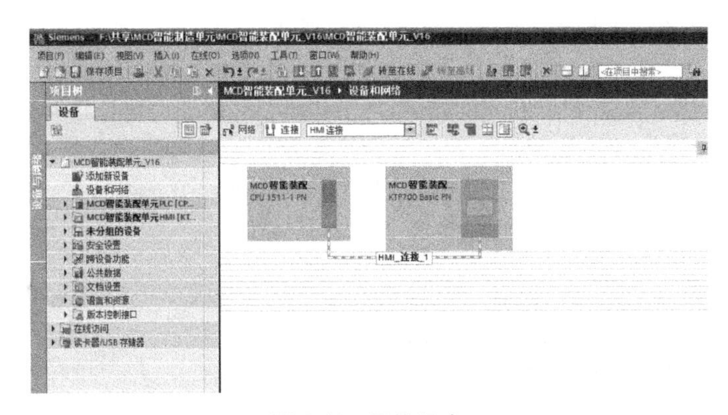

图 6-11　网络组态

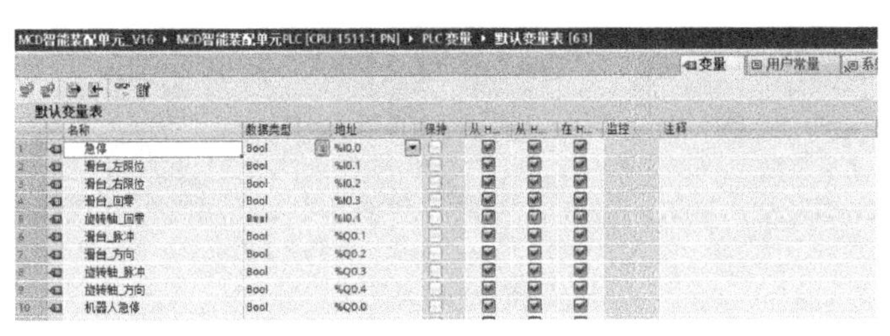

图 6-12　变量表

（3）“MCD_DB”数据块内容　根据需要添加如下变量，数据类型为“Real”的变量：滑台位置、滑台速度、旋转轴位置、旋转轴速度；数据类型为“word”的变量：机器人状态、装配站机器人运行、ROB_PLC_滑台控制、ROB_PLC_旋转轴控制、PLC_ROB_滑台控制反馈、PLC_ROB_旋转轴控制反馈、调用模板、调用模板完成、打标触发、打标完成、视觉发送内容、视觉接收内容，如图 6-13 所示。

（4）“全局数据块”内容　根据需要添加如下变量，数据类型为“Bool”的变量：装配活塞、装配气缸、装配小飞轮、装配飞轮螺钉、装配立板、装配套筒、装配大飞轮、装配飞轮与气缸螺钉、装配底板、装配底板螺钉、摇摆气缸打标、自动装配、自动书签、单机/联机、滑台绝对运行、旋转轴绝对运行、机器人运行中；数据类型为“Real”的变量：滑台绝对运行数据、旋

MCD智能装配单元_V16 ▸ MCD智能装配单元PLC [CPU 1511-1 PN] ▸ 程序块 ▸ MCD_DB [DB3]

保持实际值　快照　将快照值复制到起始值中　将起始值加载为实际值

MCD_DB

	名称	数据类型	起始值	保持	从 HMI/OPC...	从 H...	在 HMI...	设定值	监控	注释
1	▼ Static			☐	☐	☐	☐	☐		
2	滑台位置	Real	0.0	☐	☑	☑	☑	☐		
3	滑台速度	Real	0.0	☐	☑	☑	☑	☐		
4	旋转轴位置	Real	0.0	☐	☑	☑	☑	☐		
5	旋转轴速度	Real	0.0	☐	☑	☑	☑	☐		
6	机器人状态	Word	16#0	☐	☑	☑	☑	☐		
7	装配站机器人运行	Word	16#0	☐	☑	☑	☑	☐		
8	ROB_PLC_滑台控制	Word	16#0	☐	☑	☑	☑	☐		
9	ROB_PLC_旋转轴控制	Word	16#0	☐	☑	☑	☑	☐		
10	PLC_ROB_滑台控制...	Word	16#0	☐	☑	☑	☑	☐		
11	PLC_ROB_旋转轴控...	Word	16#0	☐	☑	☑	☑	☐		
12	调用模板	Word	16#0	☐	☑	☑	☑	☐		
13	调用模板完成	Word	16#0	☐	☑	☑	☑	☐		
14	打标触发	Word	16#0	☐	☑	☑	☑	☐		
15	打标完成	Word	16#0	☐	☑	☑	☑	☐		
16	视觉发送内容	Word	16#0	☐	☑	☑	☑	☐		
17	视觉接收内容	Word	16#0	☐	☑	☑	☑	☐		

图 6-13　MCD_DB 数据块

转轴绝对运行数据；数据类型为“Int”的变量：滑台位置、旋转轴位置、起始值，如图 6-14 所示。

MCD智能装配单元_V16 ▸ MCD智能装配单元PLC [CPU 1511-1 PN] ▸ 程序块 ▸ 全局数据块 [DB4]

保持实际值　快照　将快照值复制到起始值中　将起始值加载为实际值

全局数据块

	名称	数据类型	偏移量	起始值	保持	从 HMI/OPC...	从 H...	在 HMI...	设定值	监控	注释
1	▼ Static				☐	☐	☐	☐	☐		
2	装配活塞	Bool	0.0	false	☐	☑	☑	☑	☐		
3	装配气缸	Bool	0.1	false	☐	☑	☑	☑	☐		
4	装配小飞轮	Bool	0.2	false	☐	☑	☑	☑	☐		
5	装配飞轮螺钉	Bool	0.3	false	☐	☑	☑	☑	☐		
6	装配立板	Bool	0.4	false	☐	☑	☑	☑	☐		
7	装配套筒	Bool	0.5	false	☐	☑	☑	☑	☐		
8	装配大飞轮	Bool	0.6	false	☐	☑	☑	☑	☐		
9	装配飞轮与气缸螺钉	Bool	0.7	false	☐	☑	☑	☑	☐		
10	装配底板	Bool	1.0	false	☐	☑	☑	☑	☐		
11	装配底板螺钉	Bool	1.1	false	☐	☑	☑	☑	☐		
12	摇摆气缸打标	Bool	1.2	false	☐	☑	☑	☑	☐		
13	自动装配	Bool	1.3	false	☐	☑	☑	☑	☐		
14	自动书签	Bool	1.4	false	☐	☑	☑	☑	☐		
15	单机/联机	Bool	1.5	false	☐	☑	☑	☑	☐		
16	滑台绝对运行	Bool	1.6	false	☐	☑	☑	☑	☐		
17	旋转轴绝对运行	Bool	1.7	false	☐	☑	☑	☑	☐		
18	滑台绝对运行数据	Real	2.0	0.0	☐	☑	☑	☑	☐		
19	旋转轴绝对运行数据	Real	6.0	0.0	☐	☑	☑	☑	☐		
20	滑台位置	Int	10.0	0	☐	☑	☑	☑	☐		
21	旋转轴位置	Int	12.0	0	☐	☑	☑	☑	☐		
22	起始值	Int	14.0	0	☐	☑	☑	☑	☐		
23	机器人运行中	Bool	16.0	false	☐	☑	☑	☑	☐		

图 6-14　全局数据块

4. 滑台轴工艺与旋转轴工艺的组态

智能装配单元_工艺对象

（1）滑台的轴工艺　在“项目树”下选择“工艺对象”选项，双击“新增对象”命令，如图 6-15 所示。

1）新增对象。选择“运动控制”→“TO_PositioningAxis”选项，名称改为“PositioningAxis_滑台”，单击“确定”按钮，如图 6-16 所示。

2）创建虚拟轴。在“轴类型”选项组选中“虚拟轴”“线性”单选框，在“仿真”栏中选中“激活仿真”单选框，在“测量单位”栏中选择图 6-17 所示的单位。

图 6-15　工艺对象

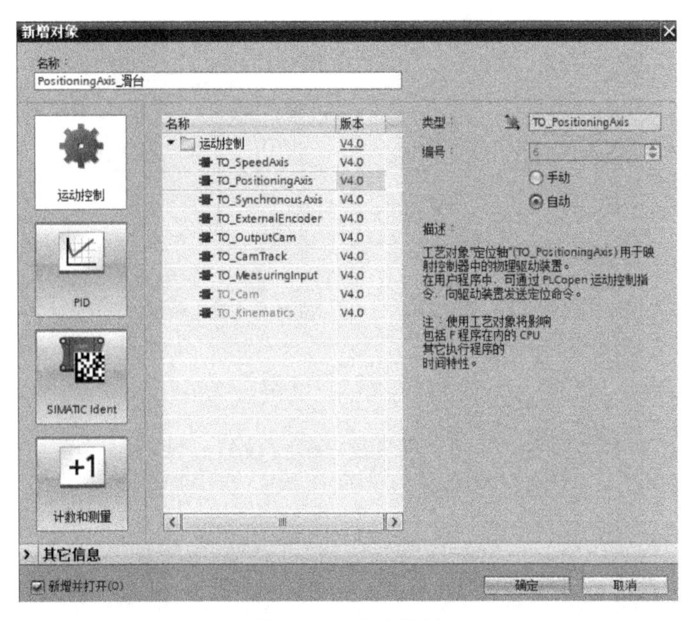

图 6-16　运动控制

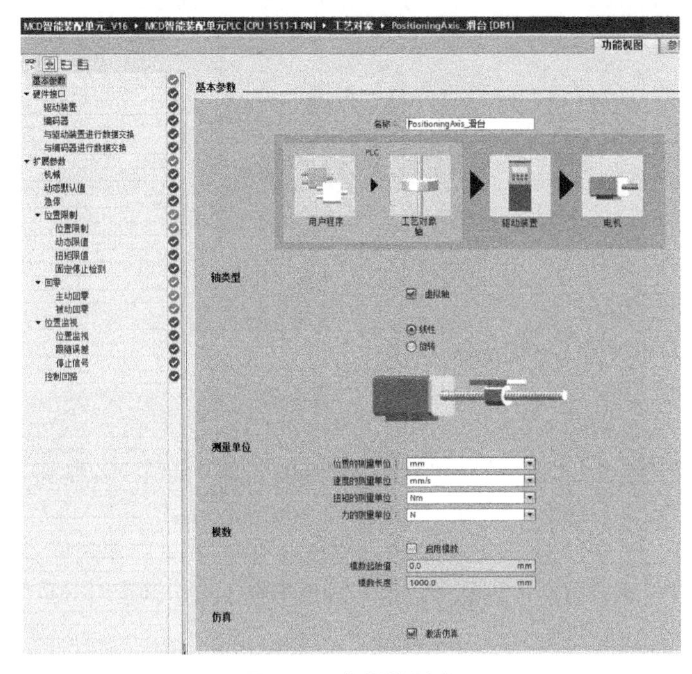

图 6-17　虚拟轴创建

3）启用硬限位开关。选中“启用硬限位开关”单选框，在“输入负向硬限位开关”下拉菜单栏中选择“滑台_右限位”选项，在“选择负向硬限位开关的电平”下拉菜单栏中选择“高电平”选项，在“输入正向硬限位开关”下拉菜单栏中选择“滑台_左限位”选项，在“选择正向硬限位开关的电平”下拉菜单栏中选择“高电平”选项，如图 6-18 所示。

4）选择回零模式。如图 6-19 所示，在“选择回零模式”选项组中，选择“通过数字量输入作为回原点标记”。在“数字量输入回原点标记凸轮”下拉菜单中选择“滑台_回零”，“电平

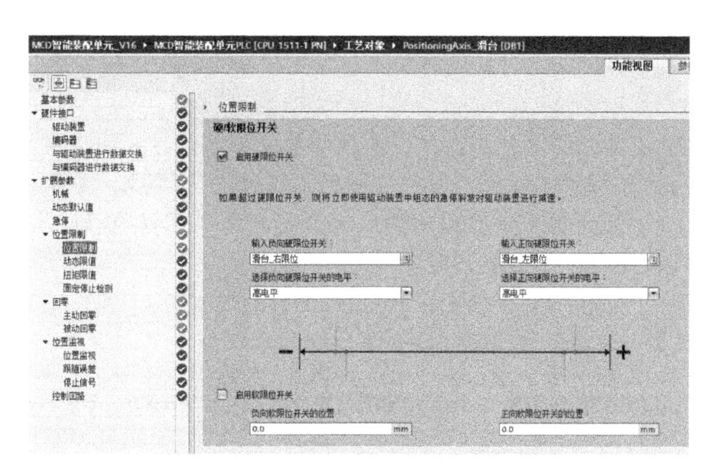

图 6-18　限位开关设置

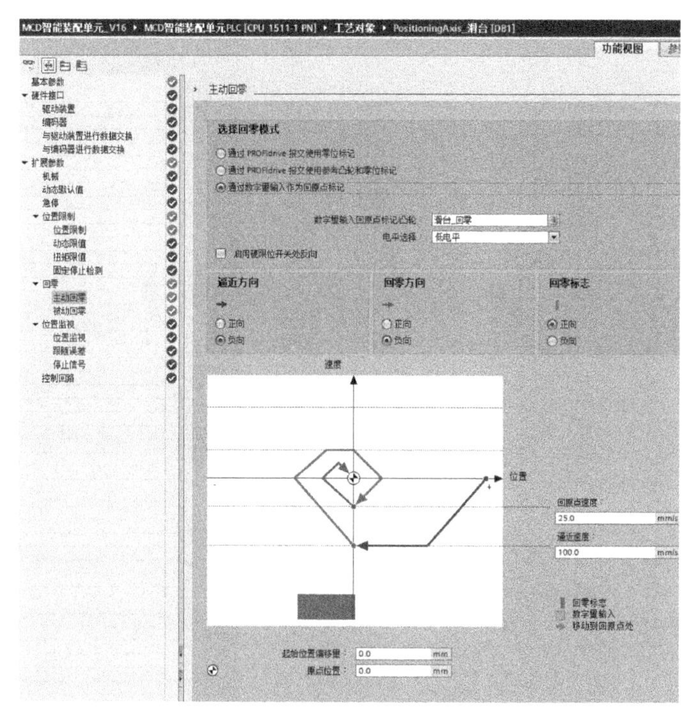

图 6-19　回零模式设置

选择”设置为“低电平”。“回原点速度”设置为 25mm/s，“逼近速度”设置 100mm/s。

（2）旋转轴的轴工艺　依照滑台的轴工艺操作方法进行旋转轴的轴工艺设定，双击“新增工艺对象”。

1）新增对象。选择“运动控制”选项，选择“TO_PositioningAxis”文本框，名称改为“PositioningAxis_旋转轴”，然后“确定”按钮。

2）创建虚拟轴。在“轴类型”选项组选中“虚拟轴”“旋转”单选框。在“仿真”栏中选择“激活仿真”。在测量单位栏设置“位置的测量单位”为“°”、“速度测量单位”为“°/s”、“扭矩的测量单位”为“Nm”。

3）选择回零模式。在“选择回零模式”选项组中，选择“通过数字量输入作为回原点标记”，“数字量输入回原点标记凸轮”设置为“旋转轴_回零”，“电平选择”设置为“高电平”；“回原点速度”设置为“900°/s”，“逼近速度”设置为“3600°/s”。

5. 轴控制程序设计

智能装配单元_轴控制

（1）“重复块_轴控制”程序　该程序段使用模块化程序设计，功能为将轴控制指令集中到单个 FB 块中，添加相对应的输入/输出引脚定义，方便调用时查找。“重复块_轴控制”是被调用的块，首先创建“重复块_轴控制”FB 数据块，其接口和输入/输出引脚定义如图 6-20 所示。

1）“MC_POWER”功能为启用/禁用工艺对象；“MC_HOME”为归位工艺对象，设定归位位置，轴电源和回零程序如图 6-21 所示。

MCD智能装配单元_V16 ▸ MCD智能装配单元PLC [CPU 1511-1 PN] ▸ 程序块 ▸ 轴控制 ▸ 重复块_轴控制 [FB2]

重复块_轴控制

	名称	数据类型	默认值	保持	从 HMI/OPC...	从 H...	在 HMI...	设定值	监控	注释
1	▼ Input				☐	☐	☐	☐		
2	▸ TO_Axis	TO_Axis			☐	☐	☐	☐		
3	▸ TO_SpeedAxis	TO_SpeedAxis			☐	☐	☐	☐		
4	▸ TO_PositioningAxis	TO_PositioningAxis			☐	☐	☐	☐		
5	使能_Enable	Bool	false	非保持	☑	☑	☑	☐		
6	回零_Enable	Bool	false	非保持	☑	☑	☑	☐		
7	暂停_Enable	Bool	false	非保持	☑	☑	☑	☐		
8	点动_JogForward	Bool	false	非保持	☑	☑	☑	☐		
9	点动_JogBackward	Bool	false	非保持	☑	☑	☑	☐		
10	绝对位置_Enable	Bool	false	非保持	☑	☑	☑	☐		
11	绝对位置_Position	Real	0.0	非保持	☑	☑	☑	☐		
12	绝对位置_Velocity	Real	0.0	非保持	☑	☑	☑	☐		
13	复位_Enable	Bool	false	非保持	☑	☑	☑	☐		
14	ActualPosition	LReal	0.0	非保持	☑	☑	☑	☐		
15	ActualVelocity	LReal	0.0	非保持	☑	☑	☑	☐		
16	▼ Output				☐	☐	☐	☐		
17	轴位置	Real	0.0	非保持	☑	☑	☑	☐		
18	轴速度	Real	0.0	非保持	☑	☑	☑	☐		
19	取整	Real	0.0	非保持	☑	☑	☑	☐		
20	▼ InOut				☐	☐	☐	☐		
21	<新增>				☐	☐	☐	☐		
22	▼ Static				☐	☐	☐	☐		
23	▸ MC_POWER	MC_POWER			☑	☑	☑	☑		
24	▸ MC_HOME	MC_HOME			☑	☑	☑	☑		
25	▸ MC_MOVEABSOLUTE	MC_MOVEABSOLUTE			☑	☑	☑	☑		
26	▸ MC_MOVEJOG	MC_MOVEJOG			☑	☑	☑	☑		
27	▸ MC_RESET	MC_RESET			☑	☑	☑	☑		
28	▸ MC_HALT	MC_HALT			☑	☑	☑	☑		
29	▼ Temp				☐	☐	☐	☐		
30	<新增>				☐	☐	☐	☐		
31	▼ Constant				☐	☐	☐	☐		
32	<新增>				☐	☐	☐	☐		

图 6-20　接口和输入/输出引脚定义

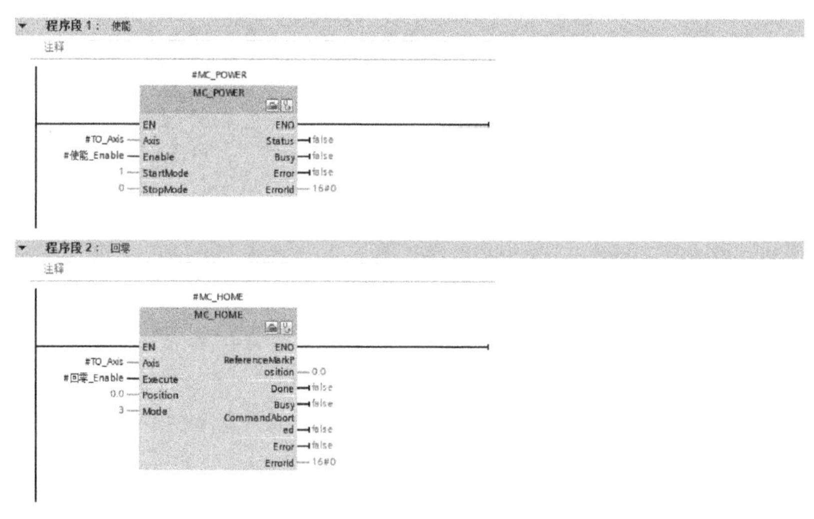

图 6-21　轴电源和回零程序

2）“MC_HALT”功能为暂停轴；“MC_MOVEJOG”功能为以点动模式移动轴，轴暂停和点动控制程序如图 6-22 所示。

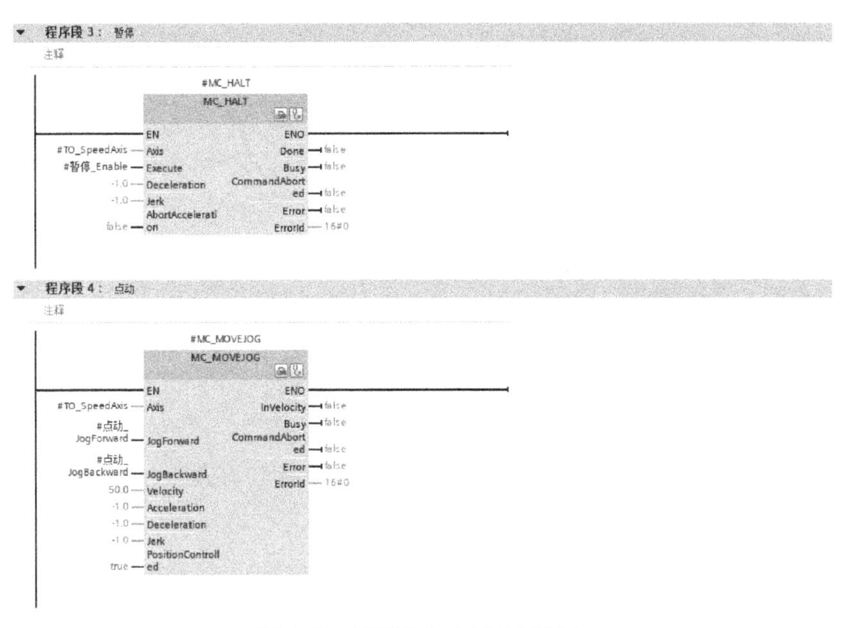

图 6-22　轴暂停和点动控制程序

3）“MC_MOVEABSOLUTE” 功能为绝对定位轴；“MC_RESET” 为复位报警，重新启动工艺对象，轴绝对值运行和复位程序如图 6-23 所示。

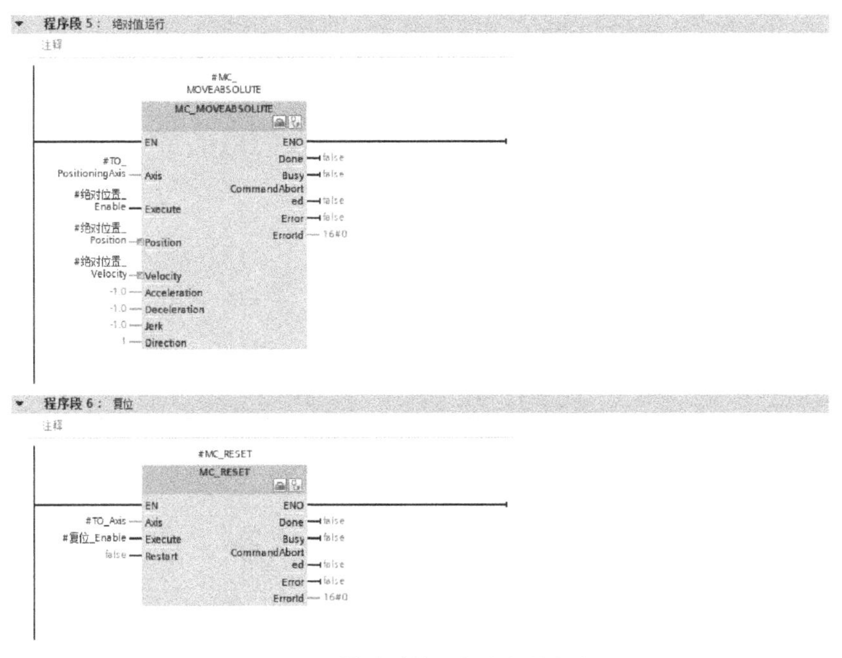

图 6-23　轴绝对值运行和复位程序

4）数据类型转换程序如图 6-24 所示，其功能为：将 “#ActualPosition” 数据类型由 “LReal” 转换为 “Real” 后输出至 “#轴位置”；将 “#Actual Velocity” 数据类型由 “LReal” 转换为 “Real” 后输出至 “#轴速度”；将 “#轴位置” 数值取整后输出至 “#取整”。

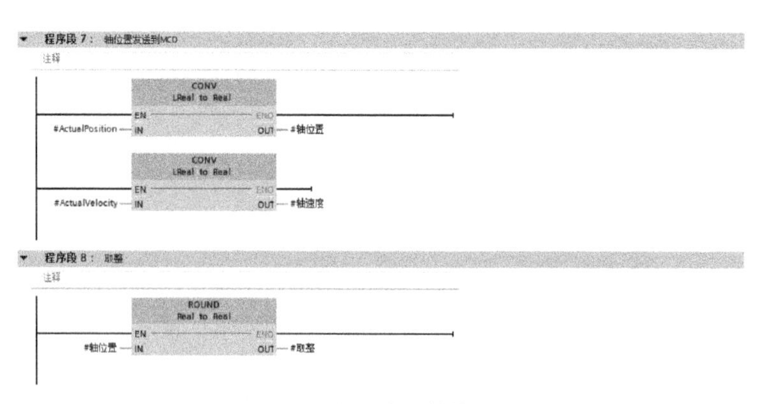

图 6-24　数据类型转换程序

（2）轴控制程序　创建新的“函数块”名称改为“轴控制”。

1）调用“重复块_轴控制”，创建滑台控制程序，被调用块“重复块_轴控制”引脚已经定义好，根据引脚填入相同数据，如图 6-25 所示。

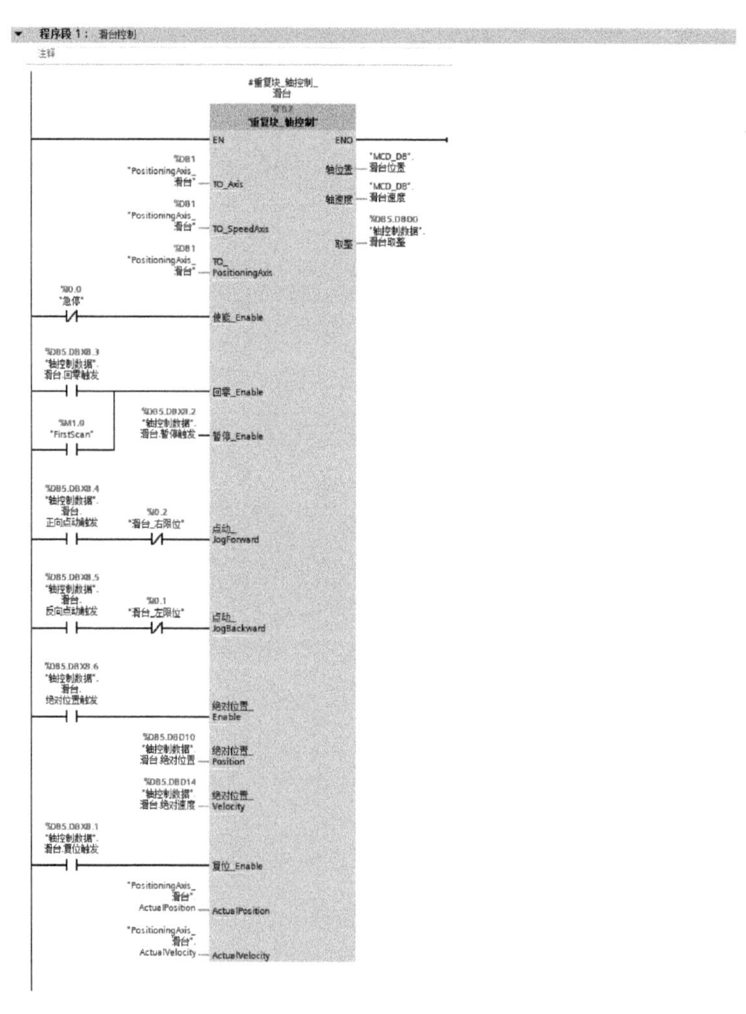

图 6-25　滑台控制程序

2）调用“重复块_轴控制”，创建旋转轴控制程序，被调用块“重复块_轴控制”引脚已经定义好，根据引脚填入相同数据，如图 6-26 所示。

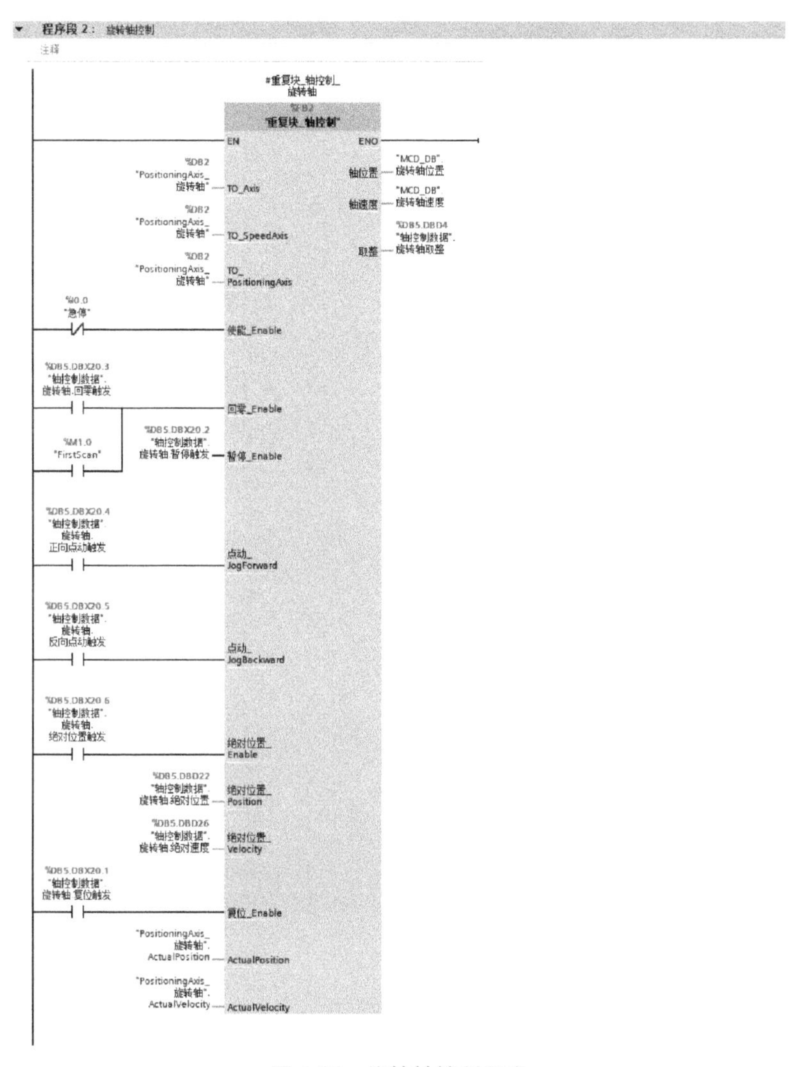

图 6-26　旋转轴控制程序

3）机器人控制滑台程序如图 6-27 所示。该程序段功能为机器人发送 0，PLC 反馈 0；机器人发送 1，滑台移动至机器人放料位置；机器人发送 2，滑台移动至打标摇摆气缸位置；机器人发送 3，滑台移动至视觉检测位置；机器人发送 4，滑台移动至书签打标位置；如果滑台位置到位，机器人发送什么数值，PLC 反馈什么数值，同时将数值发送至滑台位置。举例：机器人发送 1，滑台运行到位，PLC 反馈 1，同时将 1 发送至滑台位置。

4）机器人控制旋转轴程序如图 6-28 所示。该程序段功能为机器人发送 0，PLC 反馈 0；机器人发送 1，旋转轴移动至机器人放料位置；机器人发送 2，旋转轴移动至装配底板螺钉位置；如果旋转轴位置到位，机器人发送什么数值，PLC 反馈什么数值，同时将数值发送至旋转轴位置。举例：机器人发送 1，旋转轴运行到位，PLC 反馈 1，同时将 1 发送至旋转轴位置。

5）滑台绝对运行程序如图 6-29 所示。该程序段功能为在 HMI 上输入滑台要移动的距离，按下滑台“绝对运行”按钮，滑台移动至相应位置。

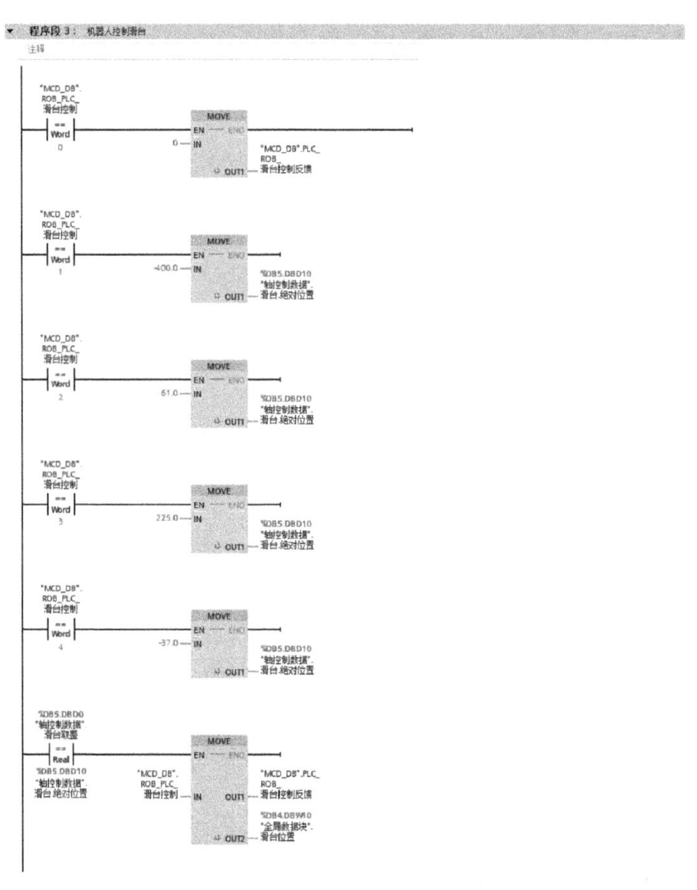

图 6-27　机器人控制滑台程序

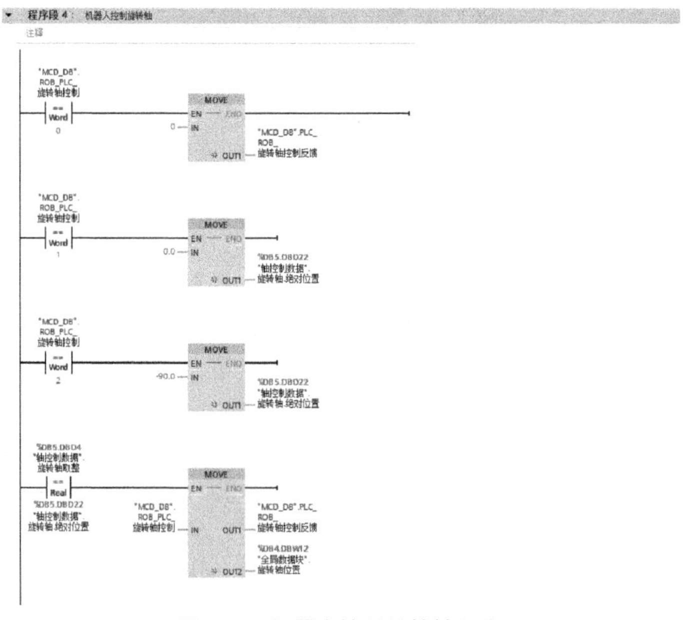

图 6-28　机器人控制旋转轴程序

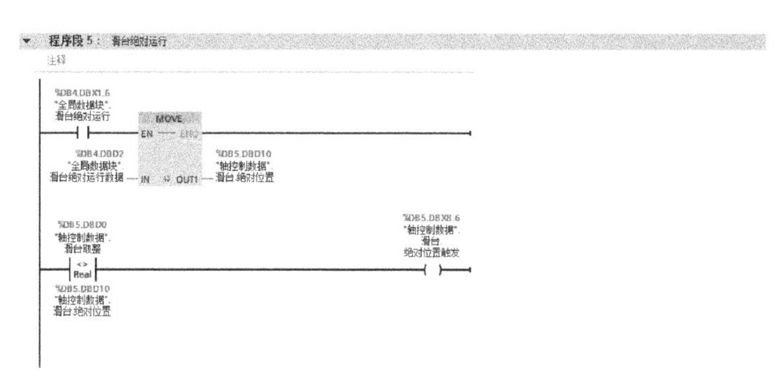

图 6-29　滑台绝对运行程序

6）旋转轴绝对运行程序如图 6-30 所示。该程序段功能为在 HMI 上输入旋转要移动的距离，按下旋转轴“绝对运行”，旋转轴移动至相应位置。

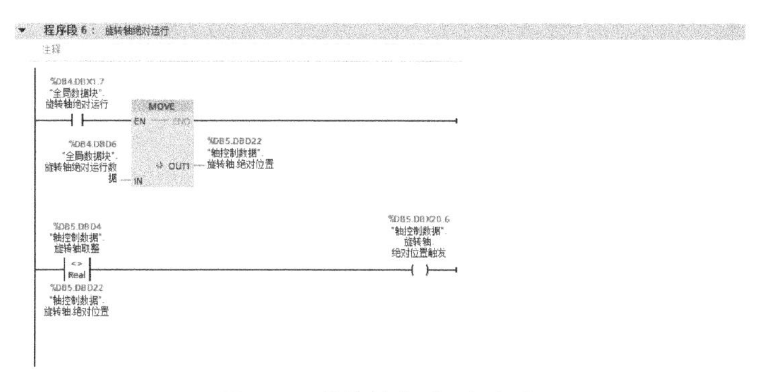

图 6-30　旋转轴绝对运行程序

6. 视觉系统与打标机控制程序设计

1）创建 FB 块。该站功能为自动打标与视觉检测，首先创建 FB 块，其背景数据定义，如图 6-31 所示。

2）打标机程序如图 6-32 所示。该程序段功能为滑台运行至摇摆气缸打标位或书签打标位，调用摇摆气缸打标程序或调用书签打标程序。

3）打标机延迟触发程序如图 6-33 所示。该程序段功能为打标机程序调用完成，1s 后起动打标机打标，打标完成，如果打标的是摇摆气缸，将滑台移动至摇摆气缸视觉检测位置；如果打标的是书签，将滑台移动至机器人放料位置。

智能装配单元_打标机与相机

MCD智能装配单元_V16 ▸ MCD智能装配单元PLC [CPU 1511-1 PN] ▸ 程序块 ▸ 打标机与相机 [FB6]

打标机与相机

	名称	数据类型	默认值	保持	从 HMI/OPC...	从 H...	在 HMI...	设定值	监控	注释
1	▼ Input				☐	☐	☐	☐		
2	<新增>				☐	☐	☐	☐		
3	▼ Output				☐	☐	☐	☐		
4	<新增>				☐	☐	☐	☐		
5	▼ InOut				☐	☐	☐	☐		
6	<新增>				☐	☐	☐	☐		
7	▼ Static				☐	☐	☐	☐		
8	▸ TON	Array[0..1] of TON...		非保持	☑	☑	☑	☑		
9	▸ P_TRIG	Array[0..5] of Bool		非保持	☑	☑	☑	☑		
10	▼ Temp				☐	☐	☐	☐		
11	<新增>				☐	☐	☐	☐		
12	▼ Constant				☐	☐	☐	☐		
13	<新增>				☐	☐	☐	☐		

图 6-31　FB 块背景数据定义

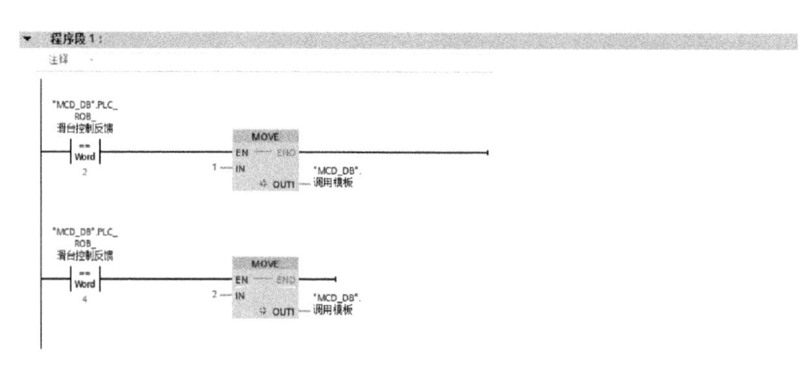

图 6-32　打标机程序

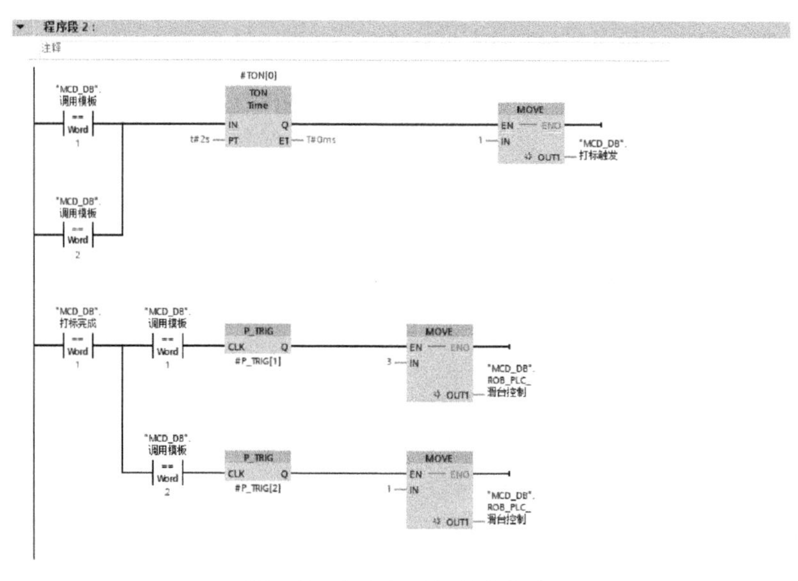

图 6-33　打标机延迟触发程序

4）打标完成返回程序如图 6-34 所示。该程序段功能为当滑台移动至摇摆气缸视觉检测位置时，2s 后起动视觉检测，视觉检测完成，滑台回到机器人取料位置。

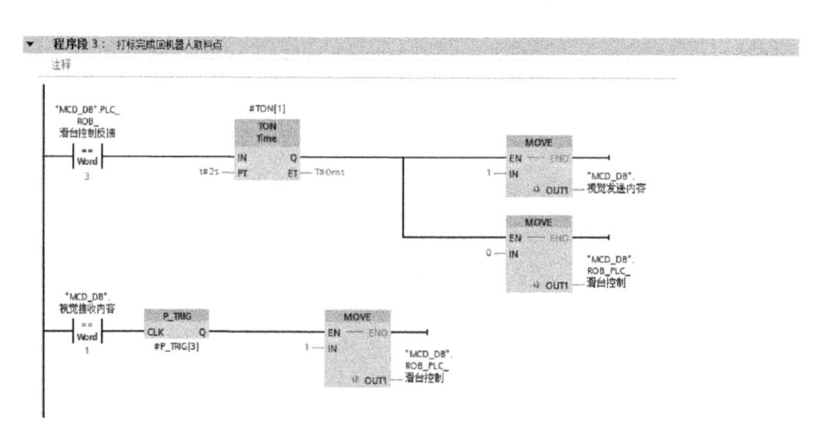

图 6-34　打标完成返回程序

7. 智能装配单机模式机器人控制程序设计

智能装配单元_机器人

该站的功能为机器人装配手动控制。

1）机器人程序调用，如图 6-35 所示。该程序段功能为在单机模式下控制机器人装配，依次按下装配活塞、装配气缸、装配小飞轮、装配小飞轮螺钉、装配立板、装配套筒、装配大飞轮、装配大飞轮螺钉、装配夹具位置变换、装配底板、装配底板固定螺钉、摇摆气缸打标，完成装配手动控制。

2）机器人复位程序如图 6-36 所示。该程序段功能为当机器人状态信号反馈为“10”时，数值清空，将“"全局数据块". 机器人运行中”复位。

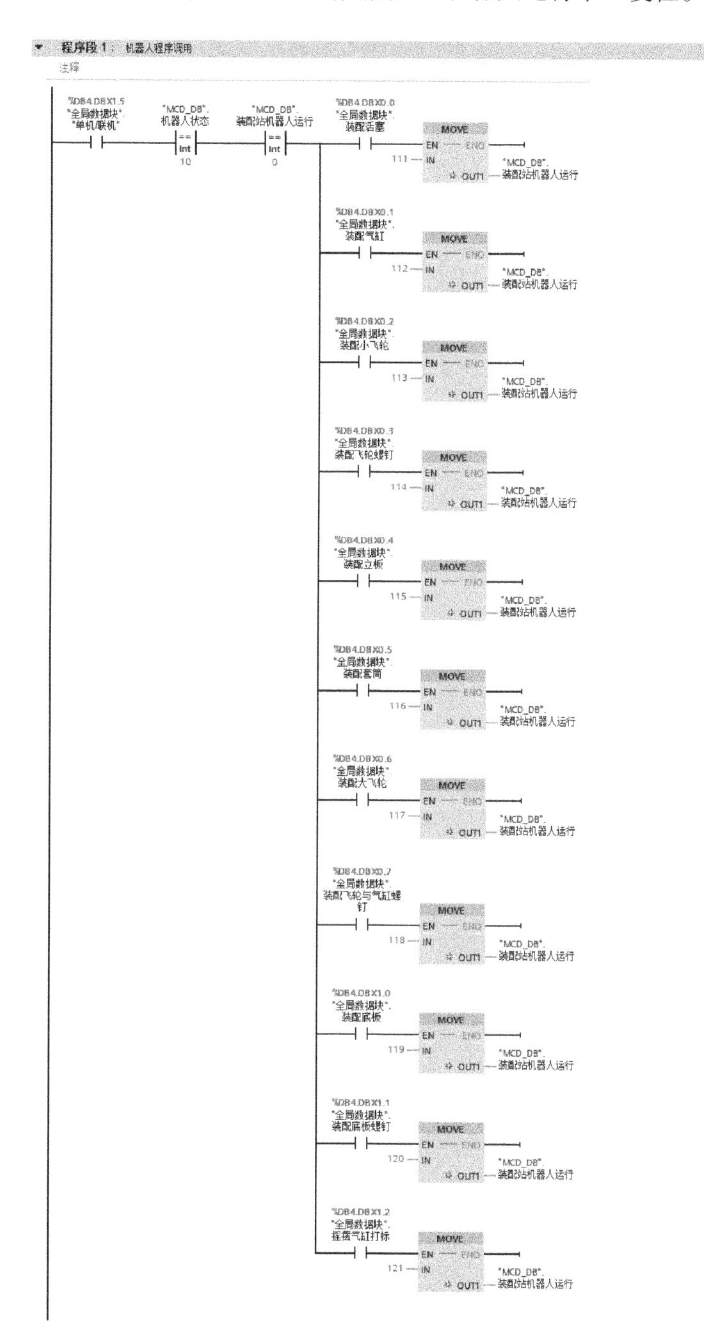

图 6-35　机器人程序调用

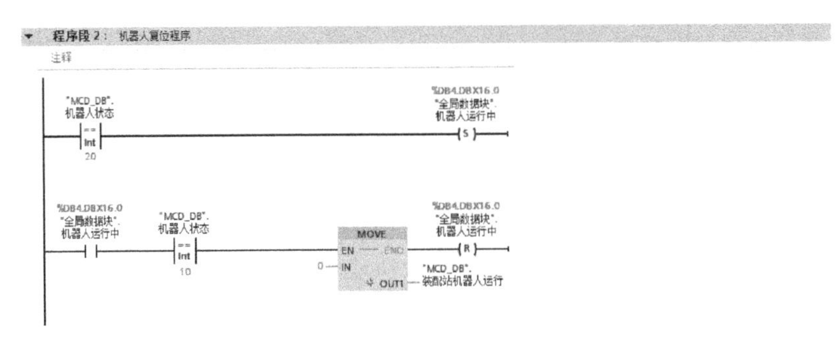

图 6-36 机器人复位程序

8. 智能装配控制程序设计

该站功能为机器人自动装配，首先创建 FB 块，其背景数据定义如图 6-37 所示。

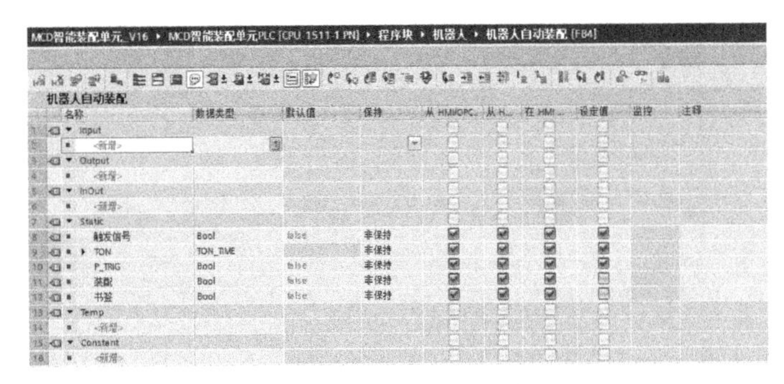

智能装配单元_机器人自动装配

图 6-37 FB 块背景数据定义

1）机器人自动装配程序如图 6-38 所示。该程序段功能为在联机模式下按下“自动装配摇摆气缸”按钮，机器人从初始位“111”开始装配摇摆气缸。装配完成一个零件，等待 3s 装配另一个零件，直至摇摆气缸打标完成，按下“自动打标书签”按钮，机器人自动取料至滑台，滑台自动移至书签打标位，书签打标完成后自动回到机器人取料位。

① 如果“"全局数据块"."单机/联机"”接通，“"全局数据块". 自动装配”接通，那么“111”将移动至“"全局数据块". 起始值”，“#触发信号”置位，“#装配”置位。

② 如果“"全局数据块". 自动书签”接通，那么“122”将移动至“"全局数据块". 起始值”，“#触发信号”置位，“#书签”置位。

③ 如果“"MCD_DB". 机器人状态”等于“20”，那么“"全局数据块". 机器人运行中”置位，“#触发信号”复位。

④ 如果"全局数据块". 机器人运行中”接通，“"MCD_DB". 机器人状态”等于“10”，那么“0”将移动至“"MCD_DB". 装配站机器人运行”，“"全局数据块". 机器人运行中”复位。

⑤ 如果“"全局数据块". 起始值”大于或等于“111”且小于或等于“123”，“"MCD_DB". 装配站机器人运行”等于“0”，“"MCD_DB". 机器人状态”等于“10”时，“#TON”定时 3s。

⑥ 如果“#TON. Q”接通，“#P_TRIG”上升沿触发一次，则加计数器自动加 1，“#触发信号”置位。

⑦ 如果“#装配”接通，且“"全局数据块". 起始值”等于“122”或“#书签”接通且“"全局数据块". 起始值”等于“124”，“"MCD_DB". 装配站机器人运行”等于“0”，那么

“0”将移动至“"全局数据块". 起始值”，“#装配”复位，“#书签”复位。

⑧ 如果“#触发信号”接通，那么“"全局数据块". 起始值”将移动至“"MCD_DB". 装配站机器人运行”。

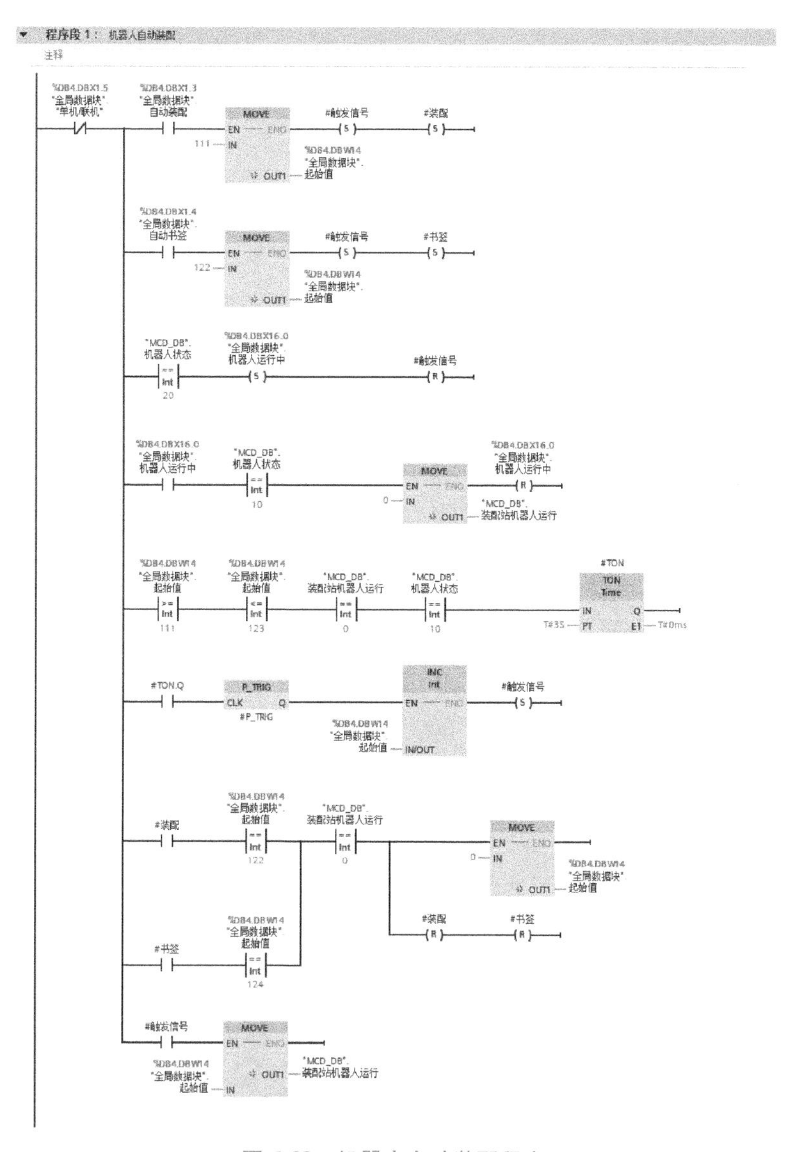

图 6-38　机器人自动装配程序

2）主程序调用，如图 6-39 所示。

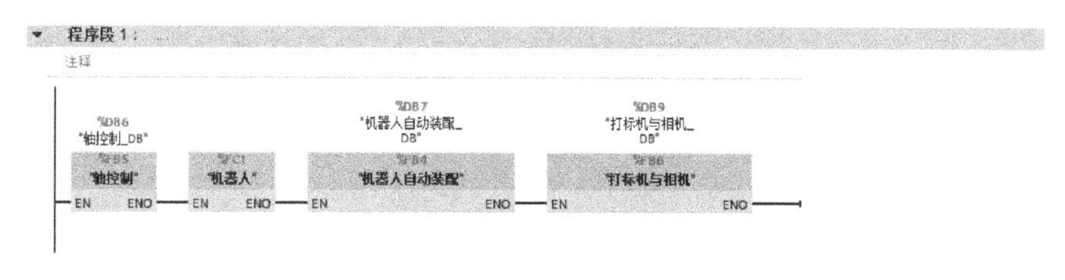

图 6-39　主程序调用

9. 人机交互界面的设计

智能装配单元_HMI 创建

智能装配单元_HMI 匹配

1）轴控制界面如图 6-40 所示，轴控制界面包括“滑台伺服”的“当前位置”文本框、“当前速度”文本框、“回零”按钮、“复位”按钮、“点动+”按钮、“点动-”按钮、“绝对运行”按钮、“绝对运行”文本框、“暂停”按钮；“旋转轴伺服”的“当前位置”文本框、“当前速度”文本框、“回零”按钮、“复位”按钮、“点动+”按钮、“点动-”按钮、“绝对运行”按钮、“绝对运行”文本框、“暂停”按钮；“机器人状态”红色为运行，绿色为空闲；“旋转轴位置”有“旋转轴_横”“旋转轴_竖”；“滑台位置”有“机器人放料位置”、“打标摇摆气缸位置”“视觉检测位置”“书签打标位置”。

图 6-40　轴控制界面

2）主页面如图 6-41 所示。单机模式下包括：1 装配活塞、2 装配气缸、3 装配小飞轮、4 装配飞轮螺钉、5 装配立板、6 装配套筒、7 装配大飞轮、8 装配大飞轮螺钉、9 装配底板、10 装配底板螺钉、11 摇摆气缸打标。联机模式下包括：自动装配摇摆气缸、自动打标书签。状态监控模式下包括：机器人状态，红色为运行，绿色为空闲；旋转轴位置有旋转轴_横、旋转轴_竖。滑台位置有机器人放料位置、打标摇摆气缸位置、视觉检测位置、书签打标位置。

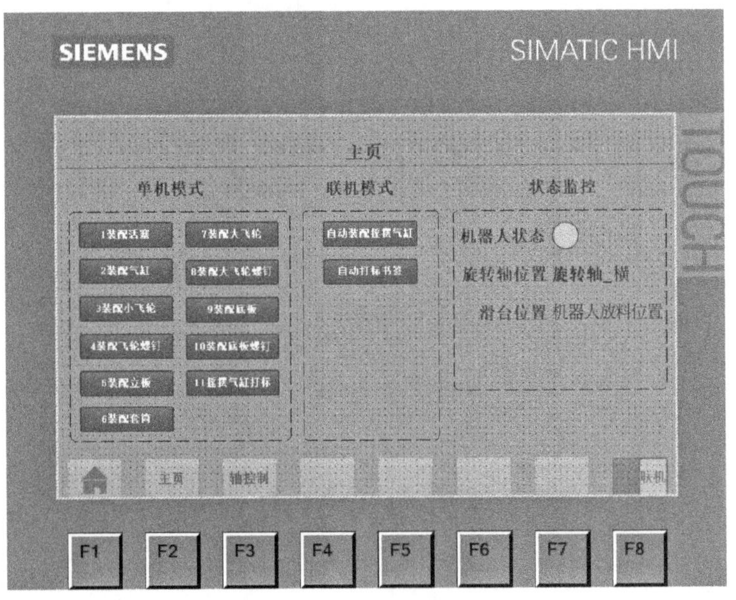

图 6-41　主页面

任务二　智能装配单元机电联合仿真调试

本任务是搭建智能装配单元 MCD 机电联合调试平台，应用智能装配单元的控制程序与 NX 虚拟设备进行信号对接，通过在 HMI 上进行操作验证控制程序的安全性和逻辑性，从而优化控制程序。

一、实施条件

零部件图样、计算机、NX 1980.0、TIA Portal V16 等。

二、实施内容

1. 设置 PLC 程序的参数

PLC 程序编写完成后，为虚拟调试环境做如下参数设置。

1）下载前先进行保护设置，如图 6-42 所示，右键“MCD 智能装配单元_V16”，选择“设置”→“保护”选项，选中“块编译时支持仿真”单选框。

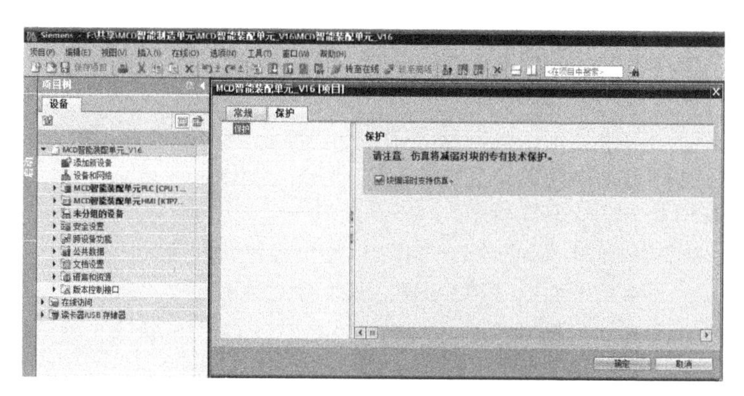

图 6-42　保护设置

2）右键“MCD 智能装配单元 PLC”，选择“设置”选项，在“常规”中找到“OPC UA”中的服务器，选中“激活 OPC UA”单选框，如图 6-43 所示。

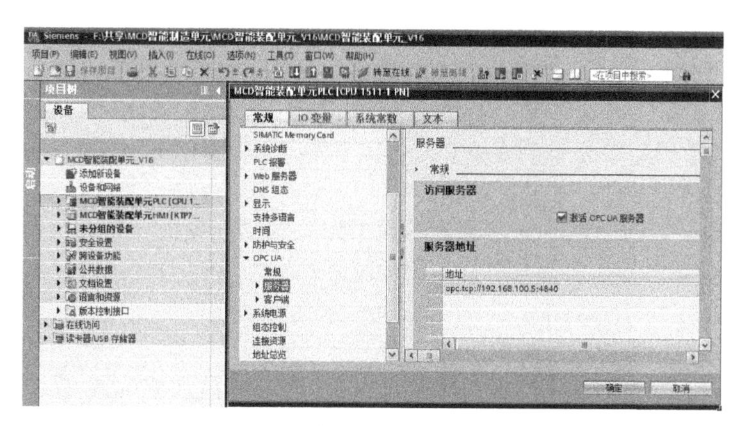

图 6-43　激活 OPC UA 服务器

3）找到“防护与安全”选择“连接机制”选项，选中“允许来自远程对象的 PUT/GET 通信访问”单选框，如图 6-44 所示。

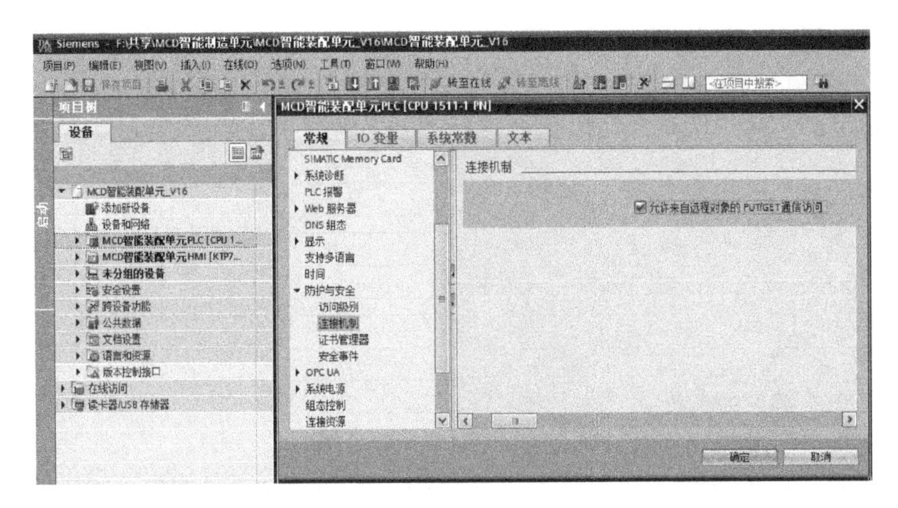

图 6-44　连接机制设置

2. 建立信号连接

首先建立虚拟调试环境，一台电脑安装 NX 软件，另一台电脑安装 TIA Portal 和 S7-PLCSIM Advanced 软件。两台电脑用网线连接，网络适配器 IP 地址设置为 100 网段，例如，192.168.100.×××，×××为不相同的任意整数。

（1）设置虚拟 PLC　如图 6-45 所示。

1）双击打开“S7-PLCSIM Advanced V3.0”软件，等待软件启动完成。

2）将“Online Access”下面的“PLCSIM”滑块移动到右侧，“TCP/IP communication with”下拉列表框中选择“<Local>”选项。

3）“Instance name”设置为“PLC-12”（此名称可以随意设置）。

4）“IP address [X1]”设置为“192.168.100.155”。

5）“Subnet mask”设置为“255.255.255.0”。

6）“Default gateway”设置为空。

7）“PLC type”设置为“Unspecified CPU 1500”。

8）单击“Start”按钮，等待 PLC 建立完成。

9）“1 Active plc Instance（s）”显示为黄色。

（2）下载 PLC 程序　在博图软件中下载 PLC 程序到“S7-PLCSIM Advanced”中，选择“MCD 智能装配单元 PLC”，下载到虚拟 PLC 中。下载完成后“1 Active plc instance（s）”显示为绿色，如图 6-46 所示。

（3）HMI 下载　选择“MCD 智能装配单元 HMI”选项，单击“仿真”按钮，等待启动完成。图 6-47 和图 6-48 所示是启动 HMI 仿真后的画面。

3. 加载模型文件

1）打开 NX 软件，等待软件加载完成。

2）在 NX 软件工具栏中单击“打开”选项，选中“5 智能装配单元.prt”模型文件，单击“确定”按钮，等待模型加载完成，如图 6-49 所示。

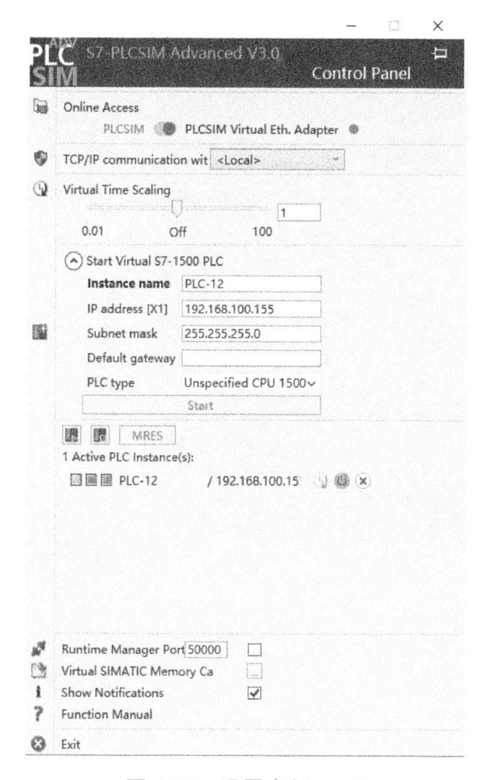

图 6-45　设置虚拟 PLC

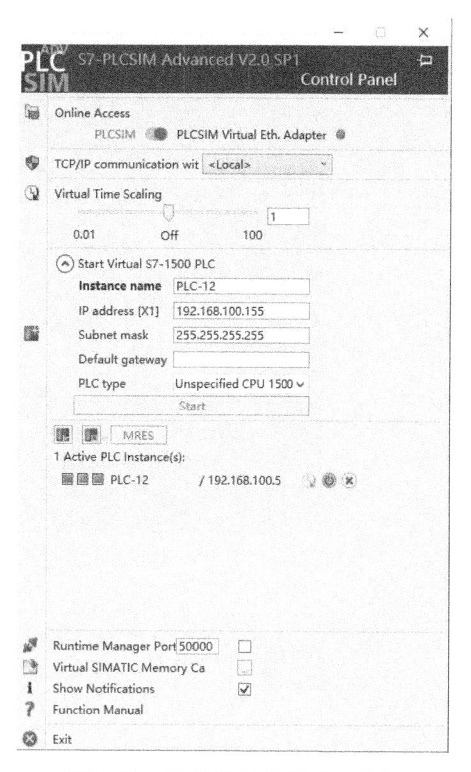

图 6-46　PLC 程序下载完成状态

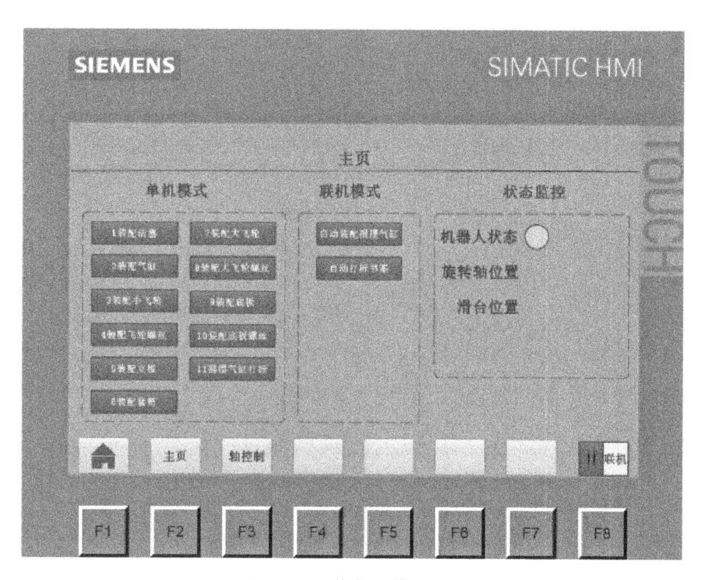

图 6-47　“主页”界面

4. 设置“外部信号配置”

1）配置外部信号。在 NX 软件的工具栏中找到“外部信号配置”选项，如图 6-50 所示，单击进入设置界面。

2）新建 OPC UA 服务器。在外部信号配置中找到“服务器信息”，在右侧“+”中添加新服

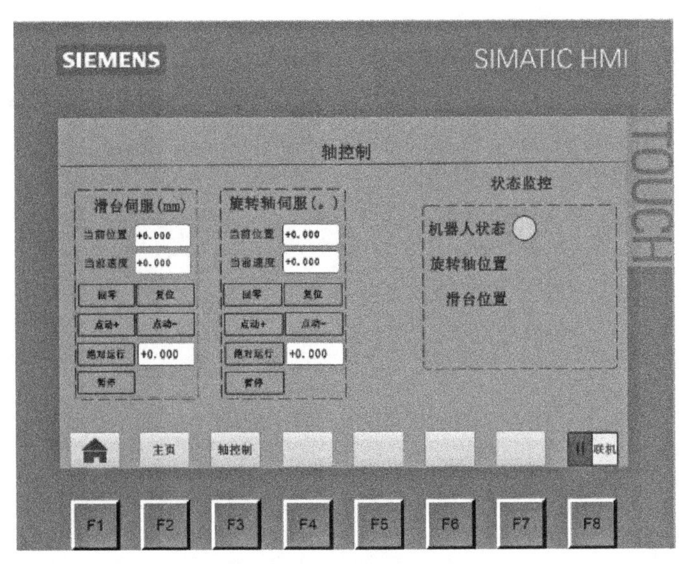

图 6-48 “轴控制”界面

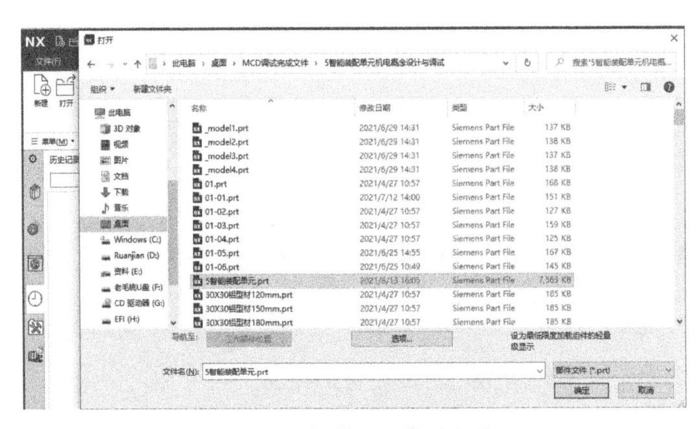

图 6-49 加载 NX 模型文件

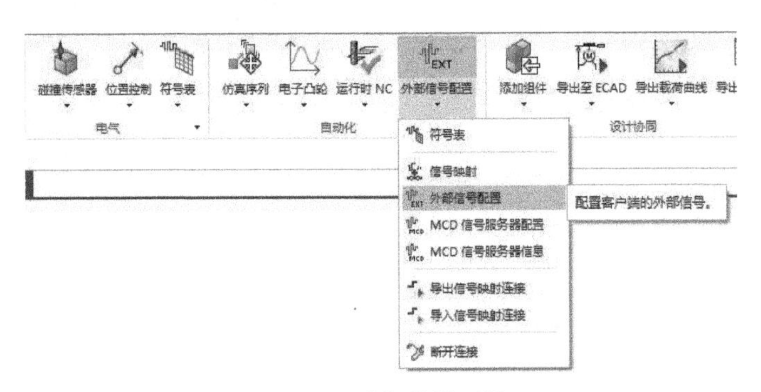

图 6-50 外部信号配置

务器，如图 6-51 所示。

3）设置 OPC UA 服务器。设置如下，在“服务器信息”中设置“端点 URL”如，opc.tcp：//192.168.100.5：4840；在“服务器信息”中选择“None-None”，单击“确定”按

图 6-51　添加新服务器

钮，如图 6-52 所示。

注意，此 OPC UA 地址信息和设置的 PLC IP 地址有关系。

4）设置外部信号。在“外部信号配置”中的“标记”栏中选择“DataBlocksGlobal”→“MCD_DB”块，将选项组中所有的信号全部选中，如图 6-53 所示。

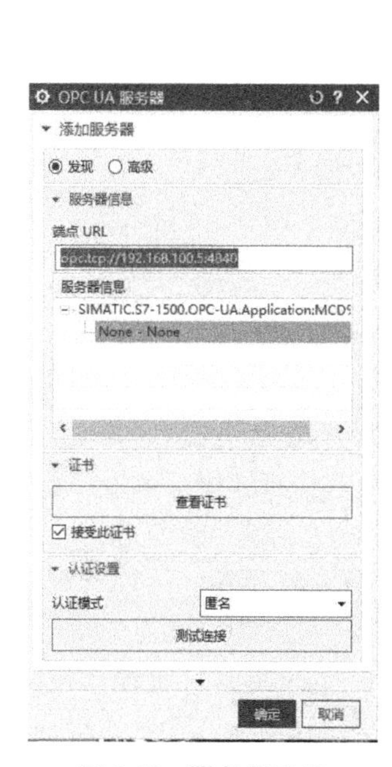

图 6-52　服务器设置

图 6-53　设置外部信号

5）在“外部信号配置”中的“标记”栏中找到“Inputs”选项，将选项组中所有的信号全部选中；在“外部信号配置”中的“标记”栏中找到“Outputs”选项，将选项组中所有的信号全部选中，如图 6-54 所示。

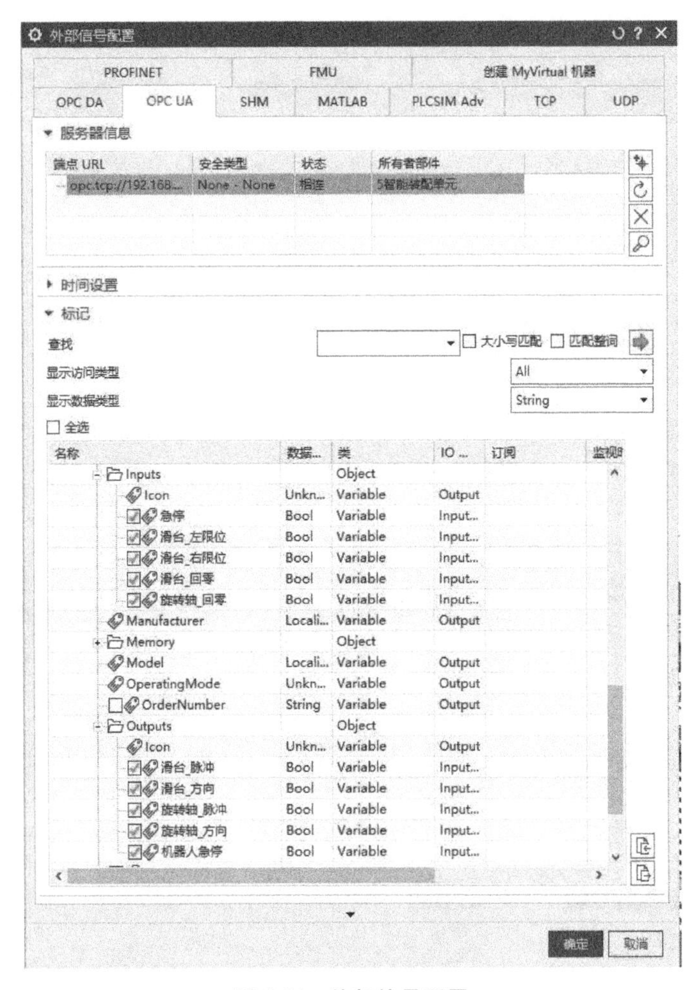

图 6-54　外部信号配置

5. 建立信号映射

1）在 NX 软件的工具栏中找到“信号映射”，单击进入设置界面。

2）在设置界面中，外部信号类型设置为“OPC UA”。

3）“OPC UA 服务器”选择“opc. tcp://192. 168. 100. 5：4840”选项，如图 6-55 所示。

4）建立信号映射，单击“执行自动映射”，软件会根据信号执行信号映射，单击“确定”按钮，如图 6-56 所示。

5）在 NX 软件的机电导航器中将显示信号连接的状态列表，如图 6-57 所示。

6. 智能装配单元功能调试

（1）滑台与旋转轴手动控制　根据图 6-58 所示，对 HMI 界面上的功能按钮进行相应的操作。

1）滑台与旋转轴的调试，MCD 播放后，在 HMI 轴界面下，切换至“单机”模式，按下滑台伺服列表框“回零”按钮，查看当前位置否为 0，按下“点动+”按钮或“点动-”按钮查看

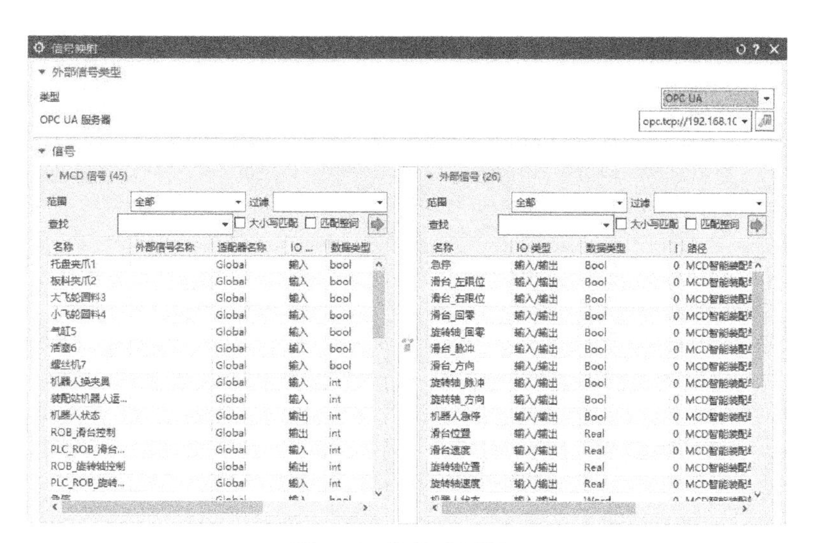

图 6-55　信号映射图 1

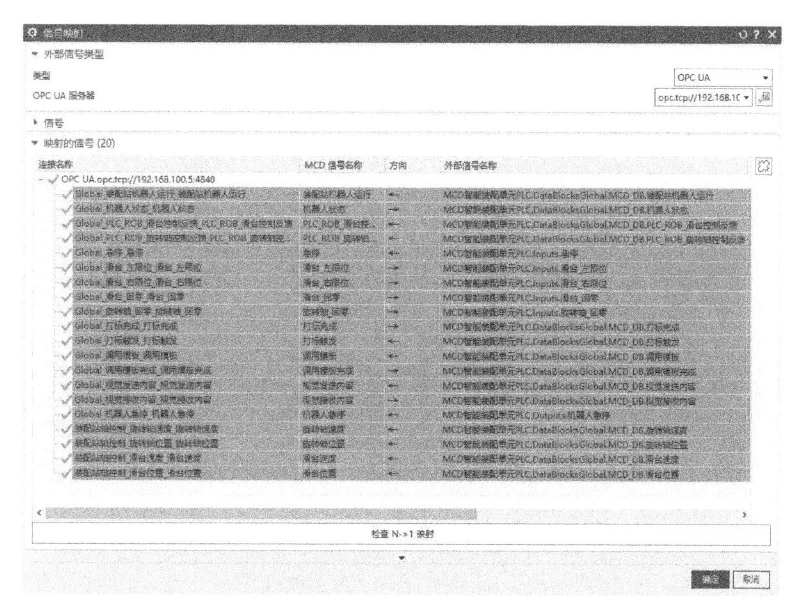

图 6-56　信号映射图 2

当前位置是否有变化。按下“点动+”按钮数值应为正数，按下“点动-”按钮数值应为负数。连续按下“点动+”按钮查看滑台轴到正限位是否停止，连续按下“点动-”按钮查看滑台轴到负限位是否停止。“复位”按钮为清除轴报警使用。

2）在“绝对运行”文本框输入数值（数值不能大于轴长度），查看 MCD 上轴运行的距离和输入的数值是否一致。旋转轴调试方法与滑台调试方法相同。

（2）在单机模式下测试　在图 6-59 所示的 HMI 界面上单击“1 装配活塞”按钮，查看 MCD 仿真机器人有没有执行相应的动作，如没有执行相应动作，或动作执行错误，请检查 PLC 程序。其他按钮与“1 装配活塞”按钮测试方法相同。

（3）在联机模式下测试　单击“自动装配摇摆气缸”按钮，查看机器人是否自动取料，自动放置装配夹具，装配顺序有无错乱。装配完成是否自动打标，自动检测（“自动打标书签”按钮测试方法相同）。

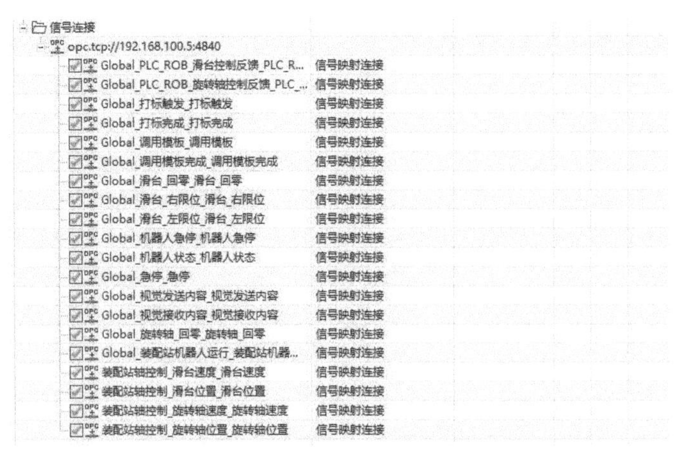

图 6-57 信号连接状态列表

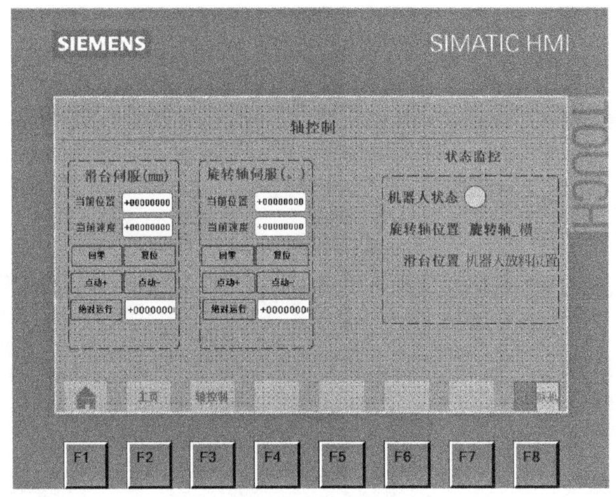

图 6-58 “轴控制”界面

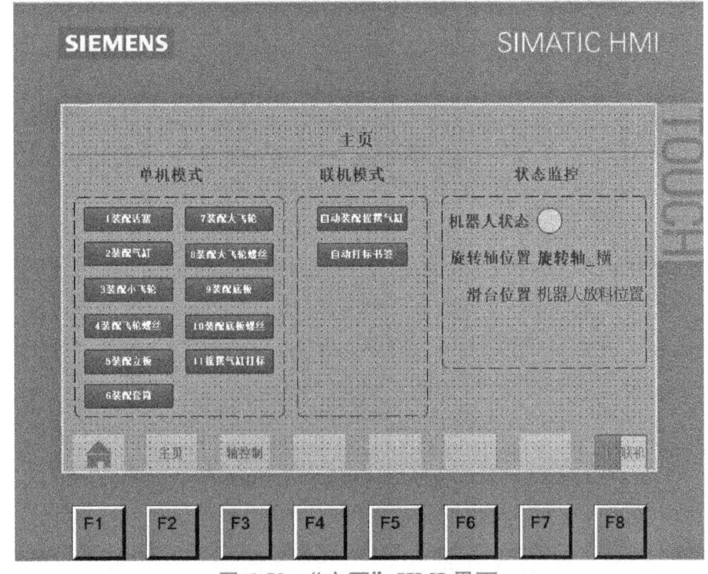

图 6-59 “主页”HMI 界面

习题

1. 简述装配台上的移动滑台的功能和作用。
2. 简述视觉系统的组成和作用。
3. 简述智能装配单元的组成，并描述各组成部分在装配单元中的作用。
4. 简述智能装配工作站中的机器人夹爪的种类和控制方法。

参考文献

[1] 邢学快，王直杰，沈亮亮，等. 采用PLC数据匹配的MCD风力发电机虚拟仿真监控［J］. 微型机与应用，2016，35（9）：3-5.

[2] 张南轩，周贤德，朱传敏. 基于MCD的开放式数控硬件在环虚拟仿真系统开发［J］. 内燃机与配件，2018（5）：9-11.

[3] 王俊杰，戴春祥，秦荣康，等. 基于NX MCD的机电概念设计与虚拟验证协同的研究［J］. 制造业自动化，2018，40（7）：31-33.

[4] 马进，刘世勋. 基于MCD机电一体化产品概念设计的可操作性分析［J］. 电子技术与软件工程，2015，（12）：113.

[5] 孟庆波. 生产线数字化设计与仿真NX MCD［M］. 北京：机械工业出版社，2020.